U0323370

园林绿化植物高效栽培与维护

曲翠莲　刘金霞　吴金梅　著

延边大学出版社

图书在版编目（CIP）数据

园林绿化植物高效栽培与维护 / 曲翠莲，刘金霞，
吴金梅著. -- 延吉：延边大学出版社,2024.1
　　ISBN 978-7-230-06201-5

　　Ⅰ.①园… Ⅱ.①曲… ②刘… ③吴… Ⅲ.①园林植
物－观赏园艺 Ⅳ.①S688

中国国家版本馆CIP数据核字(2024)第042796号

园林绿化植物高效栽培与维护

著　　者：曲翠莲　刘金霞　吴金梅
责任编辑：秦玉波
封面设计：文合文化
出版发行：延边大学出版社
社　　址：吉林省延吉市公园路977号　　　　邮　　编：133002
网　　址：http://www.ydcbs.com　　　　　E-mail：ydcbs@ydcbs.com
电　　话：0433-2732435　　　　　　　　传　　真：0433-2732434
印　　刷：廊坊市海涛印刷有限公司
开　　本：710×1000　1/16
印　　张：20.25
字　　数：300 千字
版　　次：2024 年 1 月 第 1 版
印　　次：2024 年 1 月 第 1 次印刷
书　　号：ISBN 978-7-230-06201-5

定价：65.00元

前　言

近年来，随着我国国民经济的持续增长，园林工程建设得到了前所未有的快速发展。在城市面貌日新月异的今天，园林作为城市建设的重要组成部分，在改善城市人居环境、提高城市生态质量、促进城市可持续发展等方面具有不可替代的作用。

植物是园林绿化的主要素材，而且是唯一具有生命力的园林要素，不仅可以调节小气候、创造优美的环境，还能使园林空间体现生命的活力。随着社会的不断发展，人们对生存环境建设的要求越来越高。本书主要介绍园林植物的分类及生长发育，园林植物栽植、土水肥管理、病虫草害防治等的基本原理及操作方法，力求满足园林绿化的需要，促进园林绿化工程的发展。

在写作过程中，笔者参阅了相关文献资料，在此，谨向其作者深表谢忱。

由于水平有限，疏漏和缺点在所难免，希望得到广大读者的批评指正，并衷心希望同行不吝赐教。

笔者
2024 年 1 月

目　　录

第一章　园林绿化
及其工程施工准备

第一节　园林绿化相关概念

广义上的园林绿化是指以绿色植物为主体的园林景观建设，而狭义上的园林绿化则是指园林景观建设中植物配置设计、栽植和养护管理等内容。要想正确理解园林绿化，还要对绿地、园林、绿化、造园等概念有所了解。

一、绿地

生长绿色植物的土地统称为绿地，它包括天然植被绿地和人工植被绿地，也包括观赏游憩绿地和农林牧业生产绿地。

绿地的含义比较广泛，一般是指绿化栽植占大部分的用地。并不是只有全部用地皆生长绿色植物的土地才叫绿地。绿地的大小往往相差悬殊，大者如风景名胜区，小者如宅旁的绿地；其设施质量相差也比较大，精美者如古典园林，粗放者如防护林带。各种公园、花园、街道及滨河的种植带，防风、防尘绿化带，卫生防护林带，墓园及机关单位的附属绿地，以及郊区的苗圃、果园、菜园，等等，都可称为绿地。从城市规划的角度看，绿地其实是指绿化用地，也就是说，绿地是在城市规划区内用于栽植绿色植物的用地，包括规划绿地和建成绿地。

二、园林

园林是指在一定的地域范围内，根据其功能的要求、经济技术条件和艺术布局规律，利用并改造天然山水地貌或是人工创造山水地貌，结合植物的栽植和建筑、道路的布置，构成的可以供人们观赏、游憩的环境。各类公园、风景名胜区、自然保护区和休闲疗养胜地等都以园林为主要内容。

园林的基本要素包括山水地貌、道路广场、建筑小品、植物群落和景观设施。

园林与绿地属于同一范畴，具有共同的基本内容。从范围上看，绿地比园林更为广泛，园林可供游憩而且必是绿地，绿地却不一定能称为园林，也不一定可以提供游憩。绿地是栽植绿色植物、发挥植物的生态作用、改善城市环境的用地，是城市建设用地的一种重要类型，而园林则是为主体服务，将功能、艺术与生态相结合的立体空间综合体。

按照较高的艺术水平，不断完善绿地功能，将城市规划绿地建设成为环境优美的游憩境域，便是园林了，所以园林是绿地的一种特殊形式。有一定的人工设施，并具有观赏、游憩功能的绿地被称为园林绿地。

三、绿化

绿化是指栽植绿色植物的工艺过程，是通过运用植物材料把规划用地建成绿地的手段，它包括城市园林绿化、荒山绿化、"四旁"（宅旁、村旁、路旁、水旁）绿化和农田林网绿化四个部分。从更广的角度来看，人类的一切为了工、农、林业生产，减少自然灾害，改善卫生条件，净化、美化环境而去栽植植物的行为都可以称为绿化。

四、造园

造园就是指营建园林的工艺过程。广义的造园包括园地选择（相地）、立意构思、方案规划、设计施工、工程建设、养护管理等过程，狭义的造园是指运用多种素材建设园林的工程技术过程。堆山理水、植物配置、建筑营造和景观设施建设是造园的四项主要内容。

城市园林绿化是城市现代化建设的重要项目之一，它不仅能够美化环境，还能够给市民创造舒适的游览休憩场所，创造人与自然和谐共生的生态环境。只有加强城市园林绿化建设，才能够美化城市景观，改善投资环境，同时生物多样性才能得到充分保护，生态城市的持续发展才能够得到保证。因此，城市的园林绿化水平已成为衡量城市现代化水平的一个重要指标，城市园林绿化建设水平是城市形象的代表，更是城市文明的象征。

园林绿化工作是现代化城市建设的一项重要内容，它不仅关系到物质文明建设，也关系到精神文明建设。园林绿化创造并维护了适合人民生产劳动和生活休息的生态环境。因此，应当有计划、有步骤地去进行园林绿化建设，搞好经营管理，充分发挥园林绿化的作用。

第二节　园林绿化的生态效益与社会效益

一、园林绿化的生态效益

（一）调节气候，改善环境

1.园林绿化能够调节温度，减少辐射

园林绿化能够影响城市小气候，如物体表面温度、气温和太阳辐射。城市本身就如同一个大热源，不断地散射热能，利用砖、石、水泥所建造的房屋、道路、广场以及各种金属结构和工业设施也会在阳光的照射下散发大量的热能，因此市区的气温一年四季都比郊区高。在夏季炎热的季节，市区与郊区的气温相差 1～2 ℃。

园林绿化具有调节气温的作用，那是因为植物的蒸腾作用可以降低植物体及叶面的温度。一般情况下 1 g 的水（在 20 ℃条件下）蒸发时需要吸收 584 cal（1 cal＝4.18 J）能量（即太阳能），所以叶的蒸腾作用对于热能的消散起着一定的作用。不仅如此，树冠能够阻隔阳光照射，并为地表遮阳，使路面及部分墙垣、屋面的辐射温度降低，从而改善小气候。

在夏季，树荫下的温度比无树荫处温度要低 3～5 ℃，比有建筑物地区的温度要低得更多。即使是没有树木遮阳的草地，其温度也比无草皮空地的温度低些。不受太阳直射绿地的表面温度要低于气温，而道路、建筑物及裸土的表面温度则要高于气温。经过测定，当夏季城市气温为 27.5 ℃时，草坪表面温度为 22～24.5 ℃，比裸露地面低 6～7 ℃，比沥青混凝土路面低 8～20.5 ℃。这使人在绿地上和在非绿地上的温度感觉差异很大。

据观测，在夏季，绿地的温度比非绿地的温度低 3 ℃左右；而在冬季，绿地温度又比空旷地高 0.1～0.5 ℃。故绿化了的地区有冬暖夏凉的效果。

除了局部绿化所产生的不同表面温度和辐射温度的差别，大面积的绿地覆盖对气温的调节有着更加明显的效果。

2.调节湿度

一般情况下，没有绿化的空旷地区地表会产生大量水蒸气，而经过了绿化的地区，地表蒸发量明显降低了，但会有树冠、枝叶的物理蒸发作用，又有植物生理过程中的蒸腾作用。根据研究，树木在生长的过程中，所蒸发的水分要比它本身的质量大三四百倍。经过测定，1 hm² 阔叶林一个夏季能蒸腾 2 500 t 水，这比同面积的裸露土地的蒸发量高出 20 倍，相当于一个同面积的水库的蒸发量。树木在生长过程中，每形成 1 kg 的干物质，就需要蒸腾 300～400 kg 的水。正因为植物具有这样强大的蒸腾作用，所以城市绿地的相对湿度比建筑区高 10%～22%。而适宜的空气湿度（30%～60%）有益于人们的身体健康。

3.影响气流

绿地与建筑区域的温度差还能够形成城市上空的空气对流。城市建筑区域的污浊空气会因温度的升高而上升，随之城市绿地系统中温度较低的新鲜空气就移动到城市建筑区域，而高空冷空气则又下降到城市绿地系统中，这样就形成了一个空气循环的系统。在静风时，由绿地向建筑区移动的新鲜空气速度可达 1 m/s，从而能够形成微风。如果城市的郊区还有大片绿色森林，则郊区的新鲜冷空气就会源源不断地向城市建筑区域流动。这样一来既调节了气温，又改善了城市的空气质量。

4.通风防风

城市带状绿地，如城市道路与滨水绿地，是城市气流的绿色通道。特别是在带状绿地的方向与该地夏季主导风向一致的情况下，城市郊区的新鲜气流可以随着风势进入城市的中心地区，在炎热的夏季为城市的通风降温创造良好的条件。在寒冷的冬季，大片树林可以降低风速，发挥防风作用。因此，在垂直于冬季寒风的方向种植防风林带，可以起到防风固沙、改善生态环境的效果。

（二）净化空气，保护环境

1.吸收二氧化碳，释放氧气

树木、花草在利用阳光进行光合作用，制造养分的过程中会吸收掉空气中的二氧化碳，并释放出大量氧气。工业生产大部分集中在较大的城市中，在工业生产的过程中，燃料的燃烧和人的呼吸会排出大量二氧化碳并消耗大量氧气。绿色植物的光合作用恰恰可以有效地实现城市中氧气与二氧化碳的平衡。植物光合作用所吸收的二氧化碳要比呼吸作用排出的二氧化碳多 20 倍，因此绿色植物不仅消耗了空气中的二氧化碳，还增加了空气中的氧气含量。

2.吸收有毒气体

工厂排放的废气通常含有各种有毒物质，其中较为普遍的是二氧化硫、氯气和氟化物等，这些有毒物质对人的健康有很大的危害，当空气中二氧化硫浓度大于 6 μL/L 时，人便会感到不适；如果浓度达到 10 μL/L，人就难以长时间工作；浓度达到 400 μL/L 时，人就会立即死亡。绿地具有减轻污染物危害的作用，因为一般的污染气体在经过绿地后，即有 25%可以被阻留下来，其危害程度也就大大降低。

研究发现，空气中的二氧化硫主要被各种植物的表面吸收，而植物叶片的表面吸收二氧化硫的能力最强，为其所占土地吸收能力的 8～10 倍。二氧化硫被植物吸收以后，便会形成亚硫酸盐，然后会被氧化成硫酸盐。所以，只要植物吸收二氧化硫的速率不超过亚硫酸盐转化为硫酸盐的速率，植物叶片便能够不断吸收大气中的二氧化硫而不受害或受害较轻。随着叶片的衰老凋落，它所吸收的硫会一同落到地面，或者流失或者渗入土中。因为植物年年长叶、年年落叶，所以它可以不断地净化空气，成为大气的"天然净化器"。

研究发现，许多树种，如雅榕、鸡蛋花、罗汉松、美人蕉、羊蹄甲、朱槿、茶花、乌桕等，能吸收二氧化硫，而且能够呈现出较强的抗性。氟化氢是一种无色无味的毒气，许多植物，如石榴、蒲葵、葱莲等，对氟化氢具有较强的吸收能力。因此，在产生有害气体的污染源附近，应当选择具有吸收能力和抗性强的树种来进行绿化，这对于防治污染、净化空气是十分有益的。

3.吸滞粉尘和烟尘

粉尘和烟尘是造成环境污染的主要原因之一。工业城市每年每平方千米降尘量为 $500 \sim 1\,000$ t。一方面，这些粉尘和烟尘降低了太阳的光照强度和辐射强度，对人体的健康会产生不利影响；另一方面，当人呼吸时，飘尘会进入肺部，容易使人得气管炎、支气管炎、尘肺、硅沉着病等疾病。我国一些城市空气中的飘尘量大大超过了相关卫生标准，这在一定程度上降低了人们生活环境的质量。

植物，特别是树木，能阻挡、过滤和吸附大气中的粉尘。当带有粉尘的气流经过树林时，由于流速的降低，大粒灰尘就会降下，其余灰尘则会附着在树叶的表面、树枝部分和树皮的凹陷处。经过雨水的冲洗，树木又能恢复其吸尘的能力。由于绿色植物的叶面面积远远大于其树冠的占地面积，例如，森林叶面积的总和是其占地面积的 $60 \sim 70$ 倍，而生长茂盛的草皮叶面积总和是其占地面积的 $20 \sim 30$ 倍，因此它们吸滞烟尘的能力是很强的。所以说，绿地就像一个巨大的"空气过滤器"，能够使空气得到净化。

4.杀菌作用

空气中含有成千上万种细菌，其中有很多是病原菌。很多树木分泌的挥发性物质都具有杀菌能力。例如，樟树、桉树的挥发物可以杀死肺炎球菌、痢疾杆菌、结核分枝杆菌等；而圆柏和松的挥发物可以杀死白喉杆菌、结核分枝杆菌、伤寒杆菌等，而且 1 hm^2 松柏林一昼夜就能分泌 30 kg 的杀菌素。根据测定，森林内空气含菌量为 $300 \sim 400$ 个/立方米，林外则为 3 万～4 万个/立方米。

5.防噪作用

城市噪声随着工业的发展而日趋严重，对居民的身心健康危害很大。噪声超过 70 dB 时，人体便会感到不适；如果高达 90 dB，就会引起血管硬化。国际标准化组织（International Organization for Standardization, ISO）在规定中标明，住宅室外环境噪声的容许量为 35～45 dB。园林绿化是减少噪声的有效方法之一。因为树木对声波有着散射的作用，当声波通过时，树叶就会摆动，同时就使声波减弱甚至消失。依据测试，40 m 宽的林带可以使噪声降低 10～15 dB，而公路两旁各 15 m 宽的乔灌木林带可以使噪声降低一半。

6.净化水体与土壤

城市附近的水体常会受到工厂废水及居民生活污水的污染，进而会影响坏境卫生和人们的身体健康，而植物则有着一定的净化污水的能力。研究证明，树木可以吸收掉水中的溶解质，从而减少水中的细菌数量。例如，在通过 30～40 m 宽的林带后，1 L 水中所含的细菌数量比原来要减少 50%。

7.保持水土

树木和草地对保持水土有着非常显著的作用。树木的枝叶能够防止暴雨直接冲击土壤，并会减弱雨水对地表的冲击，同时还能够截留一部分雨水，植物的根系能够紧固土壤，这些都能防止水土流失。自然降雨时，会有 15%～40% 的水被树冠截留和蒸发，会有 5%～10% 的水被地表蒸发，地表的径流量仅占总降水量的 0.5%～1%，大多数的水，即 50%～80% 的水会被林地上一层厚而松的枯枝落叶吸收，然后逐步地渗入土壤，变成地下径流。这种水要经过土壤、岩层的不断过滤，才流向下坡和泉池溪涧。

8.安全防护

城市可能会遇到风害、火灾和地震等灾害。树木枝叶含有大量水分，可以阻止火势的蔓延；树冠浓密，可以降低风速。因此，大片绿地有隔断并使火灾自行熄灭的作用，同时能够减少台风带来的损失。

二、园林绿化的社会效益

（一）美化环境

1.美化市容

城市街道、广场四周的绿化对市容市貌的影响很大。街道绿化做得好，即使人们置身于闹市中，也犹如生活在绿色的走廊里。街道两边的绿化，既可以供行人短暂休息、观赏街景、满足在闹中取静的需要，又可以达到装饰空间、美化环境的效果。

2.增强建筑的艺术效果

用不同的绿化形式来衬托不同用途的建筑，能使建筑更加充分地体现其艺术效果。例如，庄重、严肃的纪念性建筑前，大多会采用对称式布局，并种植较多的常绿树；居住性建筑四周的绿化布局大多体现亲切宜人的环境氛围。

园林绿化还可以遮挡不美观的建筑物或构筑物，使城市面貌更加整洁、生动、活泼，同时利用植物布局的统一性和多样性使城市具有统一感、整体感，丰富城市的多样性，增强建筑的艺术效果。

3.提供良好的游憩条件

在人们生活的环境中选栽各种美丽多姿的园林植物，能够使环境呈现出千变万化的色彩，为人们在工作之余小憩或在周末假日出游提供良好的去处，利于人们的身心健康。

（二）保健与陶冶功能

多层次的园林植物可以形成优美的风景，参天的木本花卉可以构成立体的空中花园，花的芳香能够唤起人们美好的回忆和联想，森林中树木释放的气体对人体健康也大有好处。

绿色能吸收强光中对眼睛和神经系统产生不良刺激的紫外线，而且绿色的光波长短适中，对眼睛的视网膜组织具有调节作用，能够消除视力疲劳。

绿叶中的叶绿体能够利用太阳能，吸收二氧化碳，然后合成葡萄糖，把二氧化碳储存在碳水化合物中，并放出氧气，使空气清新。清新的空气能使人精力充沛。

绿地中含有较多的空气负离子，对人的生理、心理等有很大的益处。

园林植物能够寄托情思，园林雕塑能够启迪心灵。人们在优美的园林环境中放松和享受，可以消除疲劳，陶冶情操。这不仅对生活质量和工作、学习效率的提高大有裨益，还有利于构建文明、和谐的社会。

第三节　园林绿化工程施工准备工作

一、园林绿化工程技术准备

（一）园林绿化工程前期管理工作

在工程开工之前，承担绿化工程施工的单位应当做好施工的一切相关准备工作。

1.了解工程概况

（1）工程范围和工程量

包括全部工程以及单项工程的范围（如树林、草坪、花坛等的范围）、数量、规格和质量要求，以及相应的园林设施及附属的工程任务（如土方、给水排水、园路、园灯、园椅、山石，以及其他园林小品的位置、数量及质量要求）。

（2）工程的施工期限

包括全部工程总的进度期限，以及各个单项工程的开工日期、竣工日期和各种苗木栽植完成的日期。

（3）工程投资及设计概算（预算）

要掌握工程投资及设计概算（预算），包括主管部门批准的投资额度和设计预算的定额，以便编制施工的预算计划。

（4）设计意图

施工单位拿到设计单位的全部设计资料（包括图面材料、文字材料及相应的图表）后应当仔细阅读，熟悉图纸上的所有内容，并听取设计单位的技术交底和主管部门对此项工程绿化效果的要求，同时在了解图纸的基础上，会同设计单位和业主单位进行图纸会审，找到图纸上的缺陷，解决相关问题。

（5）施工现场地上与地下的情况

要向有关部门了解地上物的处理要求、地下管线分布现状，以及设计单位与管线管理部门的配合与协调情况。

（6）定点放线的依据

首先，要请业主提供施工现场及附近的水准点，以及测量平面位置的导线点，以便作为定点放线的依据。如果不具备上述条件，则需要和设计单位进行协商，以确定一些永久性的参照物，来作为定点放线的依据。

（7）工程材料的来源

要了解各项工程材料的来源渠道，主要包括苗木的出圃地点、时间、数量和质量。

（8）机械和车辆

要了解施工所需要的机械和车辆，以便做好准备工作。

2.现场踏勘

在了解了工程的概况之后，要组织有关人员到现场进行细致的勘察，了解现场的施工条件以及影响施工进展的各种因素等，同时还要核对设计施工图纸。现场踏勘对于正确地编制施工计划、恰当地组织施工以及保证满意的施工效果有十分重要的作用。

现场踏勘的内容，一般有如下几项：

（1）土质情况

要了解当地土壤性质，以确定是否需要换土，并估算换土量，了解土的来源和渣土的处理去向，从而确定土壤改良方案。

（2）交通状况

要了解现场内外能否通行机械车辆，如果交通不便则需要确定开通道路的具体方案。

（3）水源情况

要了解水源、水质、供水压力等，确定灌水方法。

（4）电源

检查接电地点、电压及负荷能力。

（5）各种地上物的情况

了解各种地上物的情况，如房屋、树木、农田、市政设施等，明确地上物的处理方式，办理好原有树木的移伐手续。

3.编制施工组织设计

施工组织设计就是在某项绿化工程任务下达后，并在开工之前，施工单位制订的组织这项工程的施工方案，即对此项工程全面的计划安排。其内容如下：

（1）施工组织

确定项目部以及下属的职能部门，如生产指挥、技术、劳动工资、后勤供应、宣传、安全、质量检验等部门。

（2）确定施工程序，并安排具体进度计划

对于项目比较复杂的绿化工程，最理想的施工程序应当是：征收土地—拆迁—整理地形—安装给水排水以及电气管线—修建园林建筑—铺设道路、广场等—种植乔灌木—铺栽地被、草坪—布置花坛。

如果有需用吊车来移植大树，应当安排在铺设道路广场以前，先将大树栽好，以免在移植的过程中损伤路面（交叉施工的情况除外）。在许多情况下，因具体情况不同，不能完全按上述程序施工，但需要注意的是，在确定施工程序时，前后工程项目不能互相冲突。

（3）安排供应计划

根据工程进度的需要，提出苗木、工具、材料的供应计划。

（4）安排机械运输计划

根据工程的需要，提出机械运输计划，包括所需用的机械、车辆的型号、使用的台班数以及具体日期。

（5）制定技术措施

按照工程任务的具体要求和现场的情况、阶段气候情况来制定具体的施工工艺保证、进度保证、质量保证、安全保证等方面的措施。

（6）绘制平面图

对于比较复杂的绿化工程，必要时还应当在进行施工组织设计的同时，绘制出施工现场布置图，图上需要标明测量的基点、临时工棚、苗木假植地点、施工水电的布置及施工的临时交通路线等。

（7）编制施工预算

以投标报价为依据，结合实际工程情况、质量要求和当时的市场价格，编制合理的施工预算，做好成本控制的计划。

（8）技术培训

在开工前，应当对参加施工的全部劳动人员的技术能力进行一定的了解、分析，并在此基础上，确定技术培训内容和操作规程，搞好技术培训。

总之，在绿化工程开工之前，要合理、细致地进行施工组织设计，使整个工程中的每个施工项目都衔接合理、互不影响，这样才能以最短的时间、最少的劳力和最好的质量顺利地完成工程任务。

4.施工现场的准备

清理障碍物是开工之前必要的准备工作。拆迁是清理施工现场的第一步，主要是指对施工现场内不予保留并有碍施工的市政设施及房屋、构筑物等进行拆除和迁移。在按照设计图纸进行地形整理时，应注意需绿化的城市街道与四周道路、广场的合理衔接，使绿地内排水畅通。如果要采用机械整理地形，还应当确认是否有地下管线，以免发生事故。

（二）绿化土壤的物理性质改良及化学性质测定

1.土壤的物理性质及其改良方法

（1）土壤的物理性质

①土壤质地

根据质地，土壤一般分为沙土、壤土、黏土、石质土四大类。其中壤土的肥力好，既通气透水，又能保水保肥。改良土壤质地常用物理掺和法，如沙土掺加黏土。

②土壤结构

团粒结构的土壤最好。在浸水后不易散碎的团粒称为水稳性团粒，其特点是孔隙适当、透气透水性好，而且能保水保肥。腐殖质、黏粒（硅酸盐黏土）、钙离子（游离碳酸钙）是团粒的胶结剂。增加土壤中的有机质、秸秆还田、往缺钙土壤中加钙、往盐碱地中增施石膏、往酸性土中增施石灰等方式，可以促进水稳性团粒结构的形成，是改善土壤结构的有效措施。

③土壤表观密度

土壤表观密度是指单位体积在自然状态下的土壤干重，单位为 g/cm^3。土壤表观密度可以作为土壤肥力指标之一。表观密度和土壤的质地、结构及有机质含量有关。黏重土壤不利于根系发育。土壤表观密度一般为 $1.0\sim1.8\ g/cm^3$，其中沙土为 $1.4\sim1.7\ g/cm^3$；黏土为 $1.1\sim1.6 g/cm3$；农业耕作用土的土壤表观密度以 $0.9\sim1.2\ g/cm^3$ 为好，大多数盆栽花卉基质的土壤表观密度要小于 $1.0\ g/cm^3$。

④土壤孔隙度

土壤孔隙是指土壤颗粒或团粒之间的空间，它分为毛管孔隙和非毛管孔隙两种。毛管孔隙常充满水，而非毛管孔隙则常充满空气。一般情况下的土壤总孔隙度是 35%～65%，结构不良的土壤总孔隙度仅为 25%～30%，结构良好的土壤总孔隙度为55%~65%;富含腐殖质的团粒结构土壤总孔隙度可以达70%,草炭土总孔隙度可以达90%。土壤中非毛管孔隙应当占3%~5%,这里的非毛管孔隙是指在排除重力水后留下的大孔隙。

（2）改良方法

综合以上指标,土壤物理性质的改良方法包括以下几点:

①客土法,改良土壤质地。

②增加土壤中的有机质含量。

③加强耕作,疏松土壤。

④增加围挡和透气铺装,并减少人为践踏。

⑤扩大树木栽植坑,改换栽植土。在雨水充沛的地区及土壤黏重的栽植坑底建立透气排水设施。

　2.土壤的化学性质测定

土壤有酸碱性和盐渍度两个化学指标,二者对园林植物生长以及存活有直接的影响。进入某地施工前首先要确定当地土壤的酸碱性及盐渍度。

（1）土壤的酸碱性测定

土壤的酸碱性是土壤的基本化学性质之一,常用土壤溶液的 pH 值来表示。某地区、地带某种类型的土壤 pH 值是相对稳定的。测量土壤 pH 值的方法如下:

①取土样

土壤 pH 值一般会存在位差,故采样时应当取用不同深度代表剖面的土样,同时注意以下事项:

a.要在同一时间内采集样品。

b.要在多样的位置剖面上采集样品。

c.表土层上的样品一般不用。

d.要在 10 个以上的地方采集样品。

②制标准液

取 5 g 被测土样放入 50 mL 的烧杯中,用量筒取 25 mL 的蒸馏水放入加土样的烧杯中，搅拌 1 min，使其完全混合后静放 30 min 左右，过滤下的清液作为待测液。

③测试

撕下一张试纸，蘸一点待测液，试纸很快就会显色，将其与标准比色板上的颜色进行对照，颜色相同的位置所对应的数值便是被测土壤的 pH 值。

（2）土壤的盐渍度测定

在生产实践中，土壤的盐渍度用标准状态下土壤溶液的电导率值来表示。土壤水分增大至土壤丧失黏着力时的含水量称为脱黏点，此时的土壤溶液被看作标准溶液。若这种土壤溶液在 25 ℃时的电导率小于 0.4 mS/cm，就相当于土壤溶液中的盐分含量较低，绝大多数作物不会产生盐害的现象；若溶液的电导率超过 0.8 mS/cm，就表示土壤溶液中的盐分含量较高，这种情况下只有耐盐作物才可以生长。

二、园林绿化施工设备准备

（一）地形整理设备

在园林绿化的施工过程中，当场地和基坑面积以及土方量较大时，为了节约劳动力、降低劳动强度、加快工程建设速度，一般采用机械化开挖的方式，并使用先进的作业方法。在进行地形整理时，使用的机械设备通常有推土机、铲运机、平地机、装载机及夯土机等。

（二）树木栽植与养护设备

由于园林绿化中树木的品种繁多、形态各异，而且其栽植作业和定植后的养护作业也比较复杂，作业劳动量大，劳动强度高，因此需要借助机械化的设备来进行。树木栽植与养护作业中使用的机械类型比较多，专用的机械包括挖坑机、植树机、树木移植机、油锯、割灌机和高树修剪机等。

1.挖坑机

挖坑机，又称为穴状整地机，主要用于栽植乔灌木、大苗移植时的整地挖穴，也可以用于挖施肥坑、埋设电杆、设桩等作业。使用挖坑机时，每台班可挖800～1 200个穴，而且挖坑整地的质量也相对较好。

2.植树机

植树机在园林绿化中主要用于营造大面积片林和防护林带。城郊片林、防护林带和隔离林带栽植的苗木通常有大苗、沙土灌木、针叶树裸根苗和容器苗等，因此施工中有大苗植树机、沙地灌木植树机、针叶树裸根苗植树机和容器苗植树机等进行作业。根据地形和土壤条件的不同，植树机可以分为平原植树机、沙地植树机和避让石块树根的选择式植树机等类型。

3.树木移植机

树木移植机是一种用于树木带土移植的机械。按照底盘结构的不同，树木移植机的形式可以分成车载式、特殊车载式、拖拉机悬挂式和自装式四种。

4.油锯

油锯是手持式汽油动力链锯的简称，主要用于伐木、造材和打枝。根据锯把的形式，可以将油锯分为高把油锯和矮把油锯两类。

由于矮把油锯结构紧凑、重量轻，在打枝、造材和整枝时比较方便，因此在园林绿化中主要使用矮把油锯，用于伐除径级不大的病树、老树以及树木整枝，在高台车配合下用于锯除阔叶乔木的秃顶和造型整枝。当径级较大的杨树等需要更新时，最好使用高把油锯，因为使用高把油锯时工作人员不用大弯腰，重量在双臂上能够分配均匀，在施加锯切进给力时，双手施力也比较均匀，转移操作点时背带方便、安全，维修起来也较简便。

5.割灌机

割灌机主要用于清除杂木、剪整草地、割竹、间伐和打枝等工作。它具有重量轻、机动性能好、对地形适应性强等优点，特别适用于山地和坡地上的作业。

割灌机可以分为大型动力割灌机和小型动力割灌机。其中，小型动力割灌机可分为两类，即手扶式割灌机和背负式割灌机。背负式割灌机又可分为侧挂式割灌机和后背式割灌机两种。小型动力割灌机通常由发动机、传动系统、工作部分以及操纵系统四部分组成，而手扶式割灌机还有行走系统。

6.高树修剪机

高树修剪机由大折臂、小折臂、取力器、中心回转接头、转盘、减速机构、绞盘机、吊钩、支腿和液压系统等组成，具有车身轻便、操作灵活等优点。高树修剪机除了修剪 10 m 以下高树，还能够起吊土树球。高树修剪机适用于高树修剪、采种、采条及森林守望等高处作业，也可以用于电力、消防等部门所需的高空作业。

（三）草坪建植与养护设备

在草坪建植与养护工作中，从建植前的场地准备、草坪建植，到养护管理的每个阶段的作业都需要相应的机械来完成。草坪机械包括草坪建植机械和草坪养护机械两种。

草坪建植机械主要用于草坪的营建，按照营建方法，可以分成草坪播种设备、草皮（草毯）移植设备等类型。草坪养护机械主要用于草坪的养护和管理，可以分成草坪修剪机械、草坪打洞通气机械、草坪施肥机械、草坪整理机械、草坪灌溉设备和病虫害防治机械等。

第二章 园林植物的分类及生长发育

第一节 园林植物的分类

一、按生物学特性分类

（一）草本园林植物

草本园林植物植株的茎为草质，木质化程度很低，且柔软多汁。根据生命周期，其可以分为三类。

1.一年生草本植物

一年生草本植物在一年之内完成它的生命周期，即从播种、开花、结实到枯死均在一年之内完成。一年生草本植物大多原产于热带或亚热带地区，所以不耐 0 ℃以下的低温，通常是在春天播种，在夏、秋开花、结实，在冬季到来之前枯死。因此，一年生草本植物又称为春播草本植物，凤仙花、万寿菊、鸡冠花、百日草、波斯菊等都属于此类型的植物。

2.二年生草本植物

在两年之内完成它的生命周期的草本植物称为二年生草本植物。二年生草本植物多数在第一年只长营养器官，在第二年开花、结实、死亡。二年生草本植物大多原产于温带或寒冷地区，耐寒性较强，通常在秋季播种，在第二年春、夏开花，所以又称为秋播草本植物，如紫罗兰、飞燕草、金鱼草、虞美人、须苞石竹等都是此类型的植物。

3.多年生草本植物

寿命在两年以上，并能多次开花、结实的植物，称为多年生草本植物。按地下部分形态变化，多年生草本植物可分为两类。

（1）宿根植物

地下部分形态不发生变化，植物的根宿存于土壤中，可以在露地越冬；地上部分冬季枯萎，第二年春季萌发新芽，也有植株整株安全越冬。如菊花、萱草等属于这类植物。

（2）球根植物

球根植物的地下部分有肥大的变态根或变态茎，这些变态根或变态茎在植物学上称为块茎、鳞茎、根茎、块根等，在花卉学上总称为球根。

①块茎类植物

块茎类植物地下部分的茎呈现不规则的块状。大岩桐、花叶芋、马蹄莲等都属于这类植物。

②鳞茎类植物

鳞茎类植物地下茎极度缩短并有肥大的鳞片状叶包裹。水仙、郁金香、百合、风信子等属于这类植物。

③根茎类植物

根茎类植物地下茎肥大呈根状，并具有明显的节，节部有芽和根。美人蕉、鸢尾、睡莲、荷花等属于这类植物。

④块根类植物

块根类植物地下根肥大呈块状，其上下有芽眼，只在根茎部有发芽点。大丽花、花毛茛等属于这类植物。

（二）木本园林植物

1.乔木类园林植物

乔木类园林植物树体高大（通常在 6 m 以上），且具有明显的高大主干，分枝点高。如雪松、云杉、广玉兰、樟子松、悬铃木、银杏、白皮松等属于这类植物。

2.灌木类园林植物

灌木类园林植物的树体矮小（通常在 6 m 以下），主干低矮或者无明显主干，近地面处生出许多枝条。如玫瑰、蜡梅、月季、牡丹、珍珠梅、大叶黄杨和紫丁香等属于这类植物。

3.藤本类园林植物

藤本类园林植物以其特殊的器官，如吸盘、吸附根、卷须等，或是缠绕或是攀附在其他物体上而向上生长的木本植物。例如，爬山虎可以借助吸盘向上生长，凌霄可以借助吸附根向上攀登，等等。

4.丛木类园林植物

丛木类园林植物的树体矮小，无明显主干。

5.匍匐类园林植物

匍匐类园林植物的干和枝不能直立生长，而是匍地生长，与地面接触的部分可生出不定根，从而扩大占地面积，如铺地柏等属于这类植物。

二、按观赏部位分类

（一）观花类园林植物

这类植物包括木本观花植物与草本观花植物两大类。观花类园林植物以花朵为主要的观赏部位，以其花大、花多、花艳或花香取胜。木本观花植物有玉兰、梅花、杜鹃、碧桃、榆叶梅等；草本观花植物包括菊花、兰花、大丽花、一串红、唐菖蒲等。

（二）观叶类园林植物

观叶类园林植物是以观赏叶形、叶色为主的园林植物。这类植物或是叶色光亮、色彩鲜艳，或是叶形奇特，引人注目。这类植物的特点是观赏期长，观赏价值较高，如龟背竹、红枫、黄栌、芭蕉、苏铁、橡皮树、一叶兰等。

（三）观茎类园林植物

观茎类园林植物的茎干因色泽奇特或形状异于其他植物，可供观赏。常见供观赏红色枝条的有红瑞木、野蔷薇、杏等；供观赏古色枝条的有桃、桦木等；用于冬季观赏的有碧绿色的棣棠等；用于观赏形和色的有白皮松、竹类、悬铃木、梧桐等。

（四）观果类园林植物

观果类园林植物或是果实色泽美丽，经久不落，或者果实奇特，色形俱佳。如石榴、朝天椒、佛手、金橘、火棘、山楂等。

（五）观芽类园林植物

这类园林植物的芽特别肥大、美丽，如银柳、结香等。

（六）观姿态类园林植物

这类园林植物的树形、树姿，或端庄，或高耸，或浑圆，或盘绕，或似游龙，或如伞盖。如雪松、龙柏、香樟、银杏、合欢、龙爪榆等。

三、按绿化用途分类

（一）绿荫树

绿荫树是指配置在建筑物、广场、草地周围，可以用于湖滨、山坡营建风景林，开辟森林公园，建设疗养院、度假村、乡村花园等的乔木。它可以供游人在树下休憩，如榉树、槐树、鹅掌楸、榕树、杨树等。

（二）行道树

行道树是指为了达到美化、遮阳和防护等目的，在道路的两旁栽植的树木。如悬铃木、杨树、垂柳、樟树、银杏、广玉兰等。

（三）花灌木

花灌木是指具有美丽的花朵或花序，其花形、花色有观赏价值的乔木、灌木、丛木以及藤本植物。如牡丹、月季、大叶黄杨、紫荆、迎春花、玉兰、山茶等。

（四）垂直绿化植物

垂直绿化植物是指在垂直面上进行种植的植物，它们可以有效地利用空间，同时美化环境。通常做法是栽植攀缘植物，绿化墙面和藤架。如常春藤、木香、爬山虎等。

在选择垂直绿化植物时，应考虑植物的生物学特性、速生性，以及环境功能等因素。不同的植物适用于不同的垂直绿化形式，如攀爬式、垂吊式、骨架＋花盆式、模块式、布袋式和铺贴式等。每种形式都有其特点和适用场合，应根据实际情况选择合适的绿化方式。

（五）绿篱植物

绿篱植物是指园林中成行密集栽植，可以用于代替篱笆、围墙等，起到隔离、防护和美化作用的耐修剪的植物，如侧柏、厚皮香、桂花、罗汉松、红叶石楠、日本珊瑚树、丛生竹类、小蜡、六月雪、女贞、福建茶、瓜子黄杨、金叶女贞、红叶小檗、大叶黄杨等。

（六）草坪与地被植物

一般用低矮的草坪和地被植物覆盖裸地、林下、空地，可以起到防尘降温的作用。如蔓长春、鸢尾草、诸葛菜等。

（七）花坛植物

花坛植物是指在露地进行栽植，组成各种图案，以供游人赏玩的观花、观叶的草本花卉以及少数低矮的木本植物。如金盏菊、虞美人、锦绣苋、黄杨球、月季等。

（八）室内装饰植物

室内装饰植物是指种植在室内墙壁和柱上专门设立的栽植槽内的植物。如蕨类、常春藤等。

（九）片林（林带）

树木按带状进行栽植，既可以作为公园外围的隔离带，环抱的林带组成一个闭锁空间，又可以作为公园内部分隔功能区的隔离带。

四、按经济用途分类

（一）木本粮食类植物

木本粮食类植物是指果实含淀粉较多的植物，如板栗。

（二）木本油料类

木本油料类植物是指果实含脂肪较多、可供榨油的植物，如油茶。

（三）果用植物

果用植物包括苹果、枇杷、柑橘等。

（四）药用植物

药用植物是指根茎可入药的植物，如牡丹、杜仲。

（五）芳香植物

芳香植物的花、枝、叶、果含芳香油，可以提炼香精，如茉莉、玫瑰、肉桂。

（六）用材植物

用材植物指可以提供木材、竹子及薪炭的植物，如杉、松、竹等。

（七）特用经济植物

特用经济植物包括橡胶、漆树等。

（八）观赏植物

观赏植物是指树姿雄伟或婀娜的植物，如雪松、金钱松。

（九）蔬菜类植物

蔬菜类植物是指嫩茎、嫩叶可以食用的植物，如石刁柏、香椿、落葵。

第二节 园林植物的生命周期

由于季节和昼夜的变化，植物的生长表现为一定的间歇性，即随着季节和昼夜的变化而具有周期性的变化，这就是植物生长发育的周期性。植物从繁殖开始到个体生命结束为止的全部生活史称为生命周期。

一、一年生园林植物的生命周期

一年生园林植物的生长发育过程包括发芽期、幼苗期、营养生长期和开花结果期四个阶段。

（一）发芽期

从种子萌动至长出真叶的过程称为发芽期。播种后，种子先吸水膨胀，酶活性变强，将种子内贮藏的物质分解成能被利用的简单有机物，随后胚根伸长形成幼根，胚芽出土，进入幼苗期。这一时期植物生长需要的营养物质全部来自种子，种子的饱满程度直接影响发芽能力。同时，水分、温度、土壤通透性、覆土厚度等都是实现苗齐、苗壮的影响因子。

（二）幼苗期

种子发芽以后，能够利用自己的根系吸收营养和利用叶进行光合作用，便进入幼苗期。这一时期幼苗生长迅速，代谢旺盛，但苗体较小，对水分及养分需求的总量不多，抗性较弱。因此，要注意对其进行水分、光照等的合理供给。

（三）营养生长期

幼苗期后，有一个根系、茎叶等器官加速生长的营养生长期，这一时期为以后植物的开花、结实奠定营养基础。不同植物营养生长期的长短、出现的时间均有较大差异。因此，既要保证对其进行水肥、病虫、光照等的合理管理，使其健康生长，也要有针对性地利用生长调节剂、控制水肥等措施，防止植株徒长，从而使植物顺利地进入下一时期。

（四）开花结果期

开花结果期是指从植株现蕾到开花结果的时期。这一时期存在着营养生长和生殖生长并行的情况，因此存在着营养生长和生殖生长的矛盾。这一时期的管理要点是保证营养生长与生殖生长协调、平衡发展。

二、二年生园林植物的生命周期

二年生园林植物需要经过一段低温春化阶段才能由营养生长过渡到生殖生长。二年生园林植物的生命过程包括营养生长和生殖生长两个阶段。

（一）营养生长阶段

营养生长阶段包括发芽期、幼苗期、旺盛生长期及其后的休眠期。在旺盛生长初期，叶片数不断增加，叶面积持续扩大，后期同化产物迅速向贮藏器官转移，使之膨大、充实，形成叶球、肉质根、鳞茎，为以后开花、结实奠定营养基础，随后进入短暂的休眠期。也有一些植物无生理休眠期，但由于低温、水分等环境条件限制，进入被动休眠的状态，一旦温度、水分、光照等条件变得适宜，它们就发芽、开花。

（二）生殖生长阶段

花芽分化是植物由营养生长期过渡到生殖生长期的形态标志。一些植物在秋季营养生长后期已经开始进行花芽分化，之所以没有马上抽薹，是因为它们需要等来年春季的高温和长日照。从现蕾开花到传粉、授精，是生殖生长的重要时期。植物在此时期对温度、水分、光照都较为敏感，一旦不适就可能出现落花。

三、多年生园林植物的生命周期

多年生园林植物可分为多年生木本植物和多年生草本植物两大类。以下分别介绍它们的生命周期。

（一）多年生木本植物的生命周期

多年生木本植物根据其来源又可分为实生树和营养繁殖树两种类型。

1.实生树的生命周期

实生树是指由种子萌发而长成的个体，其生长发育是有阶段性的。一些学者认为，实生树的生命周期分为三个阶段：第一阶段为童年期，也称为幼年期，指从种子播种后萌发开始，到实生苗具有分化花芽潜力和开花、结实能力为止所经历的时期。实生树在童年期主要进行营养生长。童年期是实生树在个体发育过程中必须经过的一个阶段，在此阶段，人为的措施无法诱导其开花。不同树木种类，甚至同一种类的不同品种，其童年期的长短差异也很大。少数童年期极短的树种，在播种当年即开始开花结实，如紫薇、矮石榴等。大多数树种需要一定的年限才能开花。桃、杏、枣、葡萄等的童年期为 3～4 年，松和桦的童年期为 5～10 年，银杏的童年期为 15～20 年。第二阶段为成年期，指从植株获得形成花芽的能力到开始出现衰老特征时为止的一段时期。开花是进入这一时期最明显的特征。第三阶段为衰老期，指从树势明显衰退开始到树体最终死亡为止的时期。

2.营养繁殖树的生命周期

营养繁殖树是利用母体上已具备开花结果能力的营养器官再生培养而成的，因此其一般已通过了幼年阶段，不需度过较长的童年期，没有性成熟过程。只要生长正常，营养繁殖树随时可以成花。但在生产中为了保证树木质量，延长寿命，在生长初期往往会控制开花，保持一段时期的旺盛营养生长，以积累足够的养分，促进植株生长。营养繁殖树的营养生长期一般是指从营养繁殖苗木定植后到开花结果前的一段生长时间。其时间长短因树的种类而异，枣、桃、杏等需要 2～3 年，苹果、梨等则要 3～5 年。营养生长期结束后，即进入结果期和衰老期。

（二）多年生草本植物的生命周期

多年生草本植物是指经过一次播种或栽植以后，可以生活两年以上的草本植物。

多年生草本植物可以分为两类。一类多年生草本植物的地下部分为多年生，形成宿根、鳞茎等变态器官，地上部分在冬季来临时会枯萎死亡。这一类植物的年生长周期与一年生植物相似，一般要经历营养生长阶段和生殖生长阶段。第二年春季宿存的根重新发芽生长，进入下一个周期。另外一类多年生草本植物的地上部分和地下部分均为多年生，冬季时地上部分仍不枯死，并能多次开花、多次结实，如万年青、麦冬等。

园林植物的生命周期并非一成不变，生存环境发生变化，植物的生命周期也可能会发生较大变化。利用一些栽培技术，人为地改变植物生存环境，可以改变植物的生命周期，以期更好地为园林绿化工作服务。例如，金鱼草、瓜叶菊、一串红、石竹等植物本身是多年生植物，但在北方地区为了使其具有较好的园林绿化效果，常作一年生植物栽培。

第三节　园林植物的物候变化

园林植物在生长发育过程中，其外界生长条件大多会呈现出一年四季和昼夜更替等周期性的变化，故而植物在进化中适应这种周期性变化后，会形成与之相适应的形态、生理等方面的周期性变化。环境条件会改变或影响植物物候期，生产上常常会通过改变园林植物的生长环境来改变植物的物候期，使其更适合园林观赏和应用。

一、物候的形成与应用

植物用根从地下土壤中吸收水分和矿质营养，从空气中吸收二氧化碳，在阳光下合成有机物质。植物的生长发育完全受环境条件的约束，在这些环境的长期作用下，植物会产生一些形态及生理上的变化以适应环境。树木在一年中，随着气候的季节性变化而发生的萌芽、抽枝、展叶、开花、结果、落叶、休眠等规律性的变化现象，称为物候或物候现象。与各树木器官相对应的动态时期称为生物气候学时期，简称物候期。在不同物候期中，树木器官表现出的外部形态特征称为物候相。通过对植物物候的研究，人们能够认识树木形态和生理的节律性变化与自然季节变化的关系，从而进行园林植物的栽培与养护。

我国几千年前的《诗经·豳风·七月》中就已经有了关于物候的记载。在西汉，著名的农学著作《氾胜之书》中就有了如"杏始华荣，辄耕轻土弱土；望杏花落，复耕"这种以物候为指标来确定耕种时期的记载。南宋末年，浙江金华（古称婺州）人吕祖谦记载了蜡梅、桃、李、梅、杏、紫荆、海棠、兰、竹、芙蓉、莲、菊、蜀葵和萱草等24种植物在淳熙七年和八年（1180年、1181年）的开花、结果日期——春莺初到和秋虫初鸣的时间。

竺可桢是中国现代物候学研究的奠基者，他在1934年组织建立物候观测网，在他的领导下，1962年，我国又组织建立了全国性的物候观测网，以进行系统的物候学研究。

在欧洲，古希腊的雅典人就已经编制了农用物候历。18世纪中叶，瑞典植物学家卡尔·冯·林奈（Carl von Linné）在其所著《植物学哲学》一书中概述了物候学的任务、物候的观测和分析方法，并组织了有18个观测点的观测网。德国植物学家赫尔曼·霍夫曼（Hermann Hoffmann）在19世纪90年代建立了一个物候观测网，选择了34种植物作为物候观测的对象，亲自观测了40年。

物候在园林植物的栽培养护和应用中起到非常重要的作用。利用物候可以更加准确地预报农时。掌握各种园林树木在不同物候期中的习性、姿态、色泽等特点，通过合理的配置，使不同树木的花期相互衔接，可以提高园林风景的质量。物候不仅可以为制订园林树木的栽培、管理、育种等计划提供科学、准确的依据，还能为树木的栽培区划提供依据。

二、树木物候变化的一般规律

每年都有春夏秋冬四季，树木长期适应这种节律性的气候变化，也就形成了与此相应的物候特征与生育节律。树木的物候期主要与温度有关。

起源于温带的树种，春季结束休眠开始生长，秋冬季则结束生长进入休眠，与温度的变化趋势大体一致。树木由叶芽开始萌动到落叶为止，在一年中生长的天数为生长期。一个地区适合树木生长的时期叫树木的生长季。在季节性气候明显的地区，生长季大致与无霜期一致。但不同树种的生长期也有很大差异，多数落叶树种在早霜之前结束生长，晚霜后恢复生长。但有些树种，如柳树，则发芽早，落叶晚，其生长季超出了无霜期。有些树种，如黄檀，则立夏后才萌动，生长季短于无霜期，休眠期较长。常绿树与落叶树的差异更大，落叶树有很长的落叶裸枝休眠期，而常绿树则没有明显的休眠期。同一树种的不同品种，或不同年龄阶段，其物候进程有时也存在较大差异。

树木的物候阶段主要受当地温度的影响，温度又受纬度、经度、海拔等因素的影响，因而物候期也受到纬度、经度和海拔等因素的影响。

我国气候类型复杂，物候期变化很大。在东部，冬冷夏热，冬季南北温度相差很大，而夏季相差较小。因此，同种植物的南北方物候期在冬季相差大，在夏季相差小。例如，在北京和南京，三四月间桃李始花期相差 19 天，到四五月间，刺槐盛花期则只相差 9～10 天。

在我国，西部大陆性强的地区，冬季严寒，夏季酷热，冬夏温差大。东部海洋性强的地区，冬春较冷，夏秋较热，冬夏温差小。因此，我国各种树木的始花期，内陆地区较早，近海地区较迟，物候相差的天数由春季到夏季逐渐减少。

随着海拔高度的变化，物候也会有所差异。海拔每上升 100 m，春季物候约推迟 4 天，夏季物候推迟 1～2 天。物候还受栽培措施的影响，如施肥、浇水、防寒、修剪等都会引起树木内部机理的变化，进而影响树木的物候期。树干涂白、浇水会使树体和土壤在春季升温变缓，推迟萌芽和开花；夏季的高强度修剪和氮肥的大量施用，也会推迟树木落叶和进入休眠期的时间。每一个物候期的出现都是外界综合条件和植物内部物质基础协调与统一的结果。

三、不同树木的物候期

树木都具有随外界条件的季节变化而发生与之相适应的形态和生理机能变化的能力，不同植物对环境的反应不同，因此在物候进程上存在较大的差异。

（一）落叶树的物候期

落叶树的物候期包括萌芽期、生长期、落叶期和休眠期。其中，生长期和休眠期是两大物候期。

1.萌芽期

萌芽期是从芽开始萌动膨大到芽开放、叶展出为止的一段时期。它是从休眠期进入生长期的过渡阶段，也是树木由休眠期进入生长期的标志。植物休眠的解除，通常以芽的萌动为准。实际上，树木生理活动活跃的时期要比芽膨大的时间早。

树木萌芽时，首先树液开始流动，根系出现明显活动，有些树木，如葡萄树、核桃树等，会出现伤流，树体开始生长。树木的萌芽需要一定的温度、水分和营养条件。其中，温度起到决定性的作用。北方树种，当气温稳定在 3 ℃以上时，经一定积温后芽开始膨大萌发。南方树种，要求的积温较高。空气湿度、土壤水分等也是树木萌芽的重要条件。这些条件一般能够满足，通常不会成为限制条件。

树木的栽植最好在这一物候期结束之前进行。因为在这一物候期，树液已经开始流动，叶初展，芽膨大，树木的抗寒能力已经大大减弱，容易遭受晚霜危害。在园林栽植中，有时会通过早春灌水、涂白，施用生长调节剂等来延缓芽的开放，或者对已经萌发的植物根外喷洒磷酸二氢钾等来提高花、叶的细胞液的浓度，从而增强植物的抗寒能力。

2. 生长期

生长期是指植物从春季萌芽，开始生长，至秋季开始落叶为止，各部分器官表现出显著的形态特征并发挥生理功能的时期。

这一时期时间较长，树木在外形上发生非常显著的变化，体积增大，同时会形成许多新的器官。成年树的生长期主要包括营养生长期、生殖生长期两个时期。

由于不同树种的遗传性和生态适应性不同，其生长期的长短、各器官生长发育的顺序、生长期各种器官生长开始的早晚与持续时间的长短都会有所不同。即使是同一树种，受自身营养吸收情况和所处环境的影响，其生长期也会表现出一些差异。

每种树木在生长期中，都会按照其固定的顺序进行一系列的生命活动。大多数植物发根比萌芽早，如梅、桃、杏、梨、葡萄等。也有发根与萌芽同时进行甚至发根迟于萌芽的，如柿、栗、柑橘、枇杷等。有些园林植物是叶芽先萌发，植株生长，而后形成花芽并开花；有些则是花芽先萌发，而后叶芽萌发，植株生长。一般在每次新梢生长停止时有一次花芽分化的高峰期。新梢的生长和果实的发育往往会相互抑制，可以用摘心、环剥、喷抑制剂等方式抑制新梢的生长，从而提高坐果率和促进果实生长。

生长期是落叶树的光合生产时期，也是其发挥生态效益和观赏功能的重要时期，这一时期的环境条件和管理养护措施对树木的生长发育和园林效益有着极为重要的影响。人们必须根据树木生长期中的生长发育特点进行栽培和管理，才能取得良好的效果。为了促进枝叶生长和开花结果，在树木萌发前就应该松土、施肥、浇水，提高土壤肥力，以形成较多的吸收根。生长前期追肥应以氮肥为主；枝梢生长趋于停止时，施肥则应以磷肥为主，以利于花芽分化。在枝梢生长过旺时，对新梢进行摘心可以增加分枝，以达到整形要求。

3.落叶期

落叶期从叶柄开始形成离层至叶片落尽或完全失绿为止。枝条成熟后的落叶是生长期结束并进入休眠期的标志。过早落叶会缩短生长期，影响树体营养物质的积累和组织的成熟；过晚落叶则会导致树体营养物质不能及时转化贮藏，枝条木质化程度低，从而使其遭受冬季低温的危害，并对翌年的生长和开花结果产生不利影响。

春季发芽早的树种，秋季往往落叶也早；同一树种的幼龄植株一般比壮龄和老龄植株落叶晚，新移植的树木一般落叶较早。

树木的正常落叶主要是由叶片衰老引起的。叶片衰老包括自然衰老和刺激衰老两种。自然衰老是由叶片随着叶龄的增长，生理代谢能力减弱，代谢物质发生变化导致的。刺激衰老则是由环境条件恶化，自然衰老加速导致的。温度和光照的变化是落叶的重要原因。生长素、乙烯、细胞分裂素、赤霉素等在树木叶片的衰老与脱落控制中也起着非常重要的作用。

针对树木在落叶期的生理特征，在园林植物的养护过程中，在落叶期之前就应该停止施用氮肥，少浇水，使落叶期正常落叶，从而提高植物的抗寒能力。在落叶期可以进行树木移植，使伤口在年前愈合，保证第二年早发根、早生长。

园林树木还会因某些病害及恶劣环境条件、栽培管理不当等而使树体内部生长发育不协调，从而引起生理性早期落叶。一般果树的第一次生理性早期落叶多发生在植株旺盛生长阶段，即5月底6月初，此时如果营养供应不充足，营养就会被优先供给代谢旺盛的新梢、花芽和幼果等部位，当内膛叶片营养供应不足时，就会出现生理性早期落叶现象。第二次生理性早期落叶发生在盛果期植株的秋季采果后。此时果实的成熟会影响包括叶片在内的所有器官，部分叶片会发生生理性早期落叶。早期落叶会减少树木的营养积累，影响翌年的生长发育。常用的防治措施有：一是注意水肥管理，使树体营养充足、平衡，冬季进行合理修剪，防止树体旺长，注意通风透光；二是控花、控果，注意树体负荷合理；三是果实成熟后及时分批采收，减缓因果实成熟采收导致的衰老，防止早期落叶。

4.休眠期

休眠是树木在进化中为适应低温、高温和干旱等不良环境而表现出来的一种状态。休眠有冬季休眠、旱季休眠和夏季休眠几种类型。夏季休眠一般只是部分器官的活动停止，而不是表现为落叶。落叶树的休眠一般是指冬季休眠，是植物对冬季低温所形成的适应性状态。树木地上部的叶片脱落，枝条成熟并木质化，冬芽成熟，生长发育基本停止；地下部的根系也基本停止或仅有微小的生长。从外部看，树木在休眠期处于生长发育的停止状态。但树体内部仍然进行着各种生理活动，如呼吸作用、蒸腾作用，根的吸收合成，芽的进一步分化，养分的转化，等等。

根据树木的生态表现和生理活动特性，休眠期可分为自然休眠和被迫休眠两个阶段。自然休眠是由树木器官本身生理特性决定的休眠，自然休眠必须在低温条件下持续一段时间，否则即使环境条件已经适合，树木也不能正常萌发生长。被迫休眠则是指通过自然休眠，树木已经完成了生长所需要的准备，但外界条件仍然不适宜，芽不能萌发而呈休眠状态。自然休眠和被迫休眠的界限，从外观上并不易区分。

自然休眠期的时间与树木的原产地有关，也与不同树木适应冬季低温的能力有关。苹果的休眠期要求温度低于 5 ℃的天数在 50～60 天，于 1 月下旬结束。核桃和葡萄则要在 2 月中旬才能结束。原产于温带寒冷地区的树种，其早春发芽时间与被迫休眠期的长短有关，即与低温时期长短有关。不同树龄的树木进入休眠期的早晚也不同。由于幼年树的生命力较强，活跃的分生组织多，生长势较强，因此一般幼年树比成年树晚进入休眠期，而解除休眠的时间则早于成年树。

同一树木的不同器官进入休眠期的时间也不完全一致，一般小枝、弱枝和芽进入休眠期早，主枝、根颈部进入休眠期晚，解除休眠的顺序则相反。花芽比叶芽休眠早，萌发也早。顶部花芽比腋部花芽萌发早。同一器官的不同组织进入休眠期的时间也有差异。皮层和木质部进入休眠期较早，形成层进入休眠期较晚。所以，如果在初冬遭遇严寒，最容易受冻害的是形成层。但形成层一旦进入休眠期，其抗寒能力又强于木质部，所以隆冬的冻害多发生于树体木质部，而不是形成层。

落叶树木如果能够在秋冬季节按时成熟，及时停止生长，减弱生理活动，正常落叶并进入休眠期，做好越冬准备，则能顺利进入并通过自然休眠期，翌年顺利萌发和生长。凡是能够影响枝条正常停止生长、正常落叶的因素都会影响休眠期。光周期，尤其是暗期长度是影响休眠期的重要因素。一般长日照能促进枝条的生长，短日照则可抑制枝条的生长，促进休眠芽的形成。但也有一些园林植物，如梨、苹果等，对日照长度不敏感。温度也是影响植物休眠期的重要因素，有的植物受高温诱导进入休眠期，有的植物则受低温诱导进入休眠期。另外，营养状况、水分状况等都会影响植物的休眠期。

有些落叶树木进入自然休眠期后，低温时间需要达到一定的时长，才能解除休眠，否则会导致花芽发育不良，第二年萌发延迟，甚至开花不正常，或结果不正常。在引种工作中，尤其是将低温地区的树种引进到温暖地区时，要注意低温时间的限制。不同树木对温度的要求不同，同一树种的不同品种也会因起源地不同而对冬季低温有不同的要求。同一品种的叶芽和花芽对低温的要求也不同，通常情况下叶芽对低温的要求更严格一些。通常冬季的气温会比植物器官周围的温度略高，因而日平均温度并不能准确地反映植物所承受的低温量。在群植条件下，遮阴的部分温度较低，往往能较快地满足植物的低温要求。风、云、雾等也会降低气温，有利于植物通过休眠期。

了解树木通过生理休眠期所需要的低温量和时间，对于园林植物的引种和品种区域化都具有重要的参考价值。

树木在被迫休眠期间如遇回暖天气，可能会开始活动，抗寒性降低，再遇寒潮则很容易受害。故栽培管理中有些地区会采取延迟萌芽的措施，如树干涂白、灌水等，可以避免树体增温过快、萌芽过早。

（二）常绿树的物候期

常绿树，并非周年不落叶，而是叶的寿命较长，多在一年以上。常绿树每年仅仅脱落部分老叶，还能增生新叶，因此全树终年连续有绿叶存在。常绿针叶树类，如松属树的针叶可存活 2～5 年，冷杉叶可存活 3～10 年，紫杉叶可存活 6～10 年。它们的老叶多在冬春间脱落，刮风天尤甚。常绿阔叶树的老叶，多在萌芽展叶前后逐渐脱落。常绿树的落叶，主要是失去正常生理机能的老化叶片。

生长在北方的常绿针叶树，每年发枝一次或以上。有些松属树先长枝，后长针叶，有些松属树果实的发育是跨年的。

热带、亚热带的常绿阔叶树木，其各器官的物候动态表现极为复杂。各种树木的物候差别很大，难以归纳。有些树木在一年中能多次抽梢，如柑橘，可有春梢、夏梢、秋梢及冬梢。有些树木一年内能多次开花结实，甚至抽一次梢结一次果，如金橘。有些树木同一植株上同时可见有抽梢、开花、结实等重叠交错的情况。有些树木的果实发育期很长，常跨年才能成熟。

在赤道附近的树木，年无四季，终年有雨，全年可生长而无休眠期，但也有生长节奏表现。在离赤道稍远的季雨林地区，因有明显的干、湿季，多数树木在雨季生长和开花，在干季落叶，因高温干旱而被迫休眠。在热带高海拔地区的常绿阔叶树，也会受低温影响而被迫休眠。

第四节　园林植物的营养生长

一、根系的生长

根系是一个植株全部的根的总称。根是植物重要的营养器官，能对植物起到固定作用，同时还有吸收水分、无机营养元素以及贮藏部分营养的作用。根还具有合成作用，如可以合成蛋白质等。根在代谢过程中，会产生一些特殊物质，溶解土壤养分，创造环境，引诱有利的土壤微生物往根系分布区集中，以将复杂有机化合物转化为根系更容易吸收的物质。许多植物还会形成菌根或根瘤，增强根系的吸水、吸肥、固氮能力。另外，有些园林植物的根还具有很强的无性繁殖能力，是重要的种群繁殖材料。

（一）根系的类型

根据来源，园林植物的根系可以分为实生根系、茎源根系和根蘖根系三种类型。

1.实生根系

用播种繁殖所获得的植物的根系，即来源于种子胚根的根系，是实生根系，其中包括嫁接繁殖中的砧木用实生苗的情况。实生根系是树木根系生长的基础。实生根系的特点主要有：一般主根比较发达，入土较深，生命力强，适应环境的能力强，生理年龄小，根系相对较大。

2.茎源根系

由茎上直接生长出来的根系，称为茎源根系，茎源根是一种不定根，如扦插、压条等繁殖苗的根。茎源根系没有主根，且分布较浅，生活力较弱，生理年龄较老。

3.根蘖根系

由根部分蘖生长形成的根系称为根蘖根系。有些园林植物，如石榴、枣、樱桃、泡桐、香椿、银杏、刺槐等容易产生根蘖，分株后可获得独立植株，其根系是母株根系的一部分，没有来自胚根的主根，其特点与茎源根系相似。

（二）根系的结构

纵剖园林植物的根尖，在显微镜下观察，由尖端往上，根据功能结构，可将根系分为根冠、分生区、伸长区、成熟区（根毛区）四个分区。

1.根冠

每条根的最前端有一个帽状结构，称为根冠。根冠由薄壁细胞组成，它的主要作用是保护根尖分生区的细胞。根冠细胞排列不规则，外层细胞排列较疏松，细胞外壁有多糖类物质形成的黏液，起到润滑根冠、促进离子交换、减小土壤对根的摩擦力等作用。根冠中部的"平衡石"淀粉体还具有使根感受重力，进行向地生长的调节作用。

2.分生区

分生区位于根冠内侧，是一种顶端分生组织，长度为 1～3 mm，形如锥状，又被称为生长锥或生长点。分生区细胞小，排列紧密，细胞核大，细胞质浓，液泡非常小，细胞壁薄，分化程度低，分裂能力很强。形成的新细胞一部分加入根冠，补偿根冠损伤脱落的细胞；一部分加入伸长区内，控制根的分化与生长；还有一部分仍然保持分生能力，以维持分生区。

3.伸长区

伸长区是指由分生区往上到与成熟区相接的 2～5 mm 的区域。此区域的细胞沿着根的纵轴方向伸长，体积增大，液泡增多、增大。伸长区细胞的伸长生长是根尖不断向土壤深层推进的动力。

4.成熟区

成熟区位于伸长区的上方，已经停止生长，分化形成各种成熟组织，表皮、皮层、中柱等初生组织已清晰可见。成熟区是根系吸收水分与无机盐的主要部位。

（三）根系的分布

根系在土壤中的分布可概括为主根型、侧根型和水平根型三种基本类型。主根型根系有一个明显的近于垂直的主根深入土中，从主根上分出侧根向四周扩展，由上而下逐渐缩小，根系呈倒圆锥形。主根型根系在通透性好且水分充足的土壤里分布较深，如松、栎等树种的根系。侧根型根系没有明显的主根，主要由原生或次生的侧根组成，以根颈为中心，向地下各个方向作辐射扩展，是一个网状的根群，如杉木、冷杉、槭等树木的根系属于此种类型。水平型根系主要向水平方向伸展，多见于一些长于湿生环境中的植物，如云杉、铁杉等。

（四）影响根系生长的因素

1.土壤温度

根系生长需要的土壤温度分为最高温度、最适温度和最低温度，温度过低或过高都会对植物根系生长产生不利影响，甚至造成伤害。不同植物，发根所需要的温度有很大差异。原产于温带、寒带的植物所需温度低，而原产于热带、亚热带的植物所需温度较高。冬季根系生长缓慢或停止的时期与当时土壤温度变化基本一致。由于季节变化，不同深度的土壤在同一时期的温度也会不同，分布在不同土层中的根系活动也就有所区别。对于多年生植物来讲，早春化冻后，地表温度上升较快，表层根系活动强烈；夏季表层土温过高，30 cm 以下土层温度较合适，中层根系活动较为活跃；冻土层以下土壤温度较为稳定，此处的根系能够常年生长，所以冬季根系的活动以下层为主。

2.土壤湿度与土壤通气状况

园林植物根系的生长既要有充足的水分，又要有良好的通气条件。

对于园林树木来讲，通常土壤含水量为土壤最大田间持水量的 60%～80%

时最适合树木根系的生长。在干旱条件下，根的木栓化加快，输导能力降低，且自疏现象加重。在缺水时，叶片能够夺取根的水分进行生长，所以干旱对根的影响更大。但是，轻微的干旱，一方面改善了土壤的通气状况，另一方面又抑制了植物地上部的生长，让较多的营养物质用于根系生长，使根系更加发达，形成大量深入土壤下层的根，提高吸收能力。所以，在根系建成期，轻微的干旱对根的发育是有好处的。不同园林植物对土壤湿度的要求不尽相同，生产中应根据具体植物的喜干湿特性确定合适的土壤湿度。

土壤通气状况对植物生长也有很大影响。通气良好的植物根系分支多，密度大，吸收能力强。通气不良则会造成植物生长不良，甚至引起早衰，发根慢，生根少，也会产生有害气体。

在园林植物栽培时，要注意土壤中含氧量的问题，还要注意土壤孔隙率。孔隙率低时，土壤气体交换困难，往往会严重影响植物根系的生长。土壤孔隙率一般要求在10%以上；当土壤孔隙率低至7%时，植物生长不良，在1%以下时，植物几乎不能生长。

3.土壤营养

土壤营养的有效性影响植物根系的生长和分布，包括根系发达程度、须根密度、根系生长时间等。在肥沃的土壤条件下，根系发达，根密而多，活动时间长，吸收能力强。在瘠薄的土壤中，根系瘦弱，根少，活动时间短，吸收能力弱。同时，根系具有趋肥性，在施肥点附近，根系会比较密集。有机肥有利于植物根系的生长，提高根系的吸收能力。氮肥促进树木根系的发育，主要是通过增加叶片碳水化合物及生长促进物质的形成实现的，但是过量的氮肥会引起枝叶徒长，削弱根系的生长。磷肥，以及其他微量元素，如硼、锰等，也对根系的生长具有良好的促进作用。

4.植物的有机养分

植物根系的生长与功能实现所需的碳水化合物依赖于地上部的光合作用，光合器官受损或结实过多等会使植物有机养分不足，这会在一定程度上影响根系的正常发育。此时根系的发育情况取决于地上部输送的有机物的数量，即使土壤状况较好，也不能有效促发根系。因此，必须通过改善叶片机能或疏花疏果等方式进行营养物质积累，减少损耗，从而改善根系状况。这种效果不是加强水肥管理能够代替的。嫁接实验也证实，接穗对根系的形态和生长发育周期等有明显的影响。例如，枳在热带地区发根、发芽均不良，但以其为砧木，嫁接上柑橘后，能促进其根系发育，使其生长旺盛、生长期延长，这主要是因为来自地上部的营养物质促进了枳根系的生长发育。

（五）根系生长的周期性

通常只要条件适宜，根系并无自然休眠现象。受植物种类、品种、环境条件及栽培技术等的影响，根系的生长也存在着一定的周期性。根系生长在不同时期会受到不同限制因子的影响，根系生长与地上部器官的生长密切相关。

1.根系的生命周期

对于一年生草本花卉来说，根系从初生根伸长到水平根，最后到垂直根衰老、死亡，完成其生命周期。园林树木是多年生的植株，一般情况下幼树先长垂直根；树冠达一定大小的成年树，水平根迅速向外伸展；至树冠最大时，根系也相应分布最广；当外围枝叶开始枯衰、树冠缩小时，根系生长也减弱，且水平根先衰老，最后垂直根衰老死亡。

2.根系的年生长周期

在年生长周期中，园林植物不同器官的生长发育会交错重叠进行，不同时期会有不同的旺盛生长中心。年生长周期特征与不同园林植物自身遗传特点及环境条件密切相关，环境条件中土温对根系生长的周期性变化影响最大。一年生园林植物的年生长周期就是它的生命周期。一般多年生园林植物，在北方地区，根系在冬季基本不生长或生长非常缓慢。从春季至秋季根系生长出现周期性变化，根系生长出现两三次高峰，生长曲线为双峰曲线或三峰曲线。例如，海棠等，在华北地区，3月中下旬至4月上旬，土温回升，根系休眠解除，地上部还未萌动，根系利用自身贮藏营养开始生长，出现第一个生长高峰；5月底至 6 月前后，地上部叶面积最大，温度、光照条件良好，光合效率高，根系迅速生长，出现第二个生长高峰；秋季，果实已采收或脱落，地上部养分向下转移，根系生长，出现第三个生长高峰。

3.昼夜周期

昼夜温度的变化特点一般是白天温度高些，晚上温度低些，植物的根系生长规律也适应了这种昼夜温度的变化特点。绝大多数园林植物根系的夜间生长量大于白天，这与夜间由地上部转移至地下部的光合产物多有关。在植物适应的昼夜温差范围内，提高昼夜温差能有效地促进根系生长。

4.根系的寿命与更新

木本园林植物的根系由寿命较长的大型根和寿命较短的小根组成。随着根系生长年龄的增长，骨干根早年形成的须根和弱根，由根茎向尖端逐渐开始衰老死亡。根系生长一段时间后，吸收根逐渐木质化，外表变褐色，失去吸收功能，有的开始死亡，有的则演变成输导根。须根的寿命一般只有几年，不利环境、昆虫、真菌等的侵袭都会导致根的死亡。当根系生长达到一定规模后，也会出现大根季节性间歇死亡的现象。新发根仍按上述生长规律进行生长，完成根系的更新。

（六）特化根的生长

为适应环境或完成某些特定功能，有些园林植物具有发生了相应形态学变异的特化根，主要包括菌根、气生根、根瘤根和板根等。

1.菌根

菌根是指土壤中某些真菌与植物根的共生体。菌落与树木根系通过物质交换形成互惠互利的共生关系。树木为菌落的生长与发育提供由光合作用生成的营养物质，而真菌帮助根系吸收水分与矿物质。菌根的功能主要有以下几个方面：菌根的菌丝体的形成使根毛区的生理活性表面较大，具有较大的吸收面积，能够吸收更多的养分和水分。菌根能使一些难溶性矿物或复杂有机化合物溶解，也能从土壤中直接吸收分解有机物时所产生的各种形态的氮和无机物。菌根能在其菌鞘中储存较多的磷酸盐，并能控制水分和调节过剩的水分。菌落能产生抗生物质，排除菌根周围的微生物，菌鞘也可成为防止病原菌侵入的机械性组织。但菌根并不都是有益的，有的真菌也夺取寄主的养分，有的则可使土壤的透水性降低，成为更新时幼苗枯死的原因。

根据真菌菌丝在根组织中的位置和形态，可以将菌根分为外生菌根、内生菌根和内外兼生菌根三种类型。

（1）外生菌根

外生菌根是指真菌在根的表面产生一层菌丝交织物，使根明显肥大，但菌丝不进入根的活细胞内的菌根。有的菌丝体是薄而疏松的网状体，有的菌丝体是由致密的交织块或假薄壁组织结构所形成的菌鞘。菌丝向外伸入土壤，向内穿入皮层细胞之间而不进入细胞内。外生菌根分布在许多树的根部，特别是在松科、胡桃科、蔷薇科、榆科、山毛榉科、桃金娘科、桦木科、杨柳科和椴树科等中非常普遍。

（2）内生菌根

内生菌根是指真菌的菌丝体可进入活细胞内，在外部不形成膨大的菌鞘，根的外观粗细并没有发生太大变化的菌根。内生菌根在鹅掌楸属、柳杉属、枫香树属、扁柏属、山茶属等中有所发现。

（3）内外兼生菌根

内外兼生菌根的真菌菌丝体不但可伸入根皮组织的细胞之间形成菌鞘，还可伸入活细胞内。

树木一般会与多种菌落形成菌根。例如，在赤松菌根上，能够查到22种以上的菌种，即便在同一个根上，通常也能够见到多种菌落。树种越多的混交林内，菌落的种类越多。外生菌根的菌类多数是担子菌和子囊菌，内生菌根的菌类多数是藻菌类。

2.气生根

从地面以上的茎或枝上生发出的不定根，为气生根。榕树的气生根产生于枝条，自由悬挂于空气中，在到达土壤后能够像正常根系一样，继续分支生长。有些树种的实生苗，如苹果，也可产生气生根。有些生长在沼泽、有季节性积水环境中的树木，如红树、落羽杉和池杉等，常形成特化的呼吸根。一些藤本植物的气生根还会特化为吸器，只有附着作用而没有吸收作用。

3.根瘤根

植物的根与根瘤菌共生形成根瘤根。根瘤根具有固氮作用。

比较常见的具有固氮根瘤根的是豆科植物。目前已经知道约有1 200种豆科植物具有固氮功能，槐树、大豆、紫穗槐、紫荆、合欢、紫藤、金合欢、皂荚、胡枝子、锦鸡儿等都能形成根瘤根。

在豆科植物的幼苗期，在根毛分泌物的吸引下，土壤中的根瘤菌聚集在根毛的周围大量繁殖，同时产生分泌物刺激根毛，造成根毛先端卷曲和膨胀。同时，根瘤菌分泌纤维素酶，使根毛细胞壁发生内陷溶解，根瘤菌由此侵入根毛。在根毛内，根瘤菌分裂滋生，聚集成带，外面被一层黏液包裹，形成感染丝，并逐渐向根的中轴延伸。在根瘤菌的刺激下，根细胞相应地分泌出一种纤维素，包围于感染丝之外，形成具有纤维素鞘的内生管，又称侵入线。根瘤菌沿侵入线进入幼根的皮层。在皮层内，根瘤菌迅速分裂繁殖，皮层细胞受到根瘤菌侵入的刺激，也迅速分裂，产生大量的新细胞，致使皮层出现局部膨大。这种膨大的部分，包围着聚生根瘤菌的薄壁组织，从而形成外向突出生长的根瘤。之后，含有根瘤菌的薄壁细胞的细胞核和细胞质逐渐因被根瘤菌破坏而消失，根瘤菌相应地转为拟菌体，开始进行固氮作用。根瘤菌从豆科植物根的皮层细胞中吸取碳水化合物、矿质盐类及水分，同时又把空气中游离的氮通过固氮作用固定下来，转变为植物所能利用的含氮化合物，供植物生活所需。这样，根瘤菌与根便构成了互相依赖的共生关系。根瘤菌在生活过程中还会分泌一些有机氮到土壤中，并且根瘤在植物的生长末期会自行脱落，从而大大提高土壤的肥力。

4.板根

板根又称板状根，见于热带雨林中的高大乔木。这些树木的树冠宽大，需要有强有力的根系做基础，否则便会头重脚轻，站不稳。但热带雨林多雨、潮湿的气候使土壤中的水分在很长的雨季里总是处于饱和或接近饱和的状态，土壤含氧量很低，很难满足树木根系的呼吸需求。为了适应这种特殊的生态条件，树木便采取向地面空间发展的策略，形成地面上的板根。

板根一般仅在表层根系和水平根发育良好的树木中形成。在幼年树木中，根的形成层生长正常，但几年之后，侧根上方开始加速分裂和膨大而形成板根。

二、芽、茎、枝的生长

（一）芽的生长

芽实际上是茎或枝的雏形，是多年生植物为适应不良环境延续生命而形成的，在园林植物生长发育中起着重要作用。芽也可以在物理、化学及生物等因素的刺激下，发生芽变，为选种提供条件。芽是树木生长发育、开花结实、修剪整形、更新复壮、营养繁殖等的基础。

1.芽的类型

（1）定芽和不定芽

着生在枝或茎顶端的芽称为顶芽，着生在叶腋处的芽叫侧芽或腋芽。这两种芽的生发位置是固定的，称为定芽。生发于植株的老茎、根或叶等部位，生发位置广泛且不固定的芽则称为不定芽，如秋海棠的叶、柳树老茎等生发的芽均属此类。

（2）叶芽、花芽和混合芽

依照萌发后形成器官的不同，芽可分为叶芽、花芽和混合芽。萌发后只形成营养枝的芽，称为叶芽；萌发后只形成花或花序的芽，叫花芽；萌芽后既开花又长枝和叶的芽则称为混合芽。叶芽相对较小，而花芽和混合芽则相对较肥大。植物的顶芽和侧芽既可能是叶芽，也可能是花芽或混合芽。

（3）活动芽和休眠芽

依照形成后的生理活动状态，芽可以分为活动芽和休眠芽，能在当年生长季节中萌发的芽称为活动芽，如多年生园林树木枝条上部的芽；具有萌发潜能，但暂时保持休眠，当时不萌发的芽为休眠芽，如温带的多年生园林树木，其枝条中下部的芽往往是休眠芽。在一定的条件下，活动芽和休眠芽是可以转换的，生产实践中人们也正是利用这一特性，通过修剪等栽培管理技术手段，促使休眠芽转为活动芽，从而改变树形。

2.芽的特性

芽的分化形成一般要经过数月，长的甚至要两年。其分化程度和速度主要受树体营养状况和环境条件控制，栽培措施也能够影响芽的发育进程。追肥、防病、保叶、摘心等增加树体营养的措施都可促进芽的发育。枝条上着生的芽一般具有以下几个特性：

（1）芽的异质性

枝条上不同部位芽的生长势及其他特性存在差异，这一特性称为芽的异质性。一般枝条基部的芽多在枝条生长初期的早春形成，这一时期叶面积小，气温较低，芽发育程度差，瘦小，质量不好，往往形成瘪芽或隐芽。中上部的芽形成时叶面积增大，气温高，光合作用旺盛，积累的养分多，形成的芽饱满，萌发势强，是良好的营养繁殖材料。

（2）萌芽力与成枝力

园林植物芽的萌发能力称为萌芽力。萌芽力一般用茎或枝条上萌发的芽数占总芽数的比例表示。萌芽力因园林植物种类、品种的不同而异。一些栽培管理手段也可以改变植物的萌芽力，如采用刻伤、摘心、植物生长调节剂处理等技术措施均能不同程度地提高萌芽力。芽萌发后，有长成长枝的能力，称为成枝力，用萌发的芽中抽生长枝的比例表示。但并不是所有萌发的芽都能够抽成长枝。一般萌芽力和成枝力都很强的园林植物易于成形，但枝条多而密，修剪时要多疏枝，少截枝。萌芽力强、成枝力弱的植物，虽然容易形成中短枝，但枝量少，修剪时要注意适当短截，促发新枝。

（3）芽的潜伏力

有些芽在一般情况下不萌发呈潜伏状态，但在枝条受到某种刺激时，如上部受损、外围枝衰弱等，能由潜伏芽生出新梢的能力，称为芽的潜伏力。潜伏力包含两层意思：其一为潜伏芽寿命的长短；其二是潜伏芽的萌芽力与成枝力的强弱。芽的潜伏力的强弱与植物是否易于更新复壮有直接关系。一般芽潜伏力强的植株易更新复壮，如板栗、柿、榔榆、悬铃木等；芽的潜伏力弱的植株则枝条恢复能力弱，树冠易衰老，如桃等。芽的潜伏力也受到营养条件的影响，故而改善植物的营养状况，调节新陈代谢水平，能提高芽的潜伏力，延长其寿命。

（4）芽的早熟性与晚熟性

不同树种枝条上的芽形成后到萌发所需的时间不同。有些树种在当年形成的树梢上，能够连续抽生形成二次梢和三次梢，这种特性称为芽的早熟性，例如，桃、紫叶李、柑橘等的芽就具有早熟性。具有早熟性芽的树种一般分枝较多，进入结果期较早。也有树种当年形成的芽一般不萌发，要到第二年春天才能萌发抽梢，这种特性称为芽的晚熟性，如许多品种的苹果、梨的芽就具有晚熟性。也有一些树种两种特性兼有，如葡萄的副芽是早熟性芽，而主芽是晚熟性芽。芽的早熟性与晚熟性是树木比较固定的习性，但在不同的年龄时期、不同的环境条件下，也会有所变化。一般树龄增大，晚熟芽增多，副梢形成能力减弱。环境条件较差时，桃树的芽也具有晚熟性的特点。而梨、苹果等树种的幼苗，在水肥条件较好的情况下，当年常会萌生二次芽。叶片的早衰也会使一些晚熟性芽二次萌发，如梨、海棠等，但这种现象会给第二年的生长带来不良的影响，所以应尽量防止这种情况的发生。北方树种南移，通常早熟芽增多。

（二）茎的生长

1.茎的类型

根据伸展方向和形态特点，茎分为直立茎、攀缘茎、缠绕茎、匍匐茎、平卧茎等。

（1）直立茎

茎明显地背地垂直生长，绝大多数园林植物为直立茎。按枝条伸展方向又可分为三种类型，即垂直型、斜伸型和水平型。垂直型是指其分枝有垂直向上生长的趋势，一般容易形成紧抱的树形，如侧柏、千头柏、紫叶李等。斜伸型树种的枝条多与树干主轴呈锐角斜向生长，一般容易形成开张的杯状、圆形树形，如榆、合欢、梅、樱花等。水平型树种的枝条与树干主轴呈直角沿水平方向生长，容易形成塔形、圆柱形的树形，如杉木、雪松、柳杉和南洋杉等。

（2）攀缘茎

茎长得细长柔软，本身不能直立，多以卷须、吸盘、气生根、钩刺或借助他物为支柱而生长延伸。如葡萄、爬山虎、常春藤、杏叶藤等的茎均属攀缘茎。攀缘茎的长度取决于类型、品种和栽培条件。

（3）缠绕茎

茎本身亦不能直立，必须借助他物，以缠绕方式向上生长。如牵牛、紫藤等的茎均属缠绕茎。

（4）匍匐茎

茎蔓细长，不能直立生长，但不攀缘，而是匍匐于地面生长，茎节处可生不定根。地被植物中的结缕草、狗芽根等具有生长旺盛的匍匐茎，可以很快覆盖地面，达到绿化效果。

（5）平卧茎

平卧茎生长特点与匍匐茎很相似，但茎节处不生不定根，如酢浆草等。

2.茎的分枝方式

分枝是园林树木生长发育过程中的普遍现象，是树木生长的基本特征之一。顶芽和侧芽分别发育成主干和侧枝，侧枝和主干一样，也有顶芽和侧芽，依次产生大量分枝，构成庞大的树冠。枝叶在树干上按照一定的规律分枝排列，使尽可能多的叶片避免重叠和相互遮阴，更多地接受阳光，扩大吸收面积。各个树种由于遗传特性、芽的性质和活动情况不同，形成不同的分枝方式，使树木呈现出不同的形态特征。

（1）单轴分枝

单轴分枝也称总状分枝，这类园林植物的顶芽非常健壮、饱满，生长势极强，每年持续向上生长，形成高大通直的树干。侧芽萌发形成侧枝，侧枝上的顶芽和侧芽又以同样的方式进行分枝，形成次级侧枝。大多数裸子植物的分枝方式属于这种，如雪松、水杉、圆柏、罗汉松、黑松等。阔叶树中也有分枝方式属于这种的，一般在幼年期表现突出，如银杏、杨、竹柏、栎、七叶树等。但它们在自然生长的情况下，中心主枝维持顶端优势的时间较短，后期侧枝生长旺盛，形成的树冠较大，故成年阔叶树的单轴分枝表现不太明显。

单轴分枝形成的树冠大多为塔形、圆锥形、椭圆形等，其树冠不宜抱紧，也不宜松散，否则容易形成竞争枝，降低观赏价值，所以修剪时要控制侧枝生长，促进主枝生长，提高观赏价值。

（2）合轴分枝

此类树木顶芽发育到一定时期后或分化成花芽不能继续伸长生长，或者顶端分生组织生长缓慢，或者直接死亡。顶芽下方的侧芽萌发成强壮的延长枝取代顶芽，连接在主轴上继续向上生长，以后此侧枝的顶芽又被它下方的侧芽取代继续向上生长，每年如此循环，逐渐形成弯曲的主轴。合轴分枝易形成开张式的树冠，通风透光性好，花芽、腋芽发育良好。园林植物中的大多数阔叶树均为此类，如碧桃、杏、香椿、李、杜仲、苹果、樟、月季、梅、榆、梨、核桃等。

（3）假二叉分枝

假二叉分枝在一部分叶序对生的植物中存在，这类植物的顶梢不能形成顶芽，或顶芽停止生长，或形成花芽。顶芽下方的一对侧芽同时萌发，形成外形相同、优势均衡的两个侧枝，向相对方向生长，以后如此继续分枝。因这种分枝方式的树的外形与二叉分枝的低等植物相似，故这种分枝方式称为假二叉分枝，如丁香、桂花、石竹、楸树、梓树、卫矛、泡桐等。这类树种的树冠为开张式，可剥除枝顶对生芽中的一个芽，留一个壮芽来培养干高。

3.茎的变态

（1）块茎

块茎呈短而膨大的不规则块状，节间很短，节上具芽，叶退化成小鳞片或早期枯萎脱落。块茎适于贮存养料和越冬。块茎的顶端具有一个顶芽，表面有许多芽眼，芽眼内有腋芽，顶芽和腋芽都很容易萌发出新枝，所以块茎具有繁殖能力。

（2）根状茎

根状茎形状似根，横卧于地下，有明显的节和节间，具有顶芽和腋芽，节上往往有退化的鳞片叶或膜质叶。根状茎既能保持在地下生长，还能长出地面形成新枝，节上生有不定根。根状茎形态多样，有的细长，有的短粗，还有的呈团块状，具有贮存营养和繁殖的能力。姜、萱草、玉竹、竹等均具有这种地下茎。

（3）球茎

变态部分膨大呈球形、扁圆形或长圆形，短粗，有明显的节和节间，有较大的顶芽，节上着生膜状鳞片和少数腋芽。根状茎适于贮存营养物质越冬，并可供繁殖之用。荸荠、慈姑等的食用部分就是球茎。

（4）鳞茎

鳞茎呈球形或扁球形，茎极度缩短称鳞茎盘，其上所着生的叶通常为肉质肥厚的鳞叶，顶端有顶芽，叶腋处有腋芽，基部具不定根。如百合、水仙、风信子、石蒜等都具有这种鳞茎。

（5）茎卷须

茎特化为纤细须状，可卷曲分枝，能够缠绕其他物体攀缘生长，如葡萄等。

（6）茎刺

顶芽、腋芽或不定芽变态为刺，起到保护作用。如火棘、皂荚、山楂等都有茎刺。

（三）枝的生长

1.枝的加长生长和加粗生长

园林树木每年以新梢生长来不断扩大树冠，新梢生长包括加长生长和加粗生长两个方面。

（1）加长生长

由一个叶芽发展成为生长枝，其过程并不是匀速的。新梢的生长可分为新梢开始生长期、新梢旺盛生长期和新梢缓慢生长与停止生长期三个时期。

①新梢开始生长期

叶芽萌发后幼叶伸出芽外，节间伸长，幼叶分离。此期叶小而嫩，光合作用弱；生长量小，节间短；含水量高，树体贮藏物质水解，水溶性糖分多，非蛋白氮含量多，淀粉含量少；新梢生长初期的营养来源主要依靠前一年积累贮藏的营养物质，因此树木第二年春季的生长状况与前一年生长状况有密切关系。

②新梢旺盛生长期

在新梢开始生长后，随着叶片的增多，新梢很快进入旺盛生长期。此时枝条明显伸长，幼叶迅速分离，叶片增多，叶面积加大，光合作用加强；生长量加大，节间长，糖分含量低，体内非蛋白氮含量多，新梢生长加速；树木从土壤中吸收大量的水分和无机盐类。新梢旺盛生长期的营养来源主要是当年的同化营养，故新梢生长与树木本身营养水平及水肥管理条件有关。这一时期对水分要求严格，若水分不足，则会出现提早停止生长的现象。枝梢旺盛生长期的生长情况是决定枝条生长势的关键。

③新梢缓慢生长与停止生长期

随着外界环境，如温度、湿度、光周期等的变化，以及顶端抑制物质的积累，顶端分生组织细胞分裂变慢或停止，细胞的增大也逐渐停止，枝条的节间开始缩短，顶芽形成，枝条生长停止。随着叶片的衰老，光合作用也逐渐减弱。枝内积累淀粉、半纤维素，并木质化，转为成熟。树木新梢生长次数及强度受树种及环境条件的影响，在良好的条件下，柑橘、桃、葡萄等在一年内能抽梢2～4次，而油松、梨、苹果等一年能抽梢1～2次。

（2）加粗生长

苗木干枝的加粗生长是形成层细胞分裂、分化、增大的结果。春天芽萌动时，芽附近的形成层先开始活动，然后向枝条基部发展。因此，落叶树木形成层的活动稍晚于萌芽，即枝条加粗生长的开始时间比加长生长稍晚，停止时间也晚。在同一枝条中，下部形成层细胞开始分裂的时期也比上部的晚，所以枝条上部加粗生长早于枝条下部。同样，一棵树下部枝条的加粗生长也晚于上部枝条。在开始加粗生长时，所需的营养物质主要靠上年的贮备。随着新梢的生长越来越旺盛，加粗生长也越来越快。加长生长高峰与加粗生长高峰是互相错开的，在加长旺盛生长期的初期，加粗生长进行得较缓慢，在加长生长高峰出现1～2周后，加粗生长高峰出现。往往在秋季还有一次加粗生长高峰，枝干明显加粗。

不同树种的早期生长速度具有一定的差异，在园林绿化中，人们常据此将园林树木分为速生树种、中生树种和慢生树种三类。在绿化配植时，应将速生树种与慢生树种互相搭配种植，既考虑近期的快速成景，也注意远期的景观延续。

2.生命周期中枝系的发展与演变

（1）离心生长和离心秃裸

树木自播种发芽或经营养繁殖成活后，根和茎总是以离心的方式不断向两端扩大空间进行生长，即根具有向地性，形成主根和各级侧根，茎具有背地性，形成主枝和各级侧枝，这种生长称为离心生长。离心生长是有限的，树种只能达到一定大小和范围。随着树木年龄的增长，干枝的离心生长使得外围生长点增多，枝叶茂密，竞争加剧，造成内膛光照不良，早年生的小枝、弱枝光合作用下降，得到的营养物质更少，长势更弱，逐年由骨干枝基部向枝端方向出现枯落，称为离心秃裸。

（2）树体骨架的形成过程

树木由一年生苗或前一季节形成的芽萌动、抽枝开始进行离心生长。茎上部的芽具有顶端优势，且比较饱满，同时根系供应的养分也比较优越，因而抽生的枝条较旺盛，垂直生长成为主干的延长枝，中上部的几个侧芽斜向生长，长势强者成为主枝。第二年，中干上部的芽同样抽生延长枝和第二层主枝。第一层主枝先端芽抽生主枝延长枝和若干长势不等的侧枝，在一定的生长阶段内，每年都如此循环分枝生长。茎下部芽所抽生的枝条比较细弱，伸长生长停止较早，节间也短。从整体来看，树体由几个生长势强、分枝角度小的枝条和几个生长势弱、分枝角度大的枝条，分组交互分层排列，形成树冠。层间距的大小、分枝的多少等则取决于树种或品种、植物年龄、层次、营养条件和栽培技术等。

（3）树体骨架的周期性演变

树木先是离心生长，然后出现离心秃裸，以后二者同时进行，但树木受本身遗传性和树体生理及土壤营养条件的影响，其离心生长是有限的，根系和树冠只能达到一定的大小和范围。随着树龄的增加，由于多次的离心生长与离心秃裸，地上部大量的枝芽生长点及其产生的叶、花、果都集中在树冠外围，受重力影响，骨干枝端部重心外移，甚至弯曲下垂。离心生长使得树体越来越大，远处的吸收根与树冠外围枝叶间的运输距离增大，枝条生长势减弱。当树木生长接近其最大树体时，其中心干延长枝发生分杈或弯曲，又称为截顶。顶端优势下降，主枝弯曲高位处的长寿潜伏芽萌发形成直立旺盛的徒长枝，仍按主干枝相同的规律生长，开始进行树冠的更新，形成新的小树冠，俗称"树上长树"。小树冠又加速了主枝和中心干的衰亡，逐渐代替原来的树冠。当新树冠达到其最大限度后，会出现衰亡，然后被新的徒长枝取代。这种更新和枯亡的发生，一般是由外向内、由上而下的，故叫"向心更新"或"向心枯亡"。有些实生树能多次进行这种循环更新，但树冠会一次比一次矮小，直至死亡。根系也会发生与此类似的更新，但发生时间一般会比树冠晚，而且受土壤条件影响较大，周期更替不规则。

树木离心生长的持续时间、离心秃裸的速度、向心更新的特点等与树种、环境条件及栽培技术有关。具有长寿潜伏芽的乔木类树种可进行多次主侧枝的更新；虽然有潜伏芽但寿命短的树种，如桃等，有离心生长和离心秃裸，一般很难自然发生向心更新，即使人工锯掉衰老枝，在下部新发不定芽，形成的树冠也不理想；无潜伏芽的，只有离心生长和离心秃裸的树种无向心更新。松属的许多种，衰老后多半出现枯梢，或衰老受病虫侵袭而整株死亡。竹类在当年短期内就达到离心生长最大高度，生长很快；成年后只有细小侧枝和叶进行更新，但没有离心生长、离心秃裸和向心更新，以竹鞭萌蘖更新为主。灌木类离心生长时间短，地上部枝条衰亡较快，寿命多不长。有些灌木干、枝也可向心更新，但以从茎枝基部及根上发生萌蘖更新为主。

三、叶的生长

叶是植物进行光合作用的主要场所，是制造有机养分的主要器官，也是树木生长发育的物质基础。叶片还有呼吸、蒸腾、吸收、贮藏多种生理功能。研究树木叶的形态生理特点，对树木生长发育控制、树木生态效益和观赏价值的发挥都有着极其重要的意义。

（一）叶的形态特征

叶片的形状主要有线形、披针形、卵圆形、倒卵圆形、椭圆形等。例如，兰花、萱草等的叶为线形；苹果、杏、月季、落葵等的叶为卵形或卵圆形。叶尖的形态主要有长尖形、短尖形、圆钝形、截状形、急尖形等。叶缘的形态主要有全缘形、锯齿形、波纹形、深裂形等。叶基的形态主要有楔形、矛形、盾形、矢形等。叶脉有平行脉和网状脉。网状脉又分为羽状网脉和掌状网脉。羽状网脉即侧脉从中脉分出，形似羽毛，如苹果、枇杷的叶；掌状网脉的侧脉从中脉基部分出，形状如手掌，如葡萄、虎耳草等的叶。

叶序是指叶在茎上的着生次序。园林植物的叶序有互生叶序、对生叶序和轮生叶序之分。互生叶序的每节上只长一片叶，叶在茎轴上呈螺旋状上升排列，不同植物相邻两叶间隔夹角也不同，如蔷薇、月季等。对生叶序指每个茎节上有两个叶相互对生，相邻两节的对生叶相互垂直，互不遮光，如紫丁香、薄荷、石榴等。轮生叶序，指每个茎节上着生三片或三片以上的叶，如夹竹桃、银杏、栀子等。

（二）叶的变态

1.苞片

生在花下面的变态叶，称为苞片。苞片有保护花芽或果实的作用。很多园林植物的苞片是其重要的观赏点，如一些天南星科植物。

2.鳞叶

鳞叶是指叶的功能特化或退化成鳞片状。其中芽鳞有保护芽的作用，生于木本植物的鳞芽外，如香樟、杨等的芽鳞；肉质鳞叶出现在鳞茎上，贮藏有丰富的养料，如百合、慈姑、石蒜等的鳞叶；膜质鳞叶呈褐色干膜状，是退化的叶，如莲、竹鞭上的鳞叶。

3.叶卷须

叶卷须是指叶的一部分变成卷须状，起到攀缘的作用，如豌豆、菝葜的叶卷须。

4.叶刺

叶刺是指叶或叶的一部分变成刺状，具有保护功能，如小檗的叶刺、刺槐的托叶刺等。

5.捕虫叶

能捕食小虫的变态叶叫捕虫叶，如狸藻、猪笼草、茅膏菜等。

（三）叶的形成及更新

园林植物茎顶端的分生组织，按叶序在一定的部位上，形成叶原基。叶原基的基部分细胞分裂产生托叶，先端部分继续生长发育成为叶片和叶柄。芽萌发前，芽内一些叶原基已经形成幼叶；芽萌发后，幼叶向叶轴两边扩展成为叶片。

一年生园林植物的叶往往在其生活史完成前衰老并脱落，随之整个植株衰老、枯萎。多年生草本植物及落叶木本植物在冬季严寒到来前，将大部分氮素和一部分矿质营养元素从叶片转移至枝条或根系，使树体或根、茎贮藏的营养增加，以备翌春生长发育所需，而叶片则逐渐衰老脱落。常绿树木的叶片不是一年脱落一次，而是 2～6 年或更长时间脱落、更新一次，有时候脱落、更新是逐步、交叉进行的。

（四）叶幕的形成及变化

树冠内集中分布并形成一定形状和体积的叶群体称为叶幕，是树冠叶面积总量的反映。

由于树种、树龄、整形方式、环境条件、栽培技术等的不同，园林树木叶幕的形状与体积也不相同。幼年树木，由于分枝尚少，树冠内部与外部都能得到光照，内膛小枝长势良好，叶片充满树冠，其树冠的形状和体积就是叶幕的形状和体积；自然生长无中干的成年苗木，由于离心秃裸的发生，其内膛较空，枝叶大多集中在苗木冠的表面，叶幕多呈弯月形，限于树冠表面薄薄的一层；具有中干的成年树木，叶幕多呈圆头形；老年树木的叶幕呈钟形，具体情况依树种而异。成片栽植的树木，其叶幕顶部为平面或波浪形。有时在栽培中为了提高观赏性或方便管理等，也常将苗木叶幕剪成杯形、分层形、圆头形、半圆形等。

　　落叶树木的叶幕在年周期中有明显的季节变化，叶幕从春天发叶开始到秋季落叶止，能保持 5～10 个月的生活期。常绿树木的叶片本身生存的时间较长，一般可超过一年，而且老叶通常在新叶形成以后才脱落，所以常绿树木的叶幕比较稳定。叶幕形成的速度与强度也不同，受树种、环境条件及栽培技术的影响，树木生长势强、年龄小的园林树木，以抽生长枝为主的树种，叶幕形成的时间较长，叶面积的高峰期出现得也较晚，如桃等。生长势弱、年龄大或以抽生短枝为主的树种，叶幕形成的时间短，高峰期出现得也较早，如梨、苹果等的成年树。

　　叶幕的大小与厚薄是衡量树木叶面积大小的一种方法，但它并不精确。为了准确地衡量树木的叶面积，一般采用计算叶面积指数的方式，即一个林分或一株植物叶的总面积与其占有土地面积的比值。叶面积指数受植物的种类、大小、年龄等的影响。一般落叶树群落的叶面积指数为 3～6，常绿阔叶树的叶面积指数可达 8，有些裸子植物的叶面积指数甚至可达 16。人工集约栽培条件下的叶面积指数会高于自然条件下的叶面积指数。叶面积指数是反映树木群体大小的动态指标。在一定的范围内，树木的生产量随叶面积指数的增大而提高，当叶面积指数增大到一定程度后，树木空间郁闭，光照不足，光合效率减弱，生产量反而下降。因此，叶面积指数通常维持在 3～4。

第五节　园林植物的生殖生长

一、花芽分化

花芽分化是指植物茎生长点由分生出叶片、腋芽转变为分化出花序或花朵，由营养生长向生殖生长转化的过程。花芽分化也是由营养生长向生殖生长转变的生理和形态标志。花芽分化的变化规律与树种等的特性及树木的活动状况有关，也与外界环境条件以及栽培技术措施有密切的关系。掌握花芽分化的规律，运用适当的栽培技术措施，充分满足花芽分化对内外条件的要求，保证花芽分化的数量和质量，对园林植物的栽培与维护具有重要的意义。

（一）花芽分化的过程

园林植物花芽分化的过程包括生理分化期、形态分化期和性细胞形成期三个阶段。不同树种的花芽分化过程及形态各异，对分化标志的鉴别与区分是研究分化规律的重要内容之一。

1.生理分化期

生理分化期是指芽生长点的生理代谢转向分化花芽生理代谢的时期。根据对果树的研究，生理分化期在形态分化期前1～7周，一般是4周左右。生理分化期也称花芽分化临界期，是控制分化的关键时期。

2.形态分化期

形态分化期是指花或花序的各个花器原始体发育的时期，一般包括分化初期、萼片形成期、花瓣形成期、雄蕊形成期和雌蕊形成期五个时期。

（1）分化初期

在分化初期，芽内的生长点逐渐肥厚，顶端高起，呈半球体状，四周下陷，改变发育方向，区别于叶芽的生长点形态。此期如果内外条件发生改变，不再满足花芽分化的要求，芽生长点也可能会重新发育成叶芽。

（2）萼片形成期

下陷的四周产生突起，即为萼片原始体，以后会发育成萼片。到达此阶段后不会再退回叶芽状态。

（3）花瓣形成期

萼片原基内的基部产生突起，即花瓣原始体，以后发育成花瓣。

（4）雄蕊形成期

花瓣原始体内的基部产生突起，即雄蕊原始体。

（5）雌蕊形成期

在花瓣原始体中心底部发生的突起，即为雌蕊原始体。

各个时期的时间在不同树种间会有差异。

3.性细胞形成期

当年开花树木的花芽性细胞都在年内较高温度下形成，于夏秋分化；次年春天开花树木的花芽经形态分化后要经过一定低温累积，形成花器并进一步完善与生长，在第二年春季的较高温度下才能形成。因此，早春树体营养状况对此类树木的花芽分化很重要。如果营养条件差，尚未完全分化的花芽有时也会出现分化停止或退化现象。

（二）花芽分化的类型

由于植物种类、品种、地区、年份及外界环境条件的不同，花芽开始分化的时间及完成分化过程所需时间也有差异。根据不同植物花芽分化的季节特点，花芽分化可分为以下几个主要类型：

1.夏秋分化类型

牡丹、迎春、丁香、紫藤、梅花、玉兰、榆叶梅等大多数早春和春夏间开花的树木，花芽分化一年一次，于6～9月高温季节进行，到9～10月花器的主要部分已经完成。但也有一些树木，如板栗、柿子等，花芽分化较晚，延续时间较长。这类树木要经过一段低温，才能进一步分化与完善，完成性器官的发育，在第二年春天开花。球根类花卉也在夏季较高温度下进行花芽分化，进入夏季后，秋植球根类花卉地上部分全部枯死，进入休眠状态，停止生长，花芽进行分化。此时温度不宜过高，超过 20 ℃会导致花芽分化受阻，通常最适宜的温度为 17～18 ℃，但也视种类而异。春植球根类花卉则在夏季生长期进行分化。

2.冬春分化类型

原产温暖地区的某些园林树种，如柑橘等，分化时间为一般 12 月到次年 3 月，其分化时间短，并且分化连续进行。一些二年生花卉和春季开花的宿根花卉仅在春季温度较低时进行花芽分化。

3.当年一次分化的开花类型

一些当年夏秋开花的种类，在当年枝的新梢上或花茎顶端形成花芽，如紫薇、木槿、木芙蓉等。

4.多次分化类型

一年中能够多次发枝，多次开花，如茉莉、月季、倒挂金钟、香石竹等四季性开花的花木及宿根花卉。这类植物当主茎生长达一定高度时，顶端生长停止，花芽逐渐形成。在顶花芽形成的过程中，基部生出的侧枝上也继续形成花芽，如此其在四季可以开花不绝。在花芽分化和开花过程中，这些植物的营养生长通常继续进行。一年生花卉的花芽分化时期较长，只要营养生长达到一定规模，即可分化花芽而开花，并且在整个夏秋季节气温较高的时期，继续形成花蕾而开花。开花的时间依播种出苗时间和以后生长的速度而定。

5.不定期分化类型

每年只分化一次花芽，但无一定时期，只要达到一定的叶面积就能开花，主要视植物体自身养分的积累程度而异，如凤梨科和芭蕉科的某些种类。

（三）花芽分化的一般规律

1.花芽分化的长期性

枝条处于植物的不同部位，光照、水分等条件不同，营养生长停止的时间也不同，故大多数树木的花芽分化并非集中于一个短时期内进行，而是分期、分批陆续进行的。例如，有的植物从 5 月中旬开始生理分化，8 月下旬为分化盛期，12 月初仍有 10%～20%的芽处于分化初期，甚至翌年 2～3 月还有 5%左右的芽处在分化初期。这种现象说明，树木在落叶后，在暖温带条件下可以利用贮藏的养分进行花芽分化，因而分化是长期的。植物花芽分化的长期性，为控制花芽分化数量及克服大小年现象提供了可能。

2.花芽分化的相对集中性和相对稳定性

花芽分化的开始期和分化盛期在不同年份有一定差别，但并不悬殊。如苹果主要集中在 6～9 月，桃在 7～8 月，柑橘在 12 月～次年 2 月。花芽分化的这种相对集中性和稳定性主要受相对稳定的气候条件和物候期影响。通常树木在新梢，包括春梢、夏梢和秋梢停止生长和果实采摘后，有一个花芽分化高峰期。也有一些植物在落叶后至萌芽前，利用贮藏的养分进行分化，如栗。

3.花芽分化临界期

各种树木的生长点在进行花芽分化之前，必然有一个生理分化阶段。在此阶段，生长点细胞原生质对内外因素有高度的敏感性，此时期是不稳定时期，也是花芽分化的关键时期。花芽分化临界期主要是大部分短枝开始形成顶芽到大部分长梢形成顶芽的时期。花芽分化临界期也因树种而异。

4.花芽分化所需时间

从生理分化到雌蕊形成，一个花芽形成所需时间因树种的不同而异。如苹果需 1.5～4 个月，甜橙需 4 个月，芦柑需 0.5 个月。

5.花芽分化早晚

园林植物花芽分化时期不是固定不变的，与树龄、部位、枝条类型等有一定的关系。一般幼树比成年树花芽分化晚；旺树比弱树花芽分化晚；同一树上短枝花芽分化最早，其次是中长枝，长枝上的腋芽形成要晚。

（四）影响花芽分化的因素

1.影响花芽分化的内部因素

（1）花芽形态建成的内在条件

①要有比形成叶芽更丰富的结构物质，包括各种碳水化合物、氨基酸和蛋白质等。

②要有花芽形态建成所需的能量、能源的贮藏和转化物质，如淀粉、糖类和三磷酸腺苷等。

③要有与花芽形态建成有关的平衡调节物质，主要包括一些内源激素，如生长素（IAA）、赤霉素（GA）、细胞分裂素、乙烯和脱落酸（ABA）等。

④要有与花芽形态建成有关的遗传物质，主要包括脱氧核糖核酸（DNA）和核糖核酸（RNA）等控制发育方向和代谢方式的遗传物质。

（2）不同器官的相互作用与花芽分化

①枝叶生长与花芽分化

枝叶生长是花芽分化的基础。枝叶生长繁茂，植株健壮，合成的有机物质多，能够促进花芽分化。无论是实生树木还是营养繁殖获得的树木，要想早形成花芽，必须有良好的枝叶生长基础，满足根、茎、叶、花、果等对光合产物的需要，才能形成正常的花芽。但是，营养生长如果在早霜前还没有停止，植物也不能正常形成花芽。

②花果与花芽分化的关系

开花结果会消耗大量营养物质，这时根和枝叶由于得不到足够营养，生长受到抑制，所以开花量会间接影响新梢和根系的生长，同时也影响新梢停止生长后花芽分化的数量。但是到果实采收前的1～3周，种胚停止发育，IAA 和GA 水平降低，乙烯增多，果实竞争养分的能力下降，花芽分化又形成一个高峰期。

③根系发育与花芽分化

根系生长与花芽分化存在正相关关系，这与吸收根合成蛋白质和细胞激动素等的能力有关。

2.影响花芽分化的外部因素

（1）光照对花芽分化的影响

光照对树木花芽形成的影响是很明显的，如有机物的形成、积累与内源激素的平衡等，都与光照有关。例如，当日照长度减少时，一些短日照的植物内生赤霉素水平降低，花芽分化减少。松树雄花的分化需要长日照，而雌花的分化则需要短日照。许多树木对光周期并不敏感，其表现是迟钝的，如光周期对杏和苹果的成花没有影响。光量对花芽的分化影响很大，如苹果、桃、杏等，减少光照量能减少花芽分化，葡萄在强光下能够形成较多的花。强光下新梢内的生长素合成受到抑制，同时紫外光还能钝化和分解生长素，从而抑制新梢的生长，促进花芽的形成。

（2）温度对花芽分化的影响

温度影响树木的一系列生理过程，如光合作用、根系的吸收率及蒸腾等，也影响激素水平。苹果花芽分化的适宜温度是 20 ℃，20 ℃以下分化缓慢，花芽分化临界期温度保持在24 ℃最有利于分化。苹果的花芽分化盛期一般在6～9月，此时平均温度一般稳定在 20 ℃，适宜温度为22～30 ℃，超过 30 ℃光合作用几乎停止，消耗多于积累，达不到成花所需的水平。秋季温度降至 10 ℃以下时分化停滞。温度过高或过低都不利于花芽分化。

（3）水分对花芽分化的影响

水分过多不利于花芽分化，夏季适度干旱有利于树木花芽形成。例如，在新梢生长季适当减少对梅花的灌水量，能使枝变短，成花多而密集，枝下部芽也能成花。

（4）矿质对花芽分化的影响

矿质肥料对植物花芽分化有着重要的影响。氮素肥料对花原基的发育具有强烈的影响，树木缺乏氮素会限制叶组织的生长，抑制成花。对柑橘和油桐施用氮肥时，可以促进成花。氮肥对植物雌雄花的成花比例有一定的影响，同时，不同形态的氮对不同树种的影响是不一样的。例如，氮肥可以促进松树形成雌花，但对其雄花的发育影响很小。硝态氮肥可以使北美黄杉雄花和雌花都增加，而氨态氮肥则对成花数量没有影响。施用氮肥既能促进苹果根系的生长，又能促进花芽分化，并且施用铵态氮的果树花芽分化数量显著多于只施硝态氮的果树花芽分化数量。

磷对花芽分化的作用因树而异，苹果施磷能够增加成花，但樱桃、梨、桃、李、杜鹃、板栗、柠檬等施用磷肥时却未见明显效果。缺铜时，苹果、梨等的成花会减少；缺钙、镁时，柳杉的成花减少。

（五）控制花芽分化的途径

花芽分化受植物内部因素和外部环境的双重影响，要想有效地控制花芽分化，必须通过各种技术措施，调控植物营养条件，控制植物内源激素水平，控制营养生长与生殖生长的平衡，控制和调节外部环境条件，以达到控制花芽分化的目的。

调控过程中有两点值得注意：一是要充分利用花芽分化的长期性特点，对不同树种、不同年龄的树木，在分化的不同时期采取适宜的措施，控制花芽分化数量，克服大小年，提高控制效果；二是充分利用不同树种的花芽分化临界期，运用各种技术措施，在花芽分化的敏感、不稳定的关键时期实施控制。在上述基础上，再综合运用光照、水分、矿质营养及生长调节剂等相应技术措施，以有效控制花芽分化。

以苹果为例，控制花芽分化的措施主要有以下几项：

第一，前期要重视水肥管理，促进树体枝叶生长，加速光合产物的制造、积累。结果树在花芽分化临界期前多施磷、钾肥，少施氮肥。适度控水，以利于花芽形成。

第二，喷施一些促进花芽分化的药剂。秋梢过多、过旺的苹果树体，不利于营养积累，特别是碳水化合物的积累，难以形成大量的优质花芽。控制秋梢旺长，最简便的办法就是叶面喷施生长调节剂并辅以科学施肥。一般在 5 月下旬至 6 月上旬的第一次新梢停长期，叶面喷施 1 次即可，喷施时以新梢幼叶为主要喷施对象。对幼旺树或挂果少的旺大树，可酌情在 7 月中下旬第二次新梢开始生长时追喷 1 次。

第三，加强生长季修剪，促发中短枝。生长季修剪主要针对幼年旺树，应多动手、少动剪，以平衡树势。坚持"旺者拉、弱者缩、密者疏、极少截"的原则。春季花前复剪、刻芽、抹芽，夏季摘心、拿枝，秋季拉枝、疏枝，将果树的疏枝量减到最低限度。

第四，疏花、疏果，合理控制树木的负载。"大年"的树早疏花、疏果，不仅可防止营养的过度消耗，提高果品质量，而且能够克服果实与花芽的竞争，有利于花芽形成，防止大小年现象发生，为下一年打好基础，实现连年稳产、丰产。

二、花的生长

（一）花的结构及作用

花包括花柄、花托、花萼、花冠、雄蕊群、雌蕊群等部分。花柄连接花与枝，起支撑花的作用。花托是花柄顶端着生花其他部位的场所。有些植物的花托还会成为果实的一部分，如草莓、苹果、梨等的花托。花的最外侧着生的是花萼，由若干萼片组成。有些园林植物的花萼在开花后会脱落，如桃、柑橘等；有些则会宿存，如月季、玫瑰等。若干花瓣组成花冠，花萼和花冠合称花被。花瓣的主要作用是保护雌蕊和雄蕊，并以绚丽的色彩或香味引诱昆虫传粉。雄蕊由花药和花丝组成，雌蕊由柱头、花柱和子房组成。其中，柱头主要截获、承载花粉，对花粉进行选择，并提供营养和水分。花柱是花粉进入子房的通道。

（二）开花

1.园林植物开花习性

园林植物的开花习性是植物在长期的发育过程中形成的较为稳定的生长发育习性。但不同种类植物的开花习性差异还是很大的。

（1）花期阶段划分

园林植物的花期一般包括花蕾期、开花始期（5%的花开放）、开花盛期（50%的花开放）和开花末期（余5%的花未开放）四个时期。

（2）开花和展叶的先后顺序

不同植物开花和展叶的先后顺序不同。如迎春花、山桃、杏、玉兰、梅、李、紫荆等植物是先开花后展叶；有些开花较晚的品种，如有些榆叶梅、桃的晚花品种，会表现为开花和展叶同时进行；而紫薇、桂花、凌霄等却是先展叶后开花。

（3）花期长短

不同植物花期的延续时间长短也不同，花期受到植物本身遗传特性的控制，也受外界环境、植物本身营养状况等的影响。不同植物花期差异很大，花期短者为6~7天，如金桂、银桂、山桃等；花期长者为100~240天，如茉莉花期可达112天，六月雪花期可达117天，月季花期可达240天。树龄和树体营养状况也会影响花期，同一植物的年轻植株一般比衰老植株开花早，花期长。树体营养状况好的园林树木花期长，营养状况差的园林树木则花期短。另外，天气状况也影响花期，如遇冷凉、潮湿的天气花期会延长，遇高温、干旱的天气花期则会缩短。

（4）每年开花的次数

多数园林树种，每年只开一次花，但也有少数树种有多次开花的特点，如茉莉、月季、四季桂等。有的时候本是每年一次开花的植物，受条件影响，出现第二次开花（再度开花）的现象。这种现象出现的原因一般有两种：一种是花芽发育不完全或树体营养不良，部分花延迟到春末夏初才开花，在梨、苹果等的一些老枝上能见到；另一种是不良条件引起的秋季开花，如梨、紫叶李等由于秋季病虫危害失掉叶子，促使花芽萌发，引起再度开花现象。对以生产花和果实为主的树木来说，再度开花不能结果，消耗了大量的养分，既不利于越冬，也会造成第二年花量的减少。但对于一般园林树木来说，再度开花影响不大，有时还可以研究利用。如紫薇在花后剪除花、果序，可以促进再萌新枝，并成花、开花，延长观花期。

2.花期的控制和养护

花期控制对适时观花、杂交育种都非常重要。花期提前或延后，一般可以通过调控温度、光照、湿度等来加以控制。例如，有些桃、李、杏等的早花品种，由于开花过早易受霜冻害，可以在早春萌芽前进行涂白处理，减缓树体升温，使花期推迟 3～5 天；也可以用灌水、喷生长抑制剂等来延迟花期。对于人工授粉的梨树，可将花枝插在温室内的插床上，白天最高温度控制在 35 ℃，夜间最低温控制在 5 ℃，可使花期提前 5～15 天。

盆栽的花木，操作比较方便，可根据不同植物品种，综合运用遮光、补光、降温、升温、加湿、减湿等措施。

（三）授粉与受精

当花粉发育成熟后，在适宜的条件下，花药开裂，散出花粉，花粉落在雌蕊花柱的柱头上，这就是授粉。花粉粒萌发形成花粉管，花粉管通过花柱进入子房，后到达胚囊，释放一个精细胞与卵子结合发育成胚，另一个精细胞与中央细胞的两个极核结合发育成三倍体的胚乳，即是受精，子房发育成果实。授粉和受精的过程受许多因素影响。

1.授粉媒介

不同园林植物所依靠的授粉媒介不同。有的植物授粉媒介为风媒，如松柏类、槭、核桃、杨、柳、栗、栎等，这些植物的花称为风媒花。有的植物授粉媒介为虫媒，如桃、梨、杏、李、泡桐等，这些植物的花称为虫媒花。也有一些授粉媒介为虫媒的植物，如椴树、白蜡等，可以借风力传粉。

2.授粉适应

植物在长期自然进化选择中，形成了不同的传粉类型。有的为自花授粉，即同花、同植株的雄蕊花粉落到雌蕊柱头上授粉并结实。也有的为异花授粉，即需要不同植株间的传粉。通常异花授粉后产量更高，后代生活力更强。所以，除少数植物进行典型的自花授粉，即闭花授粉外，大部分植物适应异花授粉，并形成与异花授粉相适应的特点。

（1）雌雄异株

杨、柳、银杏、构、杜仲等，都是雌雄异株的植物。

（2）雌雄异熟

有些植物，如核桃，为雌雄同株，但是异花，并且多雌雄异熟。还有的植物，如柑橘，虽然雌雄同花，但是雌雄异熟，也可减少自花授粉的机会。

（3）雌雄不等长

如某些杏、李的品种，虽然雌雄同花，成熟时期也相同，但雌雄不等长，花粉难以接触柱头，这能有效防止自花授粉。

（4）柱头的选择性

柱头通过营养、水分等对落到柱头上的花粉进行选择。

3.营养条件对授粉与受精的影响

树体的营养状态是影响花粉萌发、花粉管伸长以及柱头能够接受花粉时间的重要内因。氮素不足时，花粉管生长慢，未达到珠心前就失去功能，所以在花期对衰弱树喷尿素可以提高坐果率。硼对花粉萌发和受精有良好的促进作用，有利于花粉管的生长，因此在萌芽前喷 1%～2%或在花期喷 0.1%～0.5%的硼砂可提高苹果坐果率，秋季施硼还可以提高欧洲李第二年的坐果率。施用钙、磷也能够有效提高坐果率。

4.环境条件的影响

温度能够影响授粉和受精。花期温度较低时，花粉管的生长缓慢，到达胚囊前花粉或胚囊已经失去功能，花粉和胚囊会受伤害。低温期长则开花慢，消耗养分多，不利于胚囊的发育和受精。低温还影响昆虫的活动，不利于虫媒花的传粉。风也对传粉有影响。散粉时最好有微风，风太小花粉传播不好，风太大则容易使柱头干燥蒙尘，不利于昆虫的活动，影响授粉。在阴雨、潮湿的天气，花粉不易散发，雨水还会冲掉柱头上的黏液，影响授粉。过度干旱、大气污染等也影响正常授粉。

三、果实的生长

（一）果实的类型

果实形态多样，有很多不同分类方法。

1.真果和假果

真果是指完全由花的子房发育形成的果实，如油菜、葡萄、桃、枣等植物的果实；假果则是指由子房和其他花器官一起发育形成的果实，如草莓、苹果、梨等植物的果实。

（1）真果的结构

真果的结构比较简单，最外层为果皮，内含种子。果皮由子房壁发育而来，通常可分为外果皮、中果皮和内果皮三层。果实种类不同，果皮的厚度也不一样。外果皮、中果皮和内果皮有的易区分，如核果；有的难以区分，如浆果的中果皮与内果皮混合生长，禾本科植物如小麦、玉米和水稻等，其果皮与种皮结合紧密，难以分离。

外果皮由子房壁的外表皮发育而来，由一层细胞或数层细胞构成。外果皮有数层细胞时，外表皮细胞层下会有一层至数层厚角组织细胞，如桃、杏等的外果皮；也可能会有厚壁组织细胞，如菜豆、大豆等的外果皮。一般外果皮上分布有气孔、角质、蜡被，有的还生有毛、翅、钩等附属物，它们具有保护果实和促进果实传播的作用。

中果皮由子房壁的中层发育而来，由多层细胞构成。中果皮结构非常多样，有的中果皮为薄壁细胞，富含营养，成为果实中的肉质可食部分（如桃、杏、李等果实的中果皮）；有的中果皮的薄壁组织中还含有厚壁组织；还有的在果实成熟时，中果皮变干收缩成膜质、革质，或成为疏松的纤维状，维管组织发达，如柑橘的"橘络"。

内果皮由子房壁的内表皮发育而来，多由一层细胞构成，少数植物的内果皮由多层细胞构成，如番茄、桃、杏等果实的内果皮。桃、杏等果实内果皮的多层细胞通常厚壁化、石细胞化，形成硬核。在柑橘、柚子等果实中的内果皮中，许多细胞成为大而多汁的汁囊，是其主要的可食部分；葡萄等的内果皮细胞在果实成熟过程中分离成浆状；禾本科植物果实的内果皮和种皮都很薄，在果实的成熟过程中，通常二者结合在一起，不易分离，形成独特的颖果类型。

胎座是心皮边缘愈合形成的结构，是胚珠孕育的场所。多数植物果实中的胎座在果实的成熟过程中逐步干燥、萎缩；也有的胎座更加发达，发育形成果肉的一部分，如番茄、猕猴桃等植物的果实；有些植物的胎座包裹着发育中的种子，除提供种子发育所需的营养外，还进一步发育形成厚实、肉质化的假种皮，如荔枝、龙眼等植物的果实。

（2）假果的结构

假果的结构比较复杂，除子房外还有其他部分参与果实的形成。如梨、苹果的食用部分主要由花萼筒肉质化而成，果实中部的肉质部分才是来自子房壁的部分，且所占比例很少，口感较差，但外、中、内三层果皮仍容易区分。草莓果实的肉质化部分，是由花托发育而来的；无花果、菠萝等植物的果实中，肉质化的部分主要是由花序轴、花托发育而成的。

2.单果、聚合果与复果

单果是指由一朵单雌蕊花发育形成的果实，如观赏茄子、苹果、荔枝、桃、枣等植物的果实。聚合果是指由一个花的多个离生雌蕊共同发育形成，或一个花的多个离生雌蕊和花托一起发育形成的果实，如玉兰、芍药、莲等植物的果实。复果也称为聚花果，是由一个花序的许多花及其他花器一起发育形成的果实，如菠萝、无花果等植物的果实。

3.肉果和干果

（1）肉果

果皮肉质化的果实是肉果。肉果根据肉质化的部位又分为浆果、核果、梨果。

浆果除外面几层细胞外的其余部分都肉质化。种子被包在其中。有些浆果的胎座也很发达，如番茄、茄和西瓜。葫芦科植物的浆果是由子房和花托一起发育形成的假果。柑果是由复雌蕊具中轴胎座的子房发育形成的，外果皮是橙色革质的，有油囊，中果皮是白色疏松的橘络，内果皮缝合成瓣，向囊内生出肉质多浆的腺毛，是主要食用部分。

核果内果皮由坚硬的石细胞组成，包在种子外，种皮多大而薄。中果皮由薄壁细胞组成，是食用部分。外果皮由表皮和下面几层细胞组成。果实为核果的植物有桃、梅、李、杏。

梨果由子房和花托融合在一起发育形成，可食用的是花托部分，中间由子房发育形成。内果皮由木质化的厚壁细胞组成，如苹果、梨等。

（2）干果

干果成熟时果皮干燥，有的裂开，有的不裂开。裂开的果实称为裂果，不裂开的果实称为闭果。

裂果根据果皮裂开的方式和心皮组成可分为蓇葖果、荚果、蒴果、长角果、短角果。蓇葖果由一个心皮或离生心皮发育形成，成熟时沿腹缝线或背腹线开裂，八角茴香、牡丹的果实就是蓇葖果。荚果由一个心皮发育形成，成熟时开裂线在腹缝线或背腹线上，果皮裂成两片，如豆科植物的果实。花生果实在地下结实，不裂开。蒴果由两个或两个以上心皮发育形成，子房是雌蕊合生形成的。成熟时，不同物种裂开的方式有多种，如沿长轴方向的纵裂、环状裂开的盖裂、在每一心皮顶部裂开的孔裂等。长角果、短角果由两心皮形成的一室子房发育形成，发育过程中心皮边缘融合，最初向内形成隔膜，称为假隔膜，将子房分为两室。果实成熟后，两心皮脱落，只留假隔膜。闭果成熟后，果实不开裂。根据种子数目、果皮与种皮的愈合性、果皮形状、果皮硬度等，闭果分为瘦果、颖果、翅果、坚果、双悬果。

（二）坐果

经授粉和受精后，子房膨大成为果实，称为坐果。其机理是开花后，植物发生授粉和受精，受精后，子房中生长素、赤霉素、细胞分裂素的含量增加，调动营养物质向子房运输，子房便开始膨大，这就形成了坐果。另外，花粉管在花柱内伸长也可使形成激素的酶系统活化，受精后的胚乳也能够合成生长素、赤霉素等有利于坐果的激素。不同园林植物坐果所需要的激素不同，坐果和果实增大所需要的激素也不一样，不同植物坐果对外源激素的反应也是有差异的。

有些园林植物的子房未受精也能形成果实，但不含种子，这种现象叫单性结实。单性结实又分天然单性结实和刺激性单性结实。无须授粉和其他刺激，子房能自然发育成果实的为天然单性结实，如香蕉、蜜柑、菠萝、柿、无花果、葡萄、橙等。刺激性单性结实是指必须给予某种刺激才能产生果实。生产上常根据需要用植物生长调节剂处理，如生长素、赤霉素等。

（三）果实生长所需的时间

不同园林植物从开花到果实成熟，所需要的时间是不一样的。例如，蜡梅约需要6周时间，香榧则需要74周，大多数园林树木需要15周左右。不同类型的果实，生长速度有很大差异，有的生长缓慢，有的生长快速。

果实的外部形态显示出本物种固有的成熟特征的时期，称为果实成熟期。果实成熟期和种子成熟期有的一致，有的不一致。有些果实成熟了，而种子没有成熟，需要经过一段后熟期，也有个别植物种子的成熟早于果实的成熟。不同植物或不同品种的果熟期差异很大，榆、柳等很短，桑、杏等次之，松属的园林树木第一年春季传粉，第二年春季才受精，种子发育成熟需要两个生长季。同一种植物一般早熟品种发育期短，晚熟品种发育期长。果实如果受到虫咬、碰撞等外伤，其成熟期会缩短。自然条件也会影响果实成熟期，高温干燥条件下果熟期短，低温高湿条件下果熟期长。在山地环境下，排水好的地方果熟早些。

（四）果实的生长过程

果实的生长发育可以分为细胞分裂及细胞膨大两个阶段。开花期间细胞分裂很少，坐果以后，幼果具有很强的分生能力，且碳水化合物向果实运输的速度逐渐加快，分裂活动旺盛。大多数园林植物细胞分裂期比较短暂，一般在子房发育初期就已基本停止了。如茶藨子、悬钩子等植物，除了胚和胚乳，果实其他部位的分裂在传粉后就结束了；苹果、柑橘等在传粉后也只维持短暂的分裂；少数植物如鳄梨等在传粉后能够维持较长时间的细胞分裂。对于绝大多数园林植物来讲，果实总体积增大的主要原因是细胞体积的增大，而非细胞数量的增多。葡萄果实细胞数目的增加使葡萄体积增大 2 倍，而细胞体积的增大使葡萄体积增大 300 倍。

果实生长主要有两种模式，即单 S 形生长曲线模式和双 S 形生长曲线模式。苹果、石榴、柑橘、枇杷、梨、核桃、菠萝、无籽葡萄、草莓、香蕉、板栗、番茄等的果实的生长模式属于单 S 形生长曲线模式。这一生长模式的果实在开始生长时速度较慢，以后逐渐加快，直至急速生长，达到高峰后又逐渐变慢，最后停止生长。这种慢—快—慢的生长节奏与果实中细胞分裂、膨大以及成熟的节奏是一致的。属于双 S 形生长曲线模式的果实有桃、李、杏、梅、樱桃、有籽葡萄、柿、山楂和无花果等。这一生长模式的果实在生长中期出现一个缓慢生长期，表现出慢—快—慢—快—慢的生长节奏。这个缓慢生长期是果肉暂时停止生长，内果皮木质化、果核变硬和胚迅速发育的时期。果实第二次迅速增长的时期，主要是中果皮细胞膨大和营养物质大量积累的时期。

在果实生长过程中，随着果实的膨大，有机物会不断积累。这些有机物大部分来自营养器官，也有一部分由果实本身所制造。当果实长到一定大小时，果肉中贮存的有机物质会发生一系列的变化，果实进入成熟阶段。

（五）果实的成熟

成熟是果实在生长后期充分发育的过程，成熟的果实会发生一系列变化。

1.甜度增加

果实中的淀粉等贮藏物质水解产生蔗糖、葡萄糖和果糖等甜味物质。各种果实的糖转化速度和程度不尽相同，香蕉的淀粉水解很快，几乎是突发性的，香蕉由青变黄成熟时，淀粉从占鲜重的 20%～30%下降到 1%以下，同时可溶性糖的含量则从 1%上升到 15%～20%；柑橘中的糖转化速度则很慢，有时要几个月；苹果中的糖转化速度介于二者之间。葡萄果实中糖分积累可达到鲜重的 25%或干重的 80%左右，但如在成熟前就采摘下来，则果实不能变甜。

甜度与糖的种类有关，如以蔗糖甜度为 1，则果糖甜度为 1.03～1.50，葡萄糖甜度为 0.49，其中果糖最甜，但葡萄糖口感较好。不同果实所含可溶性糖的种类不同，如苹果、梨含果糖多，桃含蔗糖多，葡萄含葡萄糖和果糖多，而不含蔗糖。通常，成熟期日照充足、昼夜温差大、降雨量少，果实中含糖量高，这也是新疆的哈密瓜和葡萄特别甜的原因。氮素过多时，果实含糖量会减少。疏花、疏果，减少果实数量，常可增加果实的含糖量。给果实套袋，可显著改善其综合品质，但在一定程度上会降低成熟果实中还原糖的含量。

2.酸味降低

果实的酸味源于有机酸的积累，一般苹果含酸 0.2%～0.6%，杏含酸 1%～2%，柠檬含酸 7%，这些有机酸主要贮存在液泡中。柑橘、菠萝含柠檬酸多，苹果、梨、桃、李、杏、梅等含苹果酸多，葡萄中含有大量酒石酸，番茄中含柠檬酸、苹果酸较多。生果中含酸量高，随着果实的成熟，含酸量下降。糖酸比是体现果实品质的一个重要指标。糖酸比越高，果实越甜。但一定的酸味往往往体现了一种果实的特色。

3.果实软化

果实软化是成熟的一个重要特征。引起果实软化的主要原因是细胞壁物质的降解。果实成熟期间多种与细胞壁有关的水解酶活性上升,细胞壁结构成分及聚合物分子大小发生显著变化,如纤维素长链变短,半纤维素聚合分子变小,其中变化最显著的是果胶物质的降解。水蜜桃是典型的溶质桃,成熟时柔软多汁,而黄甘桃是不溶质桃,肉质致密而有韧性。乙烯能够促进细胞壁水解软化,用乙烯处理果实,可促进成熟,降低硬度。

4.挥发性物质的产生

成熟果实散发出其特有的香气,这是由于果实内部存在微量的挥发性物质。它们的化学成分相当复杂,有200多种,主要是酯、醇、酸、醛和萜烯类等一些低分子化合物。成熟度与挥发性物质的产生有关,未熟果中没有或很少有这些香气挥发物,所以收获过早,香味就差。低温影响挥发性物质的形成,如香蕉采收后长期放在10 ℃的气温下,就会显著抑制挥发性物质的产生。乙烯可促进果实正常成熟的代谢过程,因而也促进香味的产生。

5.涩味消失

有些果实未成熟时有涩味,如柿子、香蕉、李子等。这是由于这些果实的细胞液中含有单宁等物质。单宁是一种不溶性酚类物质,可以保护果实免于脱水及病虫侵染。通常,随着果实的成熟,单宁可被过氧化物酶氧化成无涩味的过氧化物,或凝结成不溶性的单宁盐,还有一部分可以水解转化成葡萄糖,因而涩味消失。

6.色泽变化

随着果实的成熟,多数果色由绿色渐变为黄色、橙色、红色、紫色或褐色。这常作为果实成熟度的直观标准。与果实色泽有关的色素有叶绿素、类胡萝卜素、花青素和类黄酮素等。叶绿素一般存在于果皮中,有些果实如苹果果肉中也有。在香蕉和梨等果实中,叶绿素的消失与叶绿体的解体相联系;而在番茄和柑橘等果实中,叶绿素消失主要是因为叶绿体转变成有色体。类胡萝卜素一般存在于叶绿体中，果实褪绿时显现出来。番茄中的色素以番茄红素和 β-胡萝卜素为主，香蕉成熟过程中果皮所含有的叶绿素几乎全部消失，但叶黄素和胡萝卜素则维持不变。桃、番茄、红辣椒、柑橘等中的叶绿素经叶绿体转变为有色体而合成新的类胡萝卜素。花青素能溶于水，一般存在于液泡中，到成熟期大量积累，也会造成果色的改变。

第三章　影响园林植物生长的因子

第一节　气候因子

一、温度因子

温度能够直接影响园林植物的生理活动和生化反应，所以温度因子的变化对园林植物的生长发育以及分布都具有极其重要的作用。

（一）园林植物的温周期

温度并不是一成不变的，而是呈周期性变化的，这就是温周期，包括季节的变化及昼夜的变化。

不同地区的四季时间、温度变化是不同的，其差异受地形、地势、纬度、海拔、降水量等因子的综合影响。该地区的植物由于长期适应这种周期性的变化，形成一定的生长发育节奏，即物候期。在园林植物栽培和维护中，只有对当地气候变化特点及植物物候期有充分的了解，才能进行合理的栽培及维护管理。

在一天中，白昼温度较高，光合作用旺盛，同化物积累较多；夜间温度较低，呼吸消耗减少。这种昼高夜低的温度变化对植物生长有利。但不同植物适宜的昼夜温差范围不同。通常热带植物适宜的昼夜温差为 3～6 ℃，温带植物适宜的昼夜温差为 5～7 ℃，沙漠植物适宜的昼夜温差则在 10 ℃以上。

（二）高温及低温危害

1.高温危害

当园林植物所处的环境温度超过其正常生长发育所需温度的上限时，蒸腾作用加强，水分平衡失调，新陈代谢作用被破坏，导致植物受到伤害直至死亡。另外，高温也会妨碍花粉的萌发与花粉管的伸长，并会导致落花、落果。

2.低温危害

低温危害主要指寒潮南下引起突然降温而使植物受到伤害，主要包括以下几种：

①寒害指气温在 0 ℃以上而使植物受害的情况，主要发生在一些热带喜温植物上。如轻木在 5 ℃时就会严重受害，椰子在气温降至 0 ℃以前，就会出现叶色变黄、落叶等受害症状。

②霜害指气温降至 0 ℃时，空气中的水汽在植物表面凝结形成霜，使植物受害。如果霜害的时间较短，且气温回升缓慢，大部分植物可以恢复；如果霜害时间较长，或气温回升迅速，则容易导致植物叶片受到永久损伤。

③冻害指气温降至 0 ℃以下时，植物受害的情况。气温降至 0 ℃以下时，植物体温亦降至 0 ℃以下，细胞间隙结冰，细胞膜、细胞壁出现破裂，从而引起植物受害或死亡。

园林植物抵抗突然低温的能力因植物种类、植物的生育期、植物的生长状况等的不同而有所不同。例如，柠檬在−3 ℃时会受害，金柑在−11 ℃时受害，而生长在寒温带的针叶树可耐−20 ℃的低温。同一植物在不同生长发育时期，抵抗突然低温的能力也有很大不同，休眠期最强，营养生长期次之，生殖生长期最弱。同一植物的不同器官或组织抵抗突然低温的能力也是不同的，一般来说胚珠、心皮等抵抗突然低温的能力较弱，果实和叶片能力较强，茎干的能力最强。

另外，在寒冷地区，低温危害还有冻拔和冻裂两种情况。冻拔主要发生在草本植物中，小苗会更严重。当土壤含水量过高时，土壤结冻会膨胀隆起，并将植物一并抬起；解冻时土壤回落而植物留在原位，造成根系裸露，植物死亡。冻裂则是指树干的阳面受到阳光直射，温度升高，树干内部温度与表面温度相差很大，造成树体出现裂缝。树液活动后，树木出现伤流并产生感染，进而受害甚至死亡。毛白杨、椴、青杨等植物较易受到冻裂危害。

（三）温度与植物分布

在园林建设中，由于绿化的需要，经常在不同地区间进行引种，但引种并不是随意的。如果把凤凰木、鸡蛋花、木棉等热带、亚热带植物种到北方去，则会发生冻害。而把碧桃、苹果等典型的北方植物引种到热带地区，则植物会生长不良，不能正常开花、结实，甚至死亡。其主要原因是温度因子影响植物的生长发育，从而限制这些植物的分布范围。故园林建设工作者只有了解各地区的植物种类、各植物的适生范围及生长发育情况，才能做好园林的设计和建设工作。

受植物本身遗传特性的影响，不同植物对温度变化的适应能力有很大差异。有的植物适应能力很强，能够在较大的温度范围内生存，这类植物被称为"广温植物"。一些适应能力弱，只能生活在较狭小温度范围内的植物则被称为"狭温植物"。

从温度因子方面来讲，要判断一种植物能否在一地区生长，一般要查看当地的年平均温度。但年平均气温只能作为一个粗略的参考，比较可靠的办法是查看当地无霜期的长短、生长期日平均温度、当地变温出现时期及幅度、当地积温量、最热月和最冷月的月平均温度值、极端温度值及持续期等。这些相关温度极值对植物的自然分布有极大的影响。

二、水分因子

水是园林植物进行光合作用的原料，也是养分进入植物的外部介质，同时对植株体内物质代谢和运输起着重要的调配作用。园林植物吸收的水分大部分用于蒸腾作用，以促进水分的吸收和运输，并有效调节体温，排出有害物质。

（一）不同种类的园林植物的需水特性

不同种类的植物对水分的需求量不同，按照需水特性，园林植物可以划分为不同的类型。

1.旱生植物

旱生植物是指能够长期忍受干旱并正常生长发育的植物，多见于雨量稀少的荒漠地区或干旱草原。根据适应环境的生理和形态特性的不同，旱生植物又可以分为两种情况：

（1）少浆或硬叶旱生植物

少浆或硬叶旱生植物一般具有以下不同的旱生形态结构：叶片面积小或退化变成刺毛状、针状或鳞片状，如柽柳等；表皮具有加厚角质层、蜡质层或绒毛，如驼绒藜等；叶片气孔下陷，气孔少，气孔内着生表皮毛，以减少水分的散失；体内水分缺失时叶片可卷曲、折叠；具有发达的根系，可以从较深的土层或较广的范围内吸收水分；具有极高的细胞渗透压，一般可以达到 20~40 个大气压，高的甚至可达 80~100 个大气压，以使其叶失水后可以不萎凋变形。

（2）多浆或肉质植物

这类植物的形态和生理特点主要有以下几个方面：茎或叶具有发达的储水组织；茎或叶的表皮有厚角质层，表皮下有厚壁组织层，能够有效减少水分的蒸发；气孔下陷或气孔数量较少；根系不发达，为浅根系植物；细胞液的渗透压低，一般为 5~7 个大气压。

依据储水组织所在部位，这类植物可以分为肉茎植物和肉叶植物两大类。肉茎植物具有粗壮多肉的茎，其叶则退化为叶刺，以减少蒸发，如仙人掌科的大多数植物；肉叶植物则叶部肉质明显而茎部肉质化不明显，叶部可以储存大量水分，如景天科、百合科等的一些植物。

2.中生植物

大多数植物属于中生植物。此类植物不能忍受过干或过湿的水分条件。由于种类极多，其对水分的忍耐程度也具有很大差异。中生植物一般具有较为发达的根系和输导组织，叶片表面有一层角质层以保持水分。一些种类的生态习性与旱生植物接近，如油松、侧柏、酸枣等。另一些则偏向湿生植物的特征，如桑树、旱柳等。

3.湿生植物

该类植物耐旱性弱，需要较高的空气湿度和土壤含水量才能正常生长发育。其根据对光线的需求情况又可分为喜光湿生植物和耐阴湿生植物两种。

喜光湿生植物为生长在阳光充足、土壤水分充足地区的湿生植物。例如，生长在沼泽、河边湖岸等地的鸢尾、落羽杉、水松等，根部有通气组织且分布较浅，没有根毛。木本植物通常会有板根或膝状根。

耐阴湿生植物主要生长在光线不足、空气湿度较高的湿润环境中。这类植物的叶面积一般较大，组织柔嫩，机械组织不发达；栅栏组织不发达而海绵组织发达；根系分布较浅，较不发达，吸水能力较弱。如一些热带兰类、蕨类和凤梨科植物等。

4.水生植物

生长在水中的植物叫水生植物，其根据生长形式又可以分为挺水植物、浮水植物和沉水植物三类。

挺水植物的根、部分茎生长在水里的底泥或底沙中，部分茎、叶则挺出水面。大多分布在 0～1.5 m 的浅水中，有的种类生长在水边岸上，其生长于水中的根、茎等会具有通气组织等水生植物的特征，生长于水上的部分则具有陆生植物的特征。如芦苇、荸荠、水芹、荷花、香蒲等都属于此类。

浮水植物的叶片、花等漂浮于水面生长，其中萍蓬草、睡莲等植物的根生于水下泥中，叶和花漂浮于水面。而凤眼莲、满江红、浮萍、槐叶萍、菱、大藻等的整个植物体都漂浮于水面生长。

沉水植物是指植物体完全沉没于水中的植物，根系不发达或退化，通气组织发达，叶片多为带状或丝状。如苦草、狐尾藻、金鱼藻、黑藻等均属于此类。

（二）不同生育期的园林植物对水分要求的变化

不同生育期的园林植物对水分的需要量不同。

种子萌发时，需要充足的水分，以利于种皮软化，胚根伸出；幼苗期根系在土壤中分布较浅，且较弱小，吸收能力差，抗旱力较弱，故必须保持土壤湿润。需要注意的是，若水分过多，幼苗地上长势过旺，则易形成徒长苗。生产中园林植物育苗常需适当蹲苗，以控制土壤水分，促进根系下扎，增强幼苗抗逆能力。大多数园林植物旺盛生长期均需要充足的水分。如果水分不足，则容易出现萎蔫现象。但如果水分过多，也会导致根系代谢受阻，吸水能力降低，从而出现植株叶片发黄，形成类似干旱的症状。园林植物开花结果期，通常要求较低的空气湿度和较高的土壤含水量。一方面，较低的空气湿度可以促进开花与传粉；另一方面，充足的水分又有利于果实的生长和发育。

（三）其他形态水分对园林植物的影响

1.雪

降雪会增加土壤水分含量，同时，较厚的雪层还能够防止土温过低，避免冻层过深，从而有利于植物越冬。但如果雪量过大，积雪压在植物顶部，也会引起植物茎干折断等。

2.冰雹

我国冰雹大多出现在4～10月，其产生的较大冲击力和引起的降温往往会对园林植物造成不同程度的损害。

3.雨凇和雾凇

雨凇和雾凇会在植物枝条上形成冻壳，严重时会压断枝条，使树枝受害。

4.雾

雾能够影响光照，同时也会增加空气湿度，一般来讲对园林植物的生长是有利的。

三、光照因子

光照是园林植物生长发育的重要环境条件。光照强度、光质和日照时间都会影响植物的光合作用，从而制约植物的生长发育、产量和品质。

（一）光照强度

光照强度随着地理位置、地势高低、云量等的不同而有变化。一年之中以夏季光照最强，冬季光照最弱；一天之中以中午光照最强。不同园林植物对光照强度的要求是不一样的，据此园林植物可以分为以下几类：

1.喜光植物

喜光植物又称阳生植物。这类园林植物需要在较强的光照下才能生长良好，不能忍受荫蔽环境。如桃、李、杏、枣等绝大多数落叶树木，多数露地一二年生花卉及宿根花卉，仙人掌科、景天科和番杏科等多浆植物，等等。喜光植物一般具有如下形态特征：细胞体积较小，细胞壁较厚，细胞液浓度高，木质化程度高，机械组织发达；叶表面有厚的角质层，栅栏组织发达，常有2～3层；气孔数目较多，叶含水量较低；等等。

2.耐阴植物

耐阴植物又称阴生植物。这类植物不能忍受强烈的直射光线，在适度荫蔽下才能生长良好，主要为草本植物。如蕨类植物、兰科、凤梨科、姜科、天南星科植物等均为耐阴植物。耐阴植物一般具有如下形态特征：细胞体积

85

较大，细胞液浓度低；机械组织不发达，维管束数目较少，木质化程度低；叶表面无角质层，栅栏组织不发达，海绵组织发达；气孔数目较少，叶含水量较高；等等。

（二）光质

光质是指具有不同波长的太阳光谱成分。其中波长为 380～770 nm 的光是可见光，即人眼能见到的范围，也是对植物最重要的光质部分。但波长小于 380 nm 的紫外线部分和波长大于 770 nm 的红外线部分对植物也有作用。植物在全光范围内生长良好，但其中不同波长段的光对植物的作用是不同的。植物同化作用吸收最多的是红光，有利于植物叶绿素的形成，促进二氧化碳的分解和碳水化合物的合成。其次为蓝紫光，其同化效率仅为红光的 14%，能够促进蛋白质和有机酸的合成。红光能够加速长日植物的发育，而蓝紫光则加速短日植物发育。蓝紫光和紫外线还能抑制植物茎节间伸长，促进多发侧枝和芽的分化，有助于花色素和维生素的合成。

（三）日照时间

园林植物按照对日照长度反应的不同，分为以下几类：

1. 长日照植物

长日照植物是只有当日照长度超过其临界日长时才能形成花芽，否则不能形成花芽，只停留在营养生长阶段或延迟开花的植物，如羽衣甘蓝等。

2. 短日照植物

短日照植物是只有当日照长度短于其临界日长时才能形成花芽、开花，在长日照下只进行营养生长而不能开花的植物。如菊花、一串红、绣球花等。

3. 中日照植物

中日照植物是只有在昼夜时数基本相等时才能开花的植物。

4.中间性植物

中间性植物是对每天日照时数要求不严格，在长短不同的日照环境中均能正常孕蕾开花的植物，如矮牵牛等。

植物对日照长度的不同反应，是植物在长期的发育中对生境适应的结果。长日照植物多起源于高纬度地区，短日照植物则多起源于低纬度地区。同时，日照时间也会对植物的营养生长产生影响。在临界日长范围内，延长光照时数，会促进植物的营养生长或延长其生长期；缩短光照时数，则能够促进植物休眠或缩短生长期。在园林植物的南种北引过程中，可以通过缩短光照时数的方式让植物提早进入休眠而提高其抗寒性。

四、空气因子

（一）主要影响成分

1.二氧化碳

二氧化碳是园林植物进行光合作用的原料，当空气中的二氧化碳浓度增加到一定程度后，植物的光合速率不会再随二氧化碳浓度的增加而提高，此时的二氧化碳浓度称为二氧化碳饱和点。空气中二氧化碳的浓度一般在 $300 \sim 330$ mg/L。生理实验表明，这个浓度远远低于大多数植物的二氧化碳饱和点，仍然是植物光合作用的限制因子。因此，对温室植物施用气体肥料，增加二氧化碳浓度，能够显著提高植物的光合作用效率，同时能提高某些雌雄异花植物的雌花分化率。

2.氧气

氧气是园林植物进行呼吸作用不可缺少的，但空气中氧气含量基本不变，因此氧气对植物地上部分的生长不构成限制。但氧气能够限制植物根部的呼吸，以及水生植物尤其是沉水植物的呼吸。栽培中要经常进行中耕以避免土壤的板结，多施用有机肥来改善土壤物理性质，提高土壤通气性，以保证土壤氧气量。

3.氮气

虽然空气中的氮含量高达 78%，但高等植物却不能直接利用它，只有一些固氮微生物和蓝绿藻可以吸收和固定空气中的氮。而一些园林植物因与根瘤菌共生而有了固氮能力，如每公顷紫花苜蓿一年可固氮 200 kg 以上。

（二）常见空气污染物质

1.二氧化硫

二氧化硫是大气主要污染物之一，燃煤、燃油的过程均可能产生二氧化硫。二氧化硫气体进入植物叶片后遇水形成亚硫酸，并逐渐氧化形成硫酸，当达到一定量后，叶片会失绿，严重的会焦枯死亡。植物对二氧化硫的抗性不同，抗性强的园林植物包括银杏、榆树、枸骨、月季、石榴、合欢、臭椿、楝、夹竹桃、苏铁、广玉兰、小叶女贞等；抗性中等的包括小叶杨、旱柳、山桃、侧柏、复叶槭、元宝枫、悬铃木、大叶黄杨、八角金盘等；抗性弱的包括红松、油松、紫薇、雪松、湿地松、荔枝等。同一植物在不同地区有时也表现出不同的抗二氧化硫能力。

2.光化学烟雾

汽车、工厂等污染源排入大气的碳氢化合物和氮氧化物等一次污染物在紫外线作用下发生光化学反应生成二次污染物，主要有臭氧、乙醛等。由参与光化学反应过程的一次污染物和二次污染物的混合物形成的烟雾污染现象，称为光化学烟雾。因此，光化学烟雾成分比较复杂，但臭氧的含量最多，占比达到90%。以臭氧为主要毒质进行的抗性实验中，抗性强的园林植物包括银杏、柳杉、日本女贞、夹竹桃、海桐、樟、悬铃木、冬青等；抗性一般的包括赤松、东京樱花、锦绣杜鹃等；抗性弱的包括大花栀子、胡枝子、木兰、牡丹、白杨、垂柳等。

3.氯及氯化氢

塑料工业生产中会形成氯及氯化氢污染物。对氯及氯化氢抗性强的园林植物包括构树、榆、接骨木、紫荆、槐、紫藤、紫穗槐等；抗性中等的园林植物包括皂荚、桑、臭椿、侧柏、丝棉木、文冠果等；抗性弱的园林植物包括香椿、红瑞木、黄栌、金银木、刺槐、连翘、油松、榆叶梅、胡枝子、水杉等。

4.氟化物

氟化物对植物的毒性很强，某些植物在含氟 1×10^{-12} 的空气中暴露数周即可受害，短时间暴露在高氟空气中可引起急性伤害。氟能够直接侵蚀植物体敏感组织，造成损伤；一部分氟还能够参与机体的某些酶反应，影响酶的活力，造成机体代谢紊乱，影响糖代谢和蛋白质合成，并妨碍植物的光合作用和呼吸作用。植物受氟害的典型症状是叶尖和叶缘坏死，并向全叶和茎部发展。幼嫩叶片最易受氟化物危害；另外，氟化物还会对花粉管伸长产生抑制作用，影响植物生长发育。空气中的氟化氢浓度如果达到 $0.005\,mg/L$，就能在 7～10 天内使葡萄、樱桃等植物受害。根据北京地区的调查，对氟化物抗性强的园林植物包括槐、臭椿、泡桐、白皮松、侧柏、丁香、山楂、连翘、女贞、大叶黄杨、地锦等；抗性中等的包括刺槐、桑、接骨木、火炬树、杜仲、紫藤等；抗性弱的包括榆叶梅、山桃、葡萄、白蜡、油松等。

（三）风对园林植物的影响

空气的流动形成风，低速的风对园林植物是有利的，而高速的风则会对园林植物产生危害。

风对园林植物有利的方面主要是有助于风媒花的传粉，也有利于部分园林植物果实和种子的传播。

风对园林植物不利的方面包括对植物的生理损伤和机械损伤。风会促进植物的蒸腾作用，加速水分的散失，尤其是生长季的干旱风。风速较大的台风、飓风会折断树木枝干，甚至将树木整株拔起。抗风力强的植物包括马尾松、黑松、榉树、胡桃、樱桃、枣树、葡萄、朴、栗、樟等；抗风力中等的植物包括侧柏、龙柏、杉木、柳杉、楝、枫杨、银杏、重阳木、柿、桃、杏、合欢、紫薇等；抗风力弱的植物包括雪松、木棉、悬铃木、梧桐、钻天杨、泡桐、刺槐、枇杷等。

第二节　土壤因子

一、依土壤酸碱度分类的植物类型

依照对土壤酸碱度要求，植物可以分为以下三类：

（一）酸性土植物

在 pH 值小于 6.5 的酸性土壤中生长最好的植物称为酸性土植物。如杜鹃花、马尾松、油桐、山茶、栀子花、红松等。

（二）中性土植物

在 pH 值为 6.5～7.5 的中性土壤中生长最好的植物称为中性土植物。园林植物中的大多数均属于此类。

（三）碱性土植物

在 pH 值大于 7.5 的碱性土壤中生长最好的植物称为碱性土植物。如柽柳、紫穗槐、杠柳、沙枣、沙棘等。

二、依土壤含盐量分类的植物类型

在我国沿海地区和西北干旱地区的内陆湖附近，都有相当面积的盐碱化土壤。氯化钠、硫酸钠含量较多的土壤，称为盐土，其酸碱性为中性；碳酸钠、碳酸氢钠较多的土壤，称为碱土，其酸碱性为碱性。实际上，土壤往往同时含有上述几种盐，故称为盐碱土。根据在盐碱土中的生长情况，植物可以分为以下四种类型：

（一）喜盐植物

普通植物在土壤含盐量达到 0.6%时即生长不良，喜盐植物却能够在氯化钠含量达到 1%，甚至超过 6%的土壤中生长。它们可以吸收大量可溶性盐，细胞的渗透压达 40～100 个大气压。它们能够耐受土壤的高含盐量，而且高含盐量已经成了一种需要。如旱生的喜盐植物乌苏里碱蓬、黑果枸杞、梭梭，湿生的喜盐植物盐蓬等。

（二）抗盐植物

此类植物的根细胞膜对盐类的透性很小，很少吸收土壤中的盐类，其体内含有较多的有机酸、氨基酸和糖类，形成较高的渗透压以保证水分的吸收，如田菁、盐地风毛菊等。

（三）耐盐植物

此类植物从土壤中吸收盐分，但不在体内积累，而是通过茎叶上的盐腺将多余的盐排出体外。如柽柳、二色补血草、红树等。

（四）碱土植物

碱土植物是能够在 pH 值超过 8.5 的土壤中生长的植物。如一些藜科、苋科的植物。

第三节　地势地形因子

地势地形能够改变光、温、水、热等在地面上的分配，从而影响园林植物的生长发育。

一、海拔高度

海拔高度由低至高，温度渐低，光照渐强，紫外线含量渐增，会影响植物的生长。海拔每升高 100 m，气温下降 $0.6 \sim 0.8℃$，光强平均增加 4.5%，紫外线增加 3%～4%，降水量与相对湿度也发生相应变化。同时，由于温度下降、湿度上升，土壤有机质分解渐缓，淋溶和灰化作用加强，土壤 pH 值也会逐渐降低。对同种植物而言，从低海拔到高海拔处，往往表现出高度变低、节间变短、叶变密等变化。从低海拔处到高海拔处，植物会形成不同的分布带，从热带雨林带、阔叶常绿植物带、阔叶落叶植物带过渡到针叶树带、灌木带、高山草原带、高山冻原带，直至雪线。

二、坡度与坡向

坡度主要通过影响太阳辐射的接受量、水分再分配及土壤的水热状况，对园林植物生长发育产生不同程度的影响。一般认为 5°～20° 的斜坡是发展园林植物的良好坡地。坡向不同，植物接受的太阳辐射量不同，其光、热、水条件有明显差异，因而不同坡向对园林植物生长发育有不同的影响。在北半球，南坡接受的太阳辐射多，光热条件好，水分蒸发量也大；北坡接受的太阳辐射少；东坡与西坡接受的太阳辐射介于二者之间。在北方地区，由于降水量少，北坡可以生长乔木，植被繁茂；南坡水分条件差，仅能生长一些耐旱的灌木和草本植物。南方地区的降雨量大，南坡水分条件亦良好，故南坡的植物会更繁茂。

三、地形

地形是指所涉及地块纵剖面的形态，具有直、凹、凸及阶形等不同类型。地形不同，所在地块光、温、湿度等条件各异。例如，低凹地块，冬春夜间冷空气下沉，积聚，易形成冷气潮或霜眼，植物更易受晚霜危害。

第四节　生物因子

园林植物不是孤立存在的，在其生存环境中还存在许许多多其他生物，这些生物便构成了生物因子。它们均会或大或小、或直接或间接地影响园林植物的生长和发育。

一、动物

动物与园林植物的生存有着密切的联系，它们可以改变植物生存的土壤条件，取食植物的叶和芽，影响植物的传粉、种子传播等。查尔斯·罗伯特·达尔文（Charles Robert Darwin）在发表的论文中指出，一年中，每公顷面积上由于蚯蚓的活动而被运到地表的土壤达 15 t，这显著改善了土壤的肥力，增加了钙质，从而影响了植物的生长。很多鸟类对散布种子有利，蝴蝶、蜜蜂是某些植物传粉的主要媒介。也有一些土壤中的动物以及地面上的昆虫对植物的生长有一定的不利影响。例如，有些象鼻虫等可毁坏豆科植物的种子，导致种子无法萌芽，影响植物的繁衍；有的鸟可以吃掉大量的嫩芽，损害树木的生长；兔子、野猪等每年可吃掉大量的幼苗和嫩枝；松毛虫能吃光成片的松林；等等。

二、植物

对共同生长的植物来说，植物间的相互关系可能对双方都有利，也可能仅对一方有利；可能对双方都有害，也可能仅对一方有害。根据作用方式、机制的不同，植物间的相互关系分为直接关系和间接关系。

（一）直接关系

直接关系指植物之间直接通过接触来实现的相互关系，在林内有以下表现：

1.树冠摩擦

在针阔叶树混交林中，由于阔叶树枝较长且具有弹性，受风作用便与针叶树冠产生摩擦，使针叶、芽、幼枝等受到损害且难以恢复。林下更新的针叶幼树经过幼年缓慢生长阶段后，穿过阔叶林冠层时，比较容易发生树冠摩擦，导致更替过程的推迟。

2.树干机械挤压

树干机械挤压指林内两棵树干部分地紧密接触、互相挤压的现象。天然林内这种现象较多，人工林内一般没有，树木受风或动物碰撞产生倾斜时这种现象才会出现。树干机械挤压能损害形成层。随着树木双方的进一步发育，其便互相连接，长成一体。

3.附生关系

某些苔藓、地衣、蕨类以及其他高等植物，借助吸根着生于树干、枝、茎以及树叶上进行生活，称为附生。附生的植物在生理关系上与依附的林木没有联系或很少有联系。温带、寒带林内的附生植物主要是苔藓、地衣和蕨类；热带林内附生植物种类繁多，以蕨类、兰科植物为主。它们一般对附主影响不大，少数有害。如热带森林中的绞杀榕等，可以缠绕附主树干，最后将附主绞杀。

4.攀缘植物

攀缘植物利用树干作为它的机械支柱，从而获得更多的光照。藤本植物与所攀缘的树木间没有营养关系，但对树木有如下不利影响：机械缠绕会使被攀缘植物输导营养物质受阻或使其树干变形；由于树冠受藤本植物缠绕，被攀缘植物的同化过程受到抑制，影响其正常生长。

5.植物共生现象

植物共生现象对双方均有利。

（二）间接关系

间接关系是指相互分离的个体通过与生态环境的关系产生相互影响。

1.竞争

竞争是指植物为利用环境中的能量和资源而与其他植物产生的相互关系，这种关系主要在营养空间不足时产生。

2.改变环境条件

植物通过改变环境因子，如小气候、土壤肥力、水分条件等，对其他植物产生间接影响。

3.生物化学影响

植物根、茎、叶等释放出的化学物质对其他植物的生长和发育产生抑制和对抗作用或者某些有益作用。

第四章　植树工程

第一节　植树工程概述

一、植树工程的概念

所谓"植树工程"，是指按照正式的园林设计要求及一定的计划，完成某一地区的全部或局部的植树绿化任务。植树工程是园林绿化工程的重要组成部分，它与花坛施工、草坪施工有区别，也不同于林业生产的植树造林。植树是一种以有生命的绿色植物为对象的工程，它具有施工的季节性强、受自然条件的制约性强、施工与养护紧密相连等特点。植树工程要经过详细的规划设计才能实现，因此只有熟悉它的特点，研究并掌握它的规律，按照客观规律办事，才能做好这项工作。

在植树工程的施工过程中，经常提到"栽植"这一概念。栽植是农林园艺栽种植株的一种作业，但往往仅被理解为"种植"而已。从广义上讲，栽植应包括起（掘）苗、搬运、种植三个基本环节。将树苗从某地连根（裸根或带土球并包装）起出的操作叫起（掘）苗，把掘出的植株用一定的交通工具运到指定种植地点叫搬运，按要求将运来的树苗栽入适宜的土壤叫种植。栽植根据其目的可分为假植、移植和定植。假植是指临时埋栽性质的种植，如在苗木或树木掘起或搬运后不能及时种植，为了保护树木根系，维持生命活动而短期或临时将根系埋于湿土中。若在种植成活以后还需移动，那么这次种植称为移植；

若在种植成活之后直到砍伐或死亡不再移动，则这次种植称为定植。植树工程中的移植和定植与苗圃中苗木培育过程中的移植，在操作工序的要求上相同，只是其性质及应用目的不完全一样。苗木培育中的移植是培育苗木有效根系和良好冠形所必需的生产程序。苗木一旦栽入园林绿地就称为幼树，对它所进行的一切作业均称为养护，目的是发挥树木的多种功能作用。一般情况下，植树工程是长久性的工程，一旦实施，则要求树木久远地生长下去，所以园林树木的栽植绝大多数都是定植，而不像培育苗木那样定植前都应经过移植阶段。只有在某种特殊情况下或出于某种特殊工程的需要时，把一些树木从一绿地搬迁到另一绿地才用移植这一概念，如大树移植。

二、树木栽植成活的原理

要保证栽植的树木成活，必须掌握树木栽植成活的原理。在栽植过程中，水分因子是影响树木成活的关键因素。

无论在什么环境条件下，一株正常生长的树木，在未移植之前，地上的枝叶与地下的根系保持一定的比例（冠/根），其地下部分与地上部分的生理代谢是平衡的，枝叶的蒸腾可得到根系吸收的及时补充，不会出现水分亏损。栽植树木时，首先要起苗，这样就或多或少地会有吸收根断留在土壤中，地下部分与地上部分的生理平衡受到破坏，此时，树木就会因根系受伤，其所吸收的水分不能满足地上部分的需要而死亡，这就是所谓"树挪死"。

由此可见，使树木在移植过程中少伤根系和少受风干失水，使新栽的树木迅速与环境建立密切联系，树体迅速恢复生理平衡是移植成活的关键。这种新平衡的建立与树种习性、年龄时期、物候状况以及影响生根和蒸腾的外界因子都有着密切的关系，同时相关人员的栽植技术和责任心也不可忽视。根再生能力强的树种容易成活，幼、青年期的树木及处于休眠期的树木容易成活，土壤水分充足、气候条件适宜时成活率高。科学的栽植技术和高度的责任心可以弥补由许多不利客观因素造成的损失，大大提高栽植的成活率。

三、影响树木栽植成活的因素

影响树木栽植成活的因素很多，其中主要因素有树木本身条件、植树季节等。

（一）树木本身条件

1.树种的影响

不同树种对于栽植的反应有很大的差异。一般须根多而紧凑的侧根型的树种比主根型或根系长而数量少的树种容易栽植成活。经过多次移植的树木比未经过移植的树木易栽植成活。栽植成活比较容易的树种有悬铃木、榆树、槐树、刺槐、银杏、椴树、柽树、杨柳类等；栽植成活较难的树种有七叶树、樟树、枫香、云杉等；栽植成活最难的树种有山楂、山毛榉、桦木、山核桃、榧、马尾松、栎属的许多种等。

2.树龄的影响

树木的年龄对栽植成活率有很大影响。因为不同年龄的苗木生理活动的特点不同，对外界环境的适应性不同，对栽植技术的要求也不一样。

幼青年期树木的特点是地上、地下部分离心生长迅速，光合和吸收面积不断扩大，经一定年龄的养分积累，进入性成熟，对不良环境有较强的适应能力。由于个体小，根系分布范围也小，经过移植培育的苗木根系紧凑而不远离根颈，起苗时根系损伤率低；伤根后伤口容易恢复，很快发挥吸收功能；枝条修剪后也有较强的再生能力，地上、地下部分的生理平衡容易维持，因而幼青年期苗木栽植的成活率较高。

壮年期是指在正常的外界条件下树木从生长势自然减退到管顶或外缘出现枯梢为止。此期的特点是营养生长趋于缓慢而稳定；有花果者，多为盛花、盛果期，树木占据空间和体积最大。壮年期在树木一生中占据时间最长，后期骨干枝出现离心秃裸现象，根系范围不再扩大，某些骨干根先端出现衰亡枯死现象。此期由于树体大，掘面、运输、栽植操作困难，施工技术要求复杂，栽植修剪对原有树形破坏较大，栽植较难成活。

根据城市绿化的需要和环境条件特点，一般绿化工程多需用较大规格的幼青年期苗木，移植较易成活，绿化效果发挥也较快。为提高成活率，应选用在苗圃经多次移植的大苗。园林植树工程选用的苗木规格，落叶乔木最小应选用胸径 3 cm 的苗木，行道树和人流活动频繁之处还应更大些；常绿乔木最小应选树高 1.5 m 的苗木。

（二）植树季节

1.确定植树季节的依据

适宜的植树季节应该是适合树木根系再生，地上部分蒸腾量较小而花费的人力、物力较少的时期。

树木有它自身的年周期生长发育规律，以春季发芽、夏季生长到秋后落叶前为生长期，此期生理活动旺盛。树木自秋季落叶后到春季萌芽前为休眠期，此期各项生理活动处于微弱状态，营养物质消耗量少，对不良环境的抵抗力最强，因而树木在休眠期移植比较理想。但并不是整个休眠期都适合栽树，特别是华北、东北、西北地区冬季的十二月、一月、二月，正值天寒地冻，此期施工必然费工时，提高工程造价，因此应选择土壤水分和温度有利于根系再生、苗木发芽、植株生长的时期，同时还要选择土壤状况便于起苗、刨坑的时期。另外，还要尽可能避免干旱、晚霜、冻伤等危害。一般来说，树液流动最旺盛的时期不宜栽植，此时树体易因失去水分平衡而死亡。

2.各季节植树的特点

（1）春季植树

自春天土壤化冻后至树木发芽前，此期树木仍处于休眠期，蒸发量小，消耗水分少，栽植后容易达到地上、地下部分的生理平衡。我国多数地区春季土壤处于化冻返浆期，水分条件充足，有利于成活；土壤化冻以后，便于起苗、刨坑；在冬季严寒地区栽植不耐寒的边缘树种以春季植树为妥，可免防寒之劳；具肉质根的树木，如木兰属、鹅掌楸等，春季栽植比秋季好。春季栽植对提高成活率最为有利，适合于大部分地区和几乎所有树种，故人们称春季是植树的黄金季节。但是在春旱较严重的西北、华北部分地区，春季多风，气温回升快，适栽时间短，往往出现根系来不及恢复而地上部分已发芽的情况，影响成活。另外，西南地区受印度洋季风影响，冬春为旱季，蒸发量大，春季植树也影响成活。

华北地区，凡易受冻和易干梢的边缘树种，如梧桐、泡桐、紫薇、月季、小叶女贞、小叶黄杨、竹类以及针叶树等宜春栽；少数萌芽展叶晚的树种，如柿树、花椒、白蜡等在晚春栽较易成活。

（2）秋季植树

树木落叶后至土壤封冻前处于相对休眠期，生理代谢微弱，消耗营养物质少，有利于维持生理平衡。此时气温逐降低，蒸发量小，土壤水分稳定；树体内贮存的营养物质丰富，有利于断根伤口的愈合，如果土壤温度尚高，还可能发出新根。根系在冬季与土壤密切结合，春季发根早，符合树木先生根后发芽的物候顺序。但是秋季栽植的苗木要经过一冬才能发芽，且易出现梢条现象或冻伤，城市中人为破坏也较严重，管护不好影响成活。不耐寒、髓部中空的、有伤流的树木种类不适宜秋植。对于当地耐寒的落叶树健壮大苗，应安排秋季植树，以缓和春季劳力紧张的矛盾，如华北地区的榆、槐、杨、柳、臭椿和牡丹等，以秋栽为好。

（3）夏季植树

夏季植树不保险，因为此时是树木生长最旺盛的时期，根系的破坏易造成缺水，致使新栽树木遭受旱害而难以成活，因此夏季植树只适合某些地区和某些常绿树种。如华北地区夏季为雨季，在了解当地历年雨季降雨情况的基础上，抓住连阴雨的有利时机，栽后下雨最为理想。常绿树一年中有多次抽梢现象，可利用新梢第一次生长停止、第二次生长尚未开始的间歇时间抓紧栽植。此时树体生命活动微弱，容易维持地上、地下部分的水分平衡，对成活有利，而又避免了正值雨季的许多不便。栽植大树要配合喷水、遮阴等措施，以提高成活率。

园林工程中的夏季栽植有逐渐发展的趋势，甚至有些大树，不论是常绿树还是落叶树都在夏季强行栽植，这是不符合树木生长发育规律的。因此，树木栽植要特别注意以下几点：一是起苗时要带好土球；二是要在下第一场透雨时立即进行，不可强栽等雨；三是要适当修枝、剪叶、遮阴，并注意树冠喷水。

（4）冬季植树

在冬季土壤基本不冻结，天气不太干燥的华南、华中和华东等长江流域地区，可以冬季植树。在冬季严寒的华北北部、东北部，由于土壤冻结较深，也可以利用冻土球移植法对当地树种进行栽植。

综上所述，最适宜的植树季节是早春和晚秋，即萌芽前树木刚开始加速生命活动的时候，以及树木落叶后开始进入休眠期至土壤冻结前，这两个时期树木对水分和养分的需要量不大，且树体内还储存有丰富的营养物质，其又有一定的生命活动能力，有利于伤口的愈合和新根的再生，所以在这两个时期栽植成活率最高。至于是春季植树好还是秋季植树好，则应依不同树种和不同地区条件而定，对于落叶树，要掌握"春栽早，雨栽巧，秋栽落叶好"的原则。另外，同一植树季节南北方地区可能相差一个月之久，这些都要在实际工作中灵活运用。

3.反季节植树

绿化施工很少单独进行，往往和其他工程交错，有时需要待建筑物、道路、管线工程建成后才能植树。其他工程完工时不一定是植树的适宜季节。此外，对于一些重点工程，为了及时绿化、早见效果往往也进行反季节植树。反季节植树可分为有计划的反季节植树和无计划的反季节植树两种。

（1）有计划的反季节植树

预先可知由于其他工程影响，树木不能在适宜季节栽植，可以在适宜季进行起苗、包装，并运到施工现场假植养护，待其他工程完成后立即种植。

落叶树的移植应在早春树木未萌芽时带土球掘好苗木，并适当重剪树冠。土球大小按一般规定或稍大，但包装要比一般的加厚、加密。如果只能提供苗圃已在去年秋季掘起假植的裸根苗，则应造假土球：在地上挖一个与苗木根系大小对应的、上大下小的圆形土坑，先将蒲包等包装材料铺于坑内，再将苗木放入，使根系舒展，立于正中，分层填入细润之土并夯实（注意不要砸伤根系），直至与地面相平，将包裹材料收拢于树干捆好，然后挖出假坨，再用草绳打包。为防暖天假植引起草包腐朽，还应装筐保护。同时，在施工现场附近，应挖深为筐1/3的假植穴，将装筐苗运来，按树种与品种、大小规格分类放入。假植期间应对苗木进行正常管理。

待施工现场能够种植时，提前将筐外所培之土扒开，停止浇水，风干土筐，发现已腐朽的应用草绳捆缚加固。吊栽时，吊绳与筐间应垫块木板，以免勒散土坨。入穴后，尽量取出包装物，填土夯实。经多次灌水并结合遮阴保其成活后，酌情进行追肥等养护。

常绿树应在适宜季节将树苗带土球掘起包装好，运到施工地假植。先装入较大的箩筐中，土球直径超过1m的应改用木桶或木箱。筐、箱外培土，进行养护待植。

（2）无计划的反季节植树

因临时特殊需要，在不适合移植的季节移植树木时，可按照不同树种类别采取不同措施。

落叶树的移植应疏剪尚在生长的徒长枝以及花、果。对萌芽力强且生长快的乔木、灌木，可以进行重剪。最好带土球移植，如裸根移植，应尽量保留中心部位的心土。在作业过程中要尽量缩短起、运、栽的时间，保湿护根。为促发新根，栽后可配0.001%的生长素进行灌溉。在晴热天气，树冠枝叶应遮阴并适时喷水。易日灼树种应用草绳卷干。剥除蘖枝及蘖芽，适当追肥，还应注意预防伤口腐烂。当年冬季要注意防寒。

对于常绿树，起苗时应带较大土球，对树冠进行疏剪，或摘掉部分叶片。

做到随掘、随运、随栽，并及时灌水、经常向叶面喷水，晴热天气应适当遮阴。在易日灼的地区，应用草绳进行卷干，冬季应注意防寒。

总之，无计划的反季节移植要掌握一个"快"字，即事先做好一切准备工作，随掘、随栽，一环接一环，环环相扣，争取在最短时间内完成栽植工作。栽后应及时多次灌水，适当遮阴，并经常进行树冠喷水，入冬加强防寒，这样才能保证成活。

四、植树工程施工原则

（一）必须按设计图纸施工

每个园林的规划设计都是设计者根据园林建设事业发展的需要与可能，按照科学、艺术的原则形成一定的构思，融汇诗情画意和形象、哲理等精神内容，设计出来的某种美好的意境。所以，植树工程的施工人员必须通过设计人员充分了解设计意图和设计要求，熟悉设计图纸，严格按设计图纸进行施工。如果发现图纸与现场不符，应及时向设计人员提出，如需变更设计，必须征得设计部门的同意。同时不可忽视施工过程中的再创造作用，可以在遵从设计原则的基础上，不断提高，以取得最佳效果。

（二）必须按树木的生长习性施工

各种树木都有它自身的生长习性。不同树种对环境条件的要求和适应能力表现出很大的差异，如对于根再生力和发根能力强的树种，栽植技术可以粗放些，可采用裸根移植；而对于一些常绿树及发根能力、根再生力弱的树种，栽植时必须带土球，栽植技术必须严格。面对不同生活习性的树木，施工人员只有了解其共性与特性，并采取相应的技术措施，才能保证植树成活和工程的高质量完成。

（三）适时植树

我国幅员辽阔，不同地区的树木适宜的种植期也不同，即使是同一地区，由于不同树种的生长习性不同，每年的气候变化和物候期也有差别，因而每年适宜植树的时间也会有所变化。缩短移植苗木根部离土时间，栽植后尽快恢复以水分代谢为主的生理平衡，是树木移植成活的关键。这就要求施工时必须合理安排工期，抓住适宜的植树季节。具体作业时要认真做到"三随"，即在移植过程中，应做到起、运、栽一条龙，在最适宜的时期内，抓紧时间，随起苗、随运苗、随栽苗，环环紧扣，再加上后期科学合理的养护管理工作，这样才可以提高移植成活率。

在适宜植树的时期，合理安排不同树种的种植顺序也十分重要，原则上应该是发芽早的树种早移植，发芽晚的树种可适当推迟；落叶树移植宜早，常绿树移植时间可晚些。

（四）加强经济核算，讲求经济效益

植树工程与其他工程一样，必须以尽可能少的投入，换取最多的效益。要认真进行成本核算，增收节支；同时加强管理，调动全体施工人员的积极性，争取创造尽可能好的经济效益。再者要加强统计工作，认真收集、积累资料，总结管理经验和技术经验。

（五）严格执行植树工程的技术规范和操作规程

技术规范和操作规范是植树经验的总结，是植树施工方面的指导文件，各项操作程序的质量要求、作业要点等都必须符合技术规程的规定。

第二节　树木的栽植准备

一、了解设计意图与工程概况

施工单位首先应向设计人员了解设计思想以及施工完成后近期所要达到的效果，并向设计单位和工程主管部门了解工程概况，具体如下：

（一）了解设计意图

施工单位拿到设计单位的全部设计资料（包括图面材料、文字材料及相应的图表）后应仔细阅读，看懂图纸上的所有内容，并听取设计部门的交底和主管部门对该工程绿化效果的要求。

（二）了解施工现场地上与地下情况

向有关部门了解地上物处理要求、地上管线的分布现状、设计单位与管线管理部门的配合情况等。

（三）了解与植树有关的其他工程的情况

了解铺草坪、建花坛以及土方、道路、给排水、山石、园林设施等的范围和工程量。

（四）了解工程材料的来源和运输条件

包括各项工程材料的来源渠道，其中主要是苗木的出圃地点、时间、质量及施工所需要的机械和车辆的数量、来源。

（五）明确施工期限

应了解工程的开工、竣工日期。应特别注意，植树工程的进度安排必须以当地不同树种的最适栽植日期为前提，其他工程项目应围绕植树工程来进行。

（六）了解工程投资情况

主管部门批准的投资数是设计预算的定额依据，以备编制施工预算计划。

二、现场踏勘与调查

在了解设计意图和工程概况之后，负责施工的主要人员必须亲自到现场进行细致的踏勘与调查。需了解的内容如下：一是各种地上物（如房屋、原有树木、市政或农田设施等）的去留及需保护的地上物（如古树名木等）和要拆迁的地上物的处理办法；二是现场内外交通、水源、电源情况，现场内外能否通行机械车辆，如果交通不便，则需确定开通道路的具体方案；三是施工期间生活设施（如食堂、厕所、宿舍等）的安排；四是施工地段的土壤调查，以确定是否换土，如需换土还应估算客土量及其来源等。

三、制订施工方案

根据对设计意图的了解及对施工现场的踏勘与调查结果，组织有关技术人员研究制订一个全面的施工方案，又叫"施工组织方案"或"施工组织计划"。

根据绿化工程的规模和施工项目复杂程度制订的施工方案，在计划内容上要尽量考虑得全面而细致，在施工措施上要有针对性和预见性，文字上要简明扼要，抓住关键。可先由经验丰富的人员编写，再广泛讨论，征求意见后定稿。其主要内容如下：

（一）工程概况

包括工程名称，施工地点；参加施工的单位、部门；设计意图；工程意义、原则要求以及指导思想；工程的特点及有利和不利条件；工程的内容、任务量、预算投资等。

（二）施工的组织机构

包括参加施工的单位、部门及负责人；需设立的职能部门及其职责范围、负责人；施工队伍及任务范围、领导人员，以及有关的制度；义务劳动力的来源单位及人数。

（三）施工进度

单项进度、总进度、起止日期等。

（四）劳动力计划

根据工程任务量及劳动定额，计算出每道工序所需要的劳力和总劳力，并确定劳动力的来源、使用时间及具体的劳动组织形式等。

（五）材料工具供应计划

根据工程进度的需要，提出苗木、工具、材料的供应计划，包括用量、规格、型号、使用期限等。

（六）机械运输计划

根据工程需要提出所需要的机械，车辆的种类、型号，日用台班数及具体使用日期等。

（七）施工预算

以设计预算为主要依据，根据工程实际情况、质量要求和当时市场价格，编制合理的施工预算。

（八）技术和质量管理措施

（1）施工中除遵守当地统一的技术操作规程外，还应提出本项工程的一些特殊要求及规定；

（2）确定质量标准及具体的成活率指标；

（3）确定技术培训的方法；

（4）确定质量检查和验收的办法。

（九）绘制施工现场平面图

对于大型的复杂工程，为了解施工现场的全貌，便于对施工的指挥，在编制施工方案时，应绘制施工现场平面图。平面图上主要标明施工现场的交通路线、放线的基点、存放各种材料的位置、苗木假植地点，以及水源、临时公棚、厕所等。

（十）安全生产制度

建立、健全安全生产组织，制订安全操作规程和安全生产的检查、管理办法，制订安全预案，提出紧急事故的处理办法，等等。

四、施工现场的准备

施工现场的准备是植树工程准备工作的重要内容。它主要包括清理有碍施工的障碍物和按设计图纸整理地形。整理地形应做好土方调度，先挖后垫，以节省投资。另外，还要接通电源、水源，修通道路，搭盖临时工棚、食堂等必要生活设施。必要时要对参加施工的全体人员或技术骨干进行技术培训。

五、苗木的选择

由于苗木的质量直接影响栽植成活率和成活以后的绿化效果，所以在施工前必须对苗木质量状况进行调查了解。在确保树种符合设计要求的前提下，对苗木的选择要求如下：

（一）对苗木质量的要求

高质量的苗木应具备以下几个条件：

1. 植株健壮

苗木通直圆满，枝条茁壮，组织充实，不徒长，木质化程度高，无病虫害和机械损伤。

2. 根系发达

根系发达且完整，主根短直，接近根颈一定范围内有较多的侧根和须根，起苗后大根系无劈裂。

3. 顶芽健壮

具有完整健壮的顶芽（顶芽自剪的树种除外），对针叶树尤为重要，顶芽越大，质量越好。

4.形态优美

主侧枝分布均匀，树冠丰满，树形优美。

（二）对苗木规格的要求

1.行道树

落叶乔木类干径不小于 7.0 cm，具有 3～5 个分布均匀、角度适宜的主枝，分枝点高不小于 2.8 m（特殊情况下可另行掌握）；常绿乔木树高 4 m 以上，且大小、高度基本一致，枝叶茂密，树冠完整。

2.花灌木

丛生型灌木要求灌丛丰满，主侧枝分布均匀，主枝数不少于 5 个，主枝平均高度达到 1 m。单干型灌木要求具主干，且分枝均匀，基径在 2.0 cm 以上，树高 1.2 m 以上。匍匐型灌木要求有 3 个以上主枝，且主枝平均高度达到 0.5 m。

3.孤植树

个体姿态优美，有特点。庭荫树的树干高 2 m 以上；常绿枝叶茂密、中轴明显的针叶树基部枝条不干枯，且匀称端庄。

4.绿篱

株高大于 50 cm，个体一致，下部不秃裸；球形苗木枝叶茂密。

5.藤木

分枝数不少于 3 个，个体主蔓直径应在 0.3 cm 以上，主蔓长度应在 1 m 以上，无枯枝现象。

（三）对苗木产地和繁殖方法的要求

1.尽可能选择本地产苗木

本地培育的苗木对当地气候、土质情况有较好的适应性，栽植成活率高。外地购苗，购苗地距栽植地越远（尤其是在南北方），成活越没有保证。外埠苗木进入本地区域应经法定植物检疫主管部门检验，签发检疫合格证书后方可应用。具体检疫要求按国家和各地方有关规定执行。

2.选择实生苗

实生苗适应性强，寿命长，对病虫害有较强的抵抗能力，除观花果等特殊用途外，应选用实生苗。

第三节　栽植的程序

一、定点放线

定点放线是指根据种植设计图纸，按比例放样于地面，确定各树木的种植点。

（一）行道树的定点、放线

道路两侧成行列式栽植的树木称行道树，它属于规则式设计，可用仪器和皮尺定点放线。定点放线要求位置准确，尤其是行位必须准确无误。

1.确定行位的方法

行道树的行位应严格按设计横断面规定的位置放线。有固定路牙的道路以路牙内侧为准；没有路牙的道路，以路面的中心线为准，用钢尺测准行位，并按设计图规定的株距，大约 10 棵钉一个行位控制桩，通直的道路，行位控制桩可钉稀一些，如遇道路拐弯则应每株测距钉桩。行位控制桩不要钉在植树刨坑的范围内，以免施工时挖掉木桩。道路笔直的路段，如有条件，最好首尾用钢尺量距，中间部位用经纬仪照准穿直以布置控制桩，这样可保证速度快、行位准。

2.确定点位的方法

行道树点位以行位控制桩为瞄准的依据，用皮尺或测绳按照设计要求确定的株距定出每棵树的株位。株位中心用铁铲挖一小坑，内撒白灰，作为定位标记。

由于行道树位置与市政、交通、沿途单位、居民等关系密切，定点位置除应以设计图纸为依据外，遇到道路急转弯、交叉路口、公路桥头、高压输电线及其他特殊情况时，还应遵守国家或地方的规定，以保证交通畅通。

点位定好以后，必须请设计人员以及有关市政单位派人验收，之后方可进行下一步的施工作业。

（二）成片绿地的定点放线

成片绿地一般为自然式设计，种植方式不外乎两种。一种是单株，即在设计图上标出单株的位置。另一种是图上标明范围而无固定单株位置的树丛片林。其定点、放线方法有以下三种：

1.坐标定点（网格）法

此方法适用于范围大、地势平坦而树木配置复杂的绿地。先按一定比例在设计图上和现场分别画出等距离的对应方格，定点时先在设计图上量好树木在某方格上的纵横坐标距离，再按比例定出现场相应方格的位置，钉木桩或撒白灰标明。

2.平板仪定点法

用经纬仪或小平板仪依据地上原有基点或建筑、道路，将单株位置及片林的范围线按设计图依次定出，并钉木桩，木桩上应写清树种、刨坑规格、株数。此法适用于范围较大、测量基点准确而树木稀疏的绿地。

3.交会法

由两个地上物或建筑物平面边上的两个点到种植点的距离，以直线相交的方法定出种植点。此方法通常用于范围较小，现场建筑物或其他标记与设计图相符的绿地。位置确定后必须做明显的标记，孤立树可钉木桩，写明树种、刨坑规格。树丛要用白灰线划清范围，线圈内钉一个木桩写明树种、数量、坑号。

定点时，对孤植树、列植树，应定出单株种植物位置，并用石灰标记，钉好木桩，写明树种及刨坑规格；对树丛和自然式片林定点时，应依图按比例测出范围，并用石灰标明范围的边界，精确标出主景树的位置；其他次要的树木可用目测点，但要注意自然，切忌呆板、平直，可统一写明树种、株数和刨坑规格等。

二、刨坑

刨坑是改地植树，在栽植后为树木创造良好的根系生长环境，提高栽植成活率和促进栽植后树木生长的重要环节。城市绿化植树的刨坑必须保证位置准确，符合设计意图。

（一）刨坑规格

确定刨坑规格，必须考虑不同树种的根系分布形态和土球规格。水平根系的土坑要适当加大直径，直生根系的土坑要适当加大深度。同时要考虑刨坑地点的土层厚度、肥力状况、紧实程度等。如果土壤状况较好，可按规定规格刨坑；反之，则要加大刨坑规格。

（二）操作规范

1.位置准确

以定植点为中心，按规格在地面画一圆圈或正方形，从周边向下垂直刨坑，按深度挖到底，不能刨偏。

2.掌握好坑形

栽种苗木用的土坑一般为圆筒状或方形，忌上小下大的锅底形及上大下小的锥形，前者易造成窝根，后者则容易导致种植时土壤不踏实，进而影响成活。成片密植的小株灌木，可采用几何形大块浅坑。新填土要在树坑周围适当夯实。无论地形如何，应使坑面平整。

3.土壤的堆放

刨坑时，要将上部表层土和下部底层土分开堆放，表层土壤在栽种时要填在根部。必要时，土壤要过筛，将石块、瓦砾及其他妨碍树木生长的杂物清理出来。同时，土壤的堆放要有利于栽种操作，便于换土、运土和行人通行。

4.地下物的处理

刨坑时发现电缆、管道或不明埋藏物等，应停止操作，及时找有关部门配合解决，不可野蛮施工；绿地内挖自然式树木栽植穴时，如发现有严重影响操作的地下障碍物，应与设计人员协商，适当改动位置。

三、苗木的起掘与包装

苗木的起掘与包装是植树工程施工的关键工序之一，起苗质量直接影响植树成活率和最终的绿化效果。苗木原生长品质是保证起苗质量的基础，正确合理的起苗方法和认真负责的操作是保证苗木质量的关键。包装材料适用与否及包装方法正确与否对苗木成活率高低也有很大影响，故应于事前充分做好各项准备工作。

（一）起苗前的准备

起苗前的准备工作包括苗木的确定、土地准备、包装材料及工具器械的准备等。

1.选择并标记选中的苗木

为提高栽植成活率、最大限度地满足设计要求，起苗前必须选出质量好的苗木并做好标记，以免误掘。前者称"选苗"，后者称"号苗"。号苗可以用涂颜色、挂牌拴绳等方法。

2.土地准备

起苗前要调整好土壤的干湿情况，如果土质过于干燥应提前灌水浸地。如果土壤过湿，则应设法排水。

3.拢冠

对于分枝角度大、分枝较低、枝条长而柔软的苗木或丛径较大的灌木，起苗前应先拢冠，即先用草绳打几道横箍，最后用草绳将横箍连起来。这样，既可避免在掘取、运输、栽植过程中损伤树冠，又便于起苗操作。

4.工具、材料准备

备好适用的起苗工具和材料。工具要锋利适用，材料要对路。掘土球苗用的蒲包、草绳等要用水浸泡湿透。

另外，对于易发生日灼或冻害的树种，还应在树干北面高处做好记号，以便按原来的方向栽植。如果是机械起苗，还要修好道路，合理安排人力。

（二）起苗规格

要合理确定掘取苗木时根须或土球的大小规格，一方面要尽可能多地保留根量，另一方面要控制根系或土球大小，以降低操作的难度和施工成本。起苗规格一般根据树木种类、苗木大小和移植季节而定，在实际生产中应灵活掌握。掘取落叶乔木时，根系的直径常为树干胸径的 8～12 倍；掘取落叶花灌木时，如玫瑰、珍珠梅、木槿、榆叶梅、紫叶李等，根系的直径常为苗木高度的 1/3 左右。分枝点高的常绿树，掘取的土球直径应为胸径的 8～10 倍；分枝点低的常绿苗木为株高的 1/3～1/2。攀缘类苗木的掘取规格，可参照灌木的掘取规格，也可以根据苗木的根系直径和苗木的年龄来确定。根系高度一般为其直径的 2/3。

上述起苗规格，是根据一般苗木在正常生长状态下确定的，但苗木的具体掘取规格要根据树种和根系的生长形态而定。苗木根系的分布形态，基本上可分为三类。一是平生根系，这类树木的根系向四周横向分布，近于平行地面，如油松、雪松、刺槐、实生樱花、毛白杨、加拿大杨等；在起苗时，应将这类树木的土球或根系直径适当放大，高度适当减小。二是斜生根系，这类树木根系斜行生长，与地面呈一定角度，如国槐、栾树、柳树等，起苗规格可基本与前面所述相同。三是直生根系，这类树木的主根较发达，或侧根向地下发展，如桧柏、白皮松、侧柏等，起苗时，要相应减小土球直径而加大土球高度。

（三）起苗方法

根据苗木根系暴露的状况，起苗方法可以分为裸根起苗法和带土球起苗法。

1.裸根起苗法

裸根起苗法适用于干径不超过 10 cm 的大多数阔叶树在休眠期移植。此法保存根系比较完整，便于操作，节省人力、运输和包装材料。但由于根部裸露，树木容易失水干燥和损伤弱小的须根。

起苗前要先以树干为圆心按规定直径在树木周围画一圆圈，然后在圆圈以外动手下锹，挖够深度后再往里掏底。在往深处挖的过程中，遇到根系可以切断，大根则使用手锯，以防根系劈裂，圆圈内的土壤可随挖随清，不能用锹向圆内根系砍掘，以免拉裂根部和损伤树冠。根部的土壤绝大部分可以去掉，但如根系稠密，有护心土，则不要打除，要尽量保留。

裸根起苗所带根系规格应按规定挖掘，如遇大根则应酌情保留；要保持苗木根系丰满，不劈不裂，对病伤劈裂及过长的主侧根需适当修剪。苗木掘完后应及时装车运走，如一时不能运完，可在原坑埋土假植。若假植时间较长，还要设法灌水，保持土壤及枝根适度潮湿；起出的土不要乱扔，以便起苗后用原土将苗坑填平。

2.带土球起苗法

带土球起苗法指将苗木一定范围的根系连同土一起起出，削成球状，用蒲包、草绳或其他软材料包装起出。由于在土球范围内须根未受损伤，并带有部分原土，因此移植过程中水分不易损失，对恢复生长有利。但该方法操作较困难，费工，要耗用包装材料；土球笨重，增加运输负担，所耗投资大大高于裸根移植。所以，凡是可以用裸根移植成活的，一般不采用带土球移植。目前，移植绝大部分常绿树、竹类、胸径超过 10 cm 的落叶树及价高的珍贵树种时，为保证其成活，常用此法。手工带土球起苗法的步骤如下：

（1）去表土

表土中根系密度很低，一般无利用价值。为减轻土球重量，起苗前应将表土去掉一层，其厚度以见有较多的侧生根为准，一般为 5～10 cm。该步骤也称起宝盖。

（2）画线定土球范围

以树干为正中心，按规定的土球规格在地面上画一圆圈，标出土球范围，以此作为向下挖掘土球的依据。

（3）起土球

沿画线所定圆周外缘向下垂直挖沟，沟宽要便于起土操作，50～80 cm 宽，不可过窄，否则影响功效。所挖之沟上下宽度要基本一致，一直挖掘到规定的土球高度。

（4）修平

挖掘到规定深度后，暂不挖通土球底部。用锹修整土球表面和土球形状，使之上口稍大，下部渐小，呈红星苹果状。

（四）苗木的包装

直径小于 50 cm 的土球，如果土壤不易松散，可以直接将底土掏空，抱到坑外包装，各地土质情况不同，包装工序操作繁简不一。现以沙壤土为例加以说明。

1.打内腰绳

所掘土球质地松散的，应在土球上拦腰横捆几道草绳；若土质坚硬，则可以不打内腰。

2.包扎

取适宜的蒲包和蒲包片，用水浸湿后将土球覆盖，收口于根茎处，用草绳系紧。

3.捆纵向草绳子

用浸湿的草绳，先固定在树干基部，然后沿土球纵向稍斜（与垂直方向约成 30°角）缠捆草绳，一边拉捆草绳，一边用锤、砖块打草绳，使草绳稍嵌入土，以使捆缚更加牢固，但要注意不能用力过大，以免弄散土球。每道草绳之间相隔 8 cm 左右，直至把整个土球捆完。土球直径小于 40 cm 的，用一道草绳捆一遍，称"单股单轴"；土球较大的，用一道草绳沿同一方向捆两道，称"单股双轴"；必要时用两根草绳并排捆两道，称"双股双轴"。

4.打外腰绳

规格较大的土球，于纵向草绳捆好后，还应在土球中腰横向并排捆 3～10道草绳。操作方法是用一整根草绳在土球中腰部排紧横绕几道，然后将腰绳与纵向草绳交替连接，不使腰绳脱落。

5.封底出坑

凡在坑内打包的土球，用草绳捆好后将树苗顺势拉倒，用蒲包将土球底部封严，并用草绳捆好，土球封底后应立即抬出坑外，集中待运。

如果土壤紧实，土球不太大，根系盘结较紧，运输距离较近，可以不进行包装或只进行简易包装。在北方，当土球冻结很深时，可不用包装；棕榈类树木一般也不用包装。

四、苗木的装卸及运输

苗木在运输过程中应防止树体尤其是根系过度失水，保护根、干免受机械损伤，特别是在长途运输中更应注意保护。

（一）苗木装车

1.装车前的检验

苗木装车前须仔细检查苗木的品种、规格、质量等，淘汰不符合要求的苗木，并由售出方予以更换。必要时贴上标签，写明树种、树龄、产地等。

2.苗木的装车

（1）裸根苗的装车

①车内铺垫草袋、蒲包等物，以防碰伤树皮。

②装运乔木时应树根朝前，树梢向后，顺序码放，不要超高（地面车轮到苗高处不超过 4 m），压得不要太紧。

③树梢不得拖地，必要时用绳子围拢吊起来，注意捆绳子的地方需要用软材料垫上。

④极近距离的随运随栽，可不覆盖，否则需要苫布将树根盖严捆好，以防树根失火。

（2）带土球苗的装车

2 m 以下苗木可以立装，高大的苗木必须放倒，可以平放或斜放，土球向前，树梢向后，并用支架将树冠架稳；土球直径大于 50 cm 的苗木只装一层，土球小的可以码放 2～3 层，土球之间必须排码紧密，以防因摇摆而弄散土球；运苗时土球上不准站人和放置重物。

（二）苗木运输

苗木运输，需有专人跟车押运，并在途中经常注意苫布是否被风吹开。短途运苗中途最好不要休息。长途运输，裸露根系易被风吹干，应经常洒水浸湿树根，休息时应选择阴凉之处停车。

（三）苗木卸车

苗木运到后，要及时卸车。卸车时要爱护苗木，轻拿轻放。裸根苗要顺序拿取，不准乱抽，更不可整车推下；带土球苗卸车时不得提拉树干，而应双手抱土球轻轻放下。较大的土球最好用起重机卸车，若没有条件，则应事先准备好一块结实的长木板，将木板斜搭在车厢上，先将土球移到木板上，自木板上顺势慢慢滑下，但不可滚卸，以免弄散土球。

五、苗木的施工地假植

苗木运到施工现场后，裸根苗 1～2 h 以上、带土球苗 1～2 天内如不能及时栽植或未栽完的，应视不同情况进行假植。

裸根苗临时放置，可用苫布或草袋盖好。干旱多风地区在栽植地附近挖浅沟，苗木稍斜放置，挖土埋住根系，依次一排排假植好。如需较长时间放置，可在栽植处附近选择不影响施工的合适地点，先挖一宽 1.5～2 m、深 30～50 cm、长度根据需要而定的假植沟，然后在沟中将苗木按树种或品种分类码放，树梢应顺主风方向，码一层苗木，根部埋一层湿润的细土，一层层依次进行。全部假植完毕以后，还要仔细检查，一定要将根部埋严，不得裸露，在此期间，若土壤过于干燥，还应适量浇水，以保证树根潮湿，但不可过湿，以免影响日后的作业。

带土球的苗木，应选择不影响施工的地方，将苗木码放整齐，四周培土，树冠之间用草绳围拢。假植时间较长的，土球间隔也应填土，并根据需要经常给苗木叶面喷水。

六、栽植修剪

园林树木栽植修剪的主要目的是提高成活率、培养树形和减少自然伤害，因而应在不影响树形美观的前提下适当进行重剪。修剪可以在起苗时进行，也可在栽植时进行。如果在起苗时进行，可减轻植株的质量，缩小植株的体积，但是考虑运输过程中可能损伤枝条，所以应避免修剪过度。

七、种植

苗木的种植可按下列步骤和要求进行：

（一）散苗

将苗木按设计图纸或定点木桩，散放在树坑、穴旁边，称"散苗"。散苗时应注意如下几点：

1.准备

按设计图或定点木桩规定的树种和规格散苗，细心核对，避免散错。带土球苗木可置于坑边，裸根苗应根朝下置于坑内。对有特殊要求的苗木，应按规定对号入座，不能搞错。

2.保护苗木

散苗过程中要保证植株与根系不受损伤，带土球的常绿苗木更要轻拿轻放，不能弄散土球。

3.分级散苗

作行道树的苗木应先量好高度，按高度分级排列进行散苗，以保证相邻苗木规格基本一致，使栽植后整齐美观。

（二）栽苗

散苗后将苗木植入树坑称为栽苗。

1.核对

栽苗前必须仔细对照设计图纸，核对树种、规格，若发现问题，应立即找有关部门商量解决。

2.整理树坑

栽苗前，先看所挖树坑大小、深度是否合适，是否需要换土。

3.栽苗深浅

栽苗的深度对成活率影响很大。栽种过浅，根系经风吹日晒，容易干燥失水；栽种过深，树木生长不旺，甚至导致根系窒息，几年内可能死亡。栽植时一般应使原土印与地平面平齐或略低于地平面，乔木不得低于原土印 10 cm；带土球树种不得低于 5 cm；灌木及丛木一般应与原土印平齐。

栽苗的深度并不是绝对的，还应考虑树木种类、土壤质地、地下水位、地形地势等。

4.栽苗方向

苗木，特别是树干较高的大树，栽种时应保持原生长方向。树身上、下必须垂直，如果树干有弯曲，其弯曲应朝向当地的主风方向，如果是作行道树，应使弯曲方向与马路方向平行。

5.栽植的整齐度

行列式植树应十分整齐，相邻树不得相差一个树干粗，最好先栽标杆树（约20株的距离定植一株），三点一线，以标杆树为瞄准依据。

6.解散拢冠

定植完毕后应与设计图纸准确核对，确定没有问题后，将捆拢树冠的草绳解开。

7.栽植方法

栽裸根苗最好每三人为一个作业小组，一人负责扶树、找直和掌握深度，另外两人负责埋土。栽种时，先在坑底垫 10～20 cm 的疏松土壤，做一锥形土堆，然后将苗木根系妥善安放在坑内锥形土堆中间，并使根系沿土四周自然散开，直立扶正，填土；底层土要尽可能细碎、湿润，切忌使用大的干土块，以免伤根和留下空隙。待土填到一半时将苗木轻轻提拉到合适深度，使树根呈舒展状态，然后进行踩压，踩压时要先轻轻在四周均匀使力，以防树身歪斜，然后继续填土到规定高度，将回填的坑土踩实或夯实。如果土壤太黏，不要踩得太紧，否则通气不良。填好土后，用余土在树坑外缘做浇水堰，对密度较大的丛植树，可按片做浇水堰。栽植带土球苗木时，必须先确认坑的深度与土球的高度是否一致。若有差别，应及时将树坑挖深或进行填土，必须保证栽植深度适宜。深度和方向的调整应在包装物解除之前进行。土球入坑定位安放稳当后，应将不易腐烂的包装材料全部解开取出，蒲包或草袋可剪断后任其腐烂（如果过多，则要取出一部分）。回填土时必须随填土随踩实，但不得夯砸土球。填好土地后用余土围好浇水堰。

八、验收前的养护管理

植树工程种植完毕后，为了巩固绿化成果，提高植树成活率，还必须加强后期的养护管理工作。

（一）立支柱

高大的树木，特别是带土球栽植的树木应当立支柱支撑，这在多风地方尤其重要。

支柱的材料，各地有所不同。北方地区多用坚固的竹竿及木棍，也有用铅丝的。用铅丝必须先用竹片裹住树干，以防缢伤。沿海地区为防台风也有用钢筋水泥桩的。不同地区可根据需要和条件运用适宜的支撑材料，既要实用也要注意美观。

支柱的绑扎方法有直接捆绑与间接加固两种。无论用何种方法，均不可绑扎太紧，应允许树木适当摆动。直接捆绑是先用草绳把与支柱接触部位的树干缠绕几圈，以防支柱磨伤树皮，然后再立支柱，并用草绳或麻绳捆绑牢固。立支柱的形式多种多样，应根据需要和地形条件确定，一般可在下风方向支一根，还可采用双柱加横梁、三脚架形式及四柱加双横梁等方式。支柱下部应深埋地下，支点一般在树高 1/3～1/2 处。间接加固主要用粗橡胶皮带将树干与水泥杆连接牢固，水泥杆应立于上风方向，并注意保护树皮，防止磨破。北方防风的直接捆绑的支柱，可于定植 2～3 年、树根已经扎稳后撤掉，而防台风的水泥桩则是永久性的。

（二）浇水

水是保证植树成活的重要条件，尤其是气候干旱、蒸发量大的北方地区，水更为重要，因此栽植后必须连续浇几次水。

1.做浇水堰、作畦

单株树木定植埋土后，在植树坑（穴）的外缘用细土培起的土埂称"浇水堰"。裸根、土球树开圆堰，土堰内径与坑沿相同，堰高 20～30 cm。开堰时注意不应过深，以免挖坏树根或土球。木箱树木，开双层方堰，内堰在土台边沿处，外堰在方坑边沿处，堰高 25 cm 左右。浇水堰应用细土拍实，不得漏水。

株距很近、连片栽植的树木，如绿篱、色块、灌木丛等，可将几棵树或成条、块栽植的树木联合起来集体围堰，称"作畦"。作畦时必须保证畦内地势水平，以确保畦内树木吃水均匀，畦壁牢固不跑水。

2.灌水

树木定植后必须连续浇灌三次水，以后视情况而定。第一遍水应于定植后24 h 之内进行，水量不宜过大，水流要缓慢灌，使土下沉，将土壤缝隙填实，保证树根与土壤紧密结合。在第一次灌水后，应检查一次，发现树身倒歪时应及时扶正。一般栽后两三天内完成第二遍灌水，一周内完成第三遍灌水。每次浇水后要注意整堰，填土堵漏。

（三）其他养护管理

1.围护

树木定植后一定要加强管理，避免人为损坏，这是保证城市绿化成果的关键措施之一。即使是没有围护条件的地方，也必须派人巡查看管，防止人为破坏。

2.复剪

定植树木一般要加以修剪，定植之后还要对受伤枝条和栽前修剪不够理想的枝条进行复剪。

3.清理施工现场

植树工程竣工后，应将施工现场彻底清理干净。一是封堰整畦。单株浇水的应将树堰埋平，即将堰土平整地覆盖在植株根际周围。封堰土堆应稍微高于地面，使雨季时绿地的水分能自行径流而不在树下堰内积水。秋季植树时应在树基部堆成 30 cm 高的土堆，以保持土壤水分，并保护树根，防止风吹摇动，以利成活。作畦灌水的应将畦埂整理整齐，畦内进行深中耕。二是清扫保洁。全面清扫施工现场，将无用杂物处理干净，并注意保洁，真正做到工完场清，文明施工。

九、验收、移交

植树工程竣工后，即可请上级领导单位或有关部门检查验收，交付使用。验收合格的标准主要为符合设计意图和成活率达标。

设计意图是通过设计图纸直接表达的，施工人员必须按图施工，若有变动应查清原因。成活率是验收合格的另一个重要指标。所谓成活率，就是定植后成活树木的株数与定植株数的比例。各地区对成活率的要求不尽相同，北京一般要求不低于 95%。

注意，当时发芽了的苗木不等于已然成活，还必须加强后期的养护管理，这样才能争取最大的保存率。

验收合格后，应签订正式验收证书，即移交给使用单位或养护单位进行正式的养护管理。至此，一项植树工程方告竣工。

第五章　盆栽花卉栽培

第一节　国内外盆栽花卉的发展

一、我国盆栽花卉的发展情况

目前，我国生产盆栽花卉的主要地区及其特色如下：

（一）天津

天津的仙客来盆栽花卉发展于 20 世纪 70 年代末期，但病毒影响了其进一步发展。直到 20 世纪 90 年代，在解决脱毒、无土栽培、育种和专业性商品生产等问题之后，天津的仙客来才形成了工厂化、集约化、科学化、规模化的商品生产模式。

（二）上海

上海盆栽花卉种类主要有天竺葵、四季秋海棠、万寿菊、矮牵牛、鸡冠花、金鱼草、大花马齿苋等。为了满足上海市场的需求，上海入境的盆栽花卉也很多，包括凤梨科植物、一品红、仙客来、球根秋海棠、火鹤花和微型月季等。

（三）北京

为了适应城市绿化、美化和群众家庭养花的需要，北京重点发展盆栽花卉产业。2008 年奥运会期间，北京摆放 3 000 万盆盆栽花卉来营造花团锦簇的氛围，以满足首都大环境的装饰需要。北京的主要栽培种类有小菊、一品红、一串红、仙客来、万寿菊和矮牵牛等。

（四）山东

山东省重点扶持传统名贵花卉，坚持生产、科研、销售一条龙，逐步做到基地化、工厂化、多样化和优质化。其中菏泽的盆栽牡丹、莱州的盆栽月季、青州的仙客来、德州的菊花等，在国内花卉市场很有影响力。

（五）江苏

江苏省盆栽花卉以兰、梅、菊等为主。其中宜兴的比利时杜鹃在国内花卉市场上很有影响力。

（六）广东

广东省充分利用本地气候条件的优势，着重栽培传统植物，如金橘、碧桃、茶花等，以及高档盆栽花卉，如热带兰、火鹤花等。在顺德生产的兰花被销往东南亚、日本等地。观叶盆栽植物也是广东省的一大特色。观叶植物生产基地分布在珠江三角洲地区。珠江三角洲地处亚热带南缘，在历史上栽培九里香、水兰和白兰等亚热带木本香花，是我国亚热带木本香花的生产、供应基地。改革开放以来，广东省又引进了许多原产热带的阴生观叶植物，如香龙血树、广东万年青、竹芋、花叶万年青、绿萝、南洋杉、变叶木、龟背竹、蔓绿绒、散尾葵、美丽针葵、袖珍椰子、鱼尾葵等，在珠江三角洲形成了生产室内观叶植物的热潮。

二、国外盆栽花卉的发展情况

在国际上，盆栽花卉生产已形成一条完整的产业链，并形成国际化的大协作。

在信息方面，由戴比·哈姆里克（Debbie Hamrick）主编的《国际花卉栽培月刊》（*Flora Culture International*），及时报道国际花卉生产、交易的最新动态，介绍世界最新的花卉品种和最新的园艺设施技术。

在盆栽花卉种子方面，首推美国的戈德史密斯（Goldsmith）种子公司和泛美（Pan American）种子公司。它们为国际盆栽花卉生产提供金鱼草、三色堇、长春花、长寿花、新几内亚凤仙花、一串红和天竺葵等优质新型和杂种 1 代种子。荷兰的特罗皮卡尔（Tropical）种子公司和英国的桑德曼（Sandeman）种子公司专门供应盆栽观赏灌木和观叶植物种子。这些都是世界上有名的花卉种子公司。

第二节　盆栽花卉相关资材的发展

盆栽花卉是商品花卉发展的一个主要方向。从种子到盆栽花卉商品进入市场，已经形成了一个完整的盆栽花卉工业体系，因此盆栽花卉的生产又被称为盆栽花卉工业。在盆栽花卉的植物种类不断增加的同时，与盆栽花卉工业相关的资材，如花盆、花土等的市场也迅速发展起来。

一、花盆

栽种花卉的容器统称为花盆或花钵。因花盆的原料、形状和使用方法不同，花盆分成许多类。现将各种花盆的特点分别给予介绍。

（一）陶盆

陶盆又称瓦盆，是用黏土烧制而成的，通常有灰色和红色两种。因各地黏土的质量不同，烧出的陶盆有较大的差异。陶盆使用的历史最久，可以追溯到数千年以前。陶盆使用也最普及，从东方到西方，世界各地均用陶盆栽种花卉。陶盆价格低、耐用，相较于其他盆透气性好，有利于根系的生长发育。陶盆在发达国家有统一标准，可机械化生产。

（二）瓷盆

瓷盆的透气、透水性能差，对植物根的呼吸不利，不可用来直接栽种植物。但其外形美观大方，极适合陈列之用。一般多用作套盆，将陶盆中栽种的植物套入瓷盆内。

（三）釉盆

釉盆指外壁涂有色釉的花盆，不能很好地透气、渗水，栽培管理不易。尤其在冬季，花木常因浇水过多而烂根死亡。因此，釉盆不太适用于栽植花木。但由于釉盆外表美观，外形多样，一般用作套盆。

（四）塑料盆

塑料盆已在世界花卉生产中广泛应用，在我国花卉栽培中也已占到相当大的比例。目前，塑料盆的价格在我国虽然仍比陶盆稍高，但随着经济的发展，塑料盆将会逐步取代普通的陶盆。由于塑料盆质轻、造型美观、色彩艳丽、规格齐全，其在我国广大的花卉消费者中深受欢迎。它适合于花卉的大规模生产、运输、美化和布置。塑料盆的规格一般是以盆直径的毫米数标出的。如 230，即直径 230 mm。这样，人们可以根据需要直接购买各种型号的盆种。由于塑料盆透气性较普通陶盆稍差，因此所使用的盆栽用土应当更疏松和透气。当然塑料盆容易老化，使用久了，尤其是在露天环境下，老化的盆极易破碎，使用时必须留意。

（五）套桶

套桶一般由玻璃钢制成，重量较轻，表面光洁，外面多为白色，里面多为黑色，造型美观，庄重大方。套桶不透水、不透气，不能直接栽培植物，只是为了美观而套在盆栽植物外面。

其他还有木制花盆、石制花盆、竹制花盆、藤制花盆、玻璃钢花盆、玻璃纤维强化水泥花盆，以及各式各样的工艺花盆。近几年，我国一些大型花盆制造企业已走入国际市场。

二、花土

（一）盆栽花卉栽培用土的种类

盆栽花卉用土要求疏松透气、质轻，具有良好的排水和保水性能，富含大量腐殖质，酸碱度适宜。不同的花卉种类，由于它们各自原产地的土壤条件不同，对土壤的要求也不同。杜鹃、山茶等喜欢山泥，牡丹、芍药喜欢黏壤土，大丽花、郁金香则喜欢沙壤土。就土壤酸碱度而言，大部分花卉在中性土壤中生长良好，原产北方的多耐碱，原产南方的多耐酸。因此，一定要根据花对土壤的需求调配出适宜其正常生长的种植土。现介绍几种传统的盆土。

1.腐叶土

腐叶土是由阔叶树的落叶堆积腐熟而成的,也可出自山林中。腐叶土呈酸性,pH 值为 4.6～5.2,适合用来盆栽仙客来、秋海棠、兰花、倒挂金钟、大岩桐等花卉。秋季收集落叶,以阔叶树种的落叶为好,如豆科的槐树叶、紫穗槐叶等含氮较多,是良好的原料;杨、柳树叶在北方较多,也是要收集的材料。堆积时每铺 30 cm 的树叶,其上铺一层 5 cm 厚的园土,堆至 1～1.5 m 高时,从上面灌水。在堆积期间,每年翻动 2～3 次,两年后即可使用。

2.堆肥土

堆肥土是以植物的残枝落叶、枯死的一二年生草本花卉残株、垃圾废物、青草等为原料堆积而成的。堆肥土含较多的腐殖质和一定的矿物质,呈中性或微碱性,pH 值为 6.5～7.4,适合多数木本观赏植物如梅花、蜡梅、迎春等上盆用。选背风和稍有荫蔽而不积水的地方,由北向南,将上述材料与园土按 5：1 的比例,分层堆积成一个高 1.5 m、宽 2 m 左右的长方形堆,上面用园土掩盖。堆积时不可过度压实,过干时可洒水。每年翻动 2～3 次,经过 2～3 年的堆积,即行腐熟。应用时过筛筛细并以药剂消毒。

3.针叶土

针叶土是由针叶树种的落叶残枝和苔藓类低等植物堆积腐熟而成的,也可自针叶树林下收集得到。针叶土为强酸性土,pH 值为 3.5～4.0,适用于杜鹃、山茶等花卉。人工堆积时将针叶堆成 1 m 高的堆,上面铺压一层园土,洒少量水,一年翻动 2～3 次。经一年的堆积就可使用。

4.泥炭土

泥炭土是由泥炭藓炭化而成的。由于形成阶段不同,泥炭土又可分为褐泥炭和黑泥炭两种。褐泥炭是年代较短的泥炭土,呈黄褐色,质地松、重量轻,呈酸性,pH 值为 6.0～6.5,使用前应打碎成粉末,然后混入河沙或田园土中。黑泥炭是年代较久的泥炭土,黑色,质地紧密,比较重,呈泥土状,pH 值为 6.5～7.4。

5.草皮土

草皮土指草地牧场表层厚 5～8 cm 的一层草皮。把它连根掘起，运回后将草根向上，一层层堆积起来，经过一年翻捣，腐熟。草皮土多呈中性至碱性，由于各地草地的土质不同，其 pH 值为 6.5～8.0。在草皮土堆积、翻捣过程中，可少加点石灰和牛粪，以增加养分和改良结构。草皮土在使用前应筛去石块及老化根茎等。水生花卉很适合使用这种土，玫瑰、石竹、倒挂金钟、菊花、紫罗兰等，也可用它上盆。

6.田园土

田园土即园土，是富含有机质的菜园土或者耕作层的大田土，常用来与其他材料共同配制盆栽花卉用土。

7.峨眉仙土

峨眉仙土是近年开发出的一种盆栽用土，产于四川峨眉山地区，较适合栽种兰花或根部要求透气性好的植物。峨眉仙土分为大、中、小三种型号，在栽植前应放在水中浸泡 24 h，栽植时将大号的放在花盆底部，中号的放在中部，小号的放在上部。栽植后在 2～3 周内应注意控水。

（二）土壤替代物

1.木屑

木屑疏松透气，保水保肥，又含有一定的有机质，但单独使用时不能固定植物，因此多和其他材料混合使用，以增加其排水透气性能。普通锯木屑呈中性，可种植君子兰、苏铁、牡丹、月季等；松木和杉木的木屑呈酸性，可种植白兰、含笑、米仔兰、栀子、杜鹃、茉莉、兰花等。木屑也必须腐熟后使用，办法是将锯木屑装入桶或塑料袋中，浇足水，密闭放置在高温的地方，经过两个月将底部倒上来，再放一段时间，锯木屑变成黑褐色后即可使用。

2.沙和细沙土

沙通常是指建筑用的河沙。沙的粒径为 0.2～0.5 mm 时，用作盆栽培养土的配制材料比较合适。但作为扦插床的扦插基质时，粒径为 1～2 mm 才比较好用。

　　细沙土又称沙土、黄沙土、面沙等，是北方花农传统的盆栽花卉用土。细沙土排水较好，资源丰富，各地均可找到。它颗粒比较细，透气、透水性能好，但保水、保肥能力差，质量重，不宜单独作为盆栽用土，需和其他基质配合使用。

3. 苔藓

　　苔藓晒干后掺入培养土，可使土壤疏松，排水、透气性好。苔藓多用于喜湿花卉栽培，也常用作花卉产品的包装材料。

4. 蕨根

　　蕨根为黑褐色，主要是指紫萁的根和桫椤的茎干与根。蕨根排水透气性好，广泛应用于热带兰的栽培。

5. 蛭石

　　蛭石是一种含镁的水铝硅酸盐云母状矿物，受热膨胀时呈挠曲状，形态酷似水蛭，因而得名。蛭石在加热过程中水分迅速失去，膨胀而有一定的通气空隙和保水能力。蛭石质地轻，耐湿性强，没有黏着性，无菌，pH 值为 7.0～9.5。蛭石可以单独作扦插基质，也可与其他盆土混合使用。

6. 珍珠岩

　　珍珠岩是火山岩和铝硅化合物加热到 870～2 000 ℃时形成的膨胀颗粒，不会被挤压变形。珍珠岩没有养分，无菌，pH 值为 6.5～8.0，保水性不如蛭石，通气性好。珍珠岩主要用于配制栽培基质，一般不单独作栽培基质使用。

7. 炭化稻壳

　　炭化稻壳是将稻壳加温炭化而成的一种固体基质材料，具有质量轻、孔隙度高、透气性好、保水性强和营养成分含量高等优点。但炭化稻壳 pH 值偏大，为碱性，多用于无土栽培。

8. 岩棉

　　岩棉是由 60% 辉绿石、20% 石灰石、20% 的焦炭组成的混合物，pH 值大于

7，没有养分，无菌，多用于无土栽培。

9.核鳞和松鳞

核鳞是由山核桃最外层的皮加工制作而成的，常用作洋兰的栽培介质。松鳞由自然脱落的松树皮粉碎加工而成，脱脂处理后可以用作洋兰的栽培介质，也常用作覆盖物。

10.陶粒

陶粒是黏土经煅烧而成的大小均匀的颗粒，一般分为大号陶粒和小号陶粒两种，大号陶粒直径大约为 1.5 cm，小号陶粒直径大约为 0.5 cm，在栽植某些对透气性要求较高的植物时，可以在花盆底部铺一些大号陶粒，再在其上铺小号陶粒，再放培养土，以提高透气性。

11.椰糠

椰糠是椰子果实加工后得到的肥料，椰子果实外面包有一层很厚的纤维物质，将其加工成椰棕，可做成绳索等物。在加工椰棕的过程中，可产生大量粉状物，称为椰糠。它颗粒较粗，又有较强的吸水能力，透气性和排水性比较好，保水和保肥能力比较强。将椰糠、珍珠岩、沙、煤炭渣等配成盆栽用土，栽培热带花卉和观叶植物十分理想。

12.火山灰

火山灰是火山喷发形成的质地比较疏松的岩石。将火山灰打碎成直径 2～10 mm 的颗粒，分级存放，单独或与椰糠、苔藓、树皮块等配合使用，作为盆栽基质较好。颗粒状多孔的火山灰作盆栽基质使用，排水性和透气性良好，保水性也较好。不同地区的火山灰，其质量也有较大的差异。红色的火山灰含硫量高，如单独使用，对植物根系的生长发育有一定的影响；但它含铁量较高，若能与泥炭土配合使用，可得到较好效果。黑色的火山灰，含硫量较低，用作盆栽基质对根系生长影响较小。

（三）土壤性状的调节

用一种土壤或土壤替代物来种花的效果有时会很差。在实际操作中常需要根据花卉的种类对土壤的性状进行调节。

1.改良土壤质地

在实际操作中，可以通过混入一定量的沙土来使黏土的质地得以改良，使用有机肥来改良土壤的理化特性。现在也有使用微生物肥来改良土壤的理化特性和养分状况的。

2.调节土壤酸碱度

改变土壤酸碱度的方法很多。如酸性过高，可在盆土中适当掺入一些石灰粉或草木灰；为降低碱性，可加入适量的硫酸、硫酸铝、硫酸亚铁、腐殖质肥等。对少量培养土，可以增加其中腐叶或泥炭的混合比例。例如，为满足喜酸性土壤花卉的需要，可浇灌 1∶50 的硫酸铝（白矾）水溶液，或 1∶200 的硫酸亚铁水溶液。施用硫黄粉也行，见效很快，但作用时间短，需每隔 7～10 天施一次。

（四）花肥

盆栽花卉需要的主要元素为氮、磷、钾，其次是钙、铁、硫、镁、硼、锰、铜、锌、钴、碳、氢、氧。其中碳、氢、氧可以从水和空气中得到，其余元素则需要从土壤中吸收。由于盆栽花卉的根系只能在一个很小的土壤范围内活动，氮、磷、钾这三种植物大量需要的元素单纯靠培养土供给是不够的，需要通过施肥来补充。所以，肥料是花卉养料的主要来源，施肥直接影响花卉的生长和发育。肥料通常分为有机肥和无机肥两大类。

1.花卉栽培常用的有机肥

（1）厩肥和堆肥

厩肥和堆肥有机物含量丰富，有改良土壤物理性质的作用，是含氮、磷、钾的完全肥、迟效性肥。厩肥和堆肥主要用作露地花卉的基肥。

（2）油饼（粕）类

油饼（粕）类主要用作追肥，也可以用作基肥。油饼（粕）类主要含氮，也有磷，加10倍水发酵，使用时稀释10倍作追肥。

（3）骨粉

骨粉是迟效肥，适宜高温场所使用。骨粉可作基肥，也可以撒布于土壤表面与表土混合作追肥。骨粉与其他肥料混合发酵更好，可以提高花的品质，对增强花茎的强度有显著效果。

（4）米糠

米糠主要含磷，有促进其他肥料分解的作用。米糠肥效较长，可作基肥。

（5）草木灰

草木灰的主要灰分为钾，肥效高，但易使土壤板结。对于根系柔弱的植物种类，在播种时使用草木灰较好。

（6）马蹄叶、羊角

马蹄叶和羊角切碎后与土混合，充分腐熟后作基肥；也可以用水浸泡，稀释后作追肥。

2.花卉栽培常用无机肥

无机肥俗称化肥，是用化学合成方法制成或由天然矿石加工制成的富含矿物质营养元素的肥料。这种肥料养分含量高，元素单一，肥效快，清洁卫生，施用方便；但长期使用容易造成土壤板结，与有机肥混合施用，效果更好。无机肥分为氮肥、磷肥和钾肥。氮肥有尿素、碳酸铵、碳酸氢铵、氨水、氯化铵、硝酸钙等，可以促使花卉枝叶繁茂；磷肥有过磷酸钙、钙镁磷等，多用作基肥添加剂，肥效比较慢；磷酸二氢钾、磷酸铵为高浓度速效肥，且含氮和钾，常用作追肥，可以促使花色鲜艳，果实肥大；钾肥有氯化钾、硫酸钾、磷酸二氢钾、硝酸钾等，均为速效肥，作追肥施用，可以促使花卉枝干及根系健壮。化肥的肥效快，但肥分单纯；肥性暴，但不持久。除磷肥外，一般化肥作追肥用。使用化肥一定要适量，浓度应控制在0.1%～0.3%，不可过浓，否则容易损伤花卉根苗。施用化肥后要立即灌水，以保证肥效。

第三节　盆栽花卉栽培的技术要点

一、培养土的配制与贮藏

（一）配制

培养土多以腐叶土（或泥炭土）、壤土、河沙为主要材料。不同种类的花卉，或同一种类不同生长发育阶段的花卉，对培养土的配比情况要求不同。目前国内将常用的培养土分为以下 6 类：

1.扦插成活苗（原来扦插在沙中者）上盆用土

2 份黄沙、1 份壤土、1 份腐叶土（喜酸植物可用泥炭）。

2.移植小苗和已上盆扦插苗用土

1 份黄沙、1 份壤土、1 份腐叶土。

3.一般盆栽花卉用土

1 份黄沙、2 份壤土、1 份腐叶土、0.5 份干燥厩肥，每 4 kg 上述混合土加适量骨粉。

4.较喜肥的盆栽花卉用土

2 份黄沙、2 份壤土、2 份腐叶土、0.5 份干燥厩肥和适量骨粉。

5.一般木本花卉上盆用土

2 份黄沙、2 份壤土、1 份细碎盆粒、0.5 份腐叶土、适量骨粉和石灰石。

6.一般仙人掌科和多肉植物用土

2 份黄沙、2 份壤土、1 份细碎盆粒、0.5 份腐叶土、适量骨粉和石灰石。

（二）贮藏

培养土制备一次后剩余的需要贮藏以备及时应用。贮藏宜在室内设土壤仓库，不宜露天堆放，否则容易导致养分淋失和结构破坏，从而使培养土失去优良性质。贮藏前料稍干燥，防止变质，若露天堆放应注意防雨淋、日晒。

二、上盆、换盆、翻盆

（一）上盆

播种苗长到一定大小或扦插苗生根成活后移植到适宜的花盆中继续栽培，以及露地栽培的花卉移入花盆栽植，都称为上盆。

花卉上盆首先要选择与花苗大小相称的花盆，过大、过小皆不相宜。一般栽培花卉以素烧盆（即泥瓦盆）为好，若盆土的物理性能好，也可用其他质地的花盆。栽植时先在花盆底部排水孔处垫上碎瓦片，然后装土。可根据花苗的习性，在盆的下层先填入一些粗粒土、炉渣、砖瓦渣和适量的底肥，上层再装填细的培养土。土面到盆口的距离依花盆的大小而定。花苗栽于盆的中央，栽植深度略深于根颈。

点播的花卉和扦插苗，成活后长到一定大小可以直接上盆。若是撒播而成的幼小苗，常在上盆前先进行一次盆内移植，即抹苗。抹苗一般在出现一片真叶或在子叶展开后即可进行，苗间距离 1～2 cm。抹苗之前先对有小苗的原盆（床）和准备将苗抹入的新盆进行充分浇水，再用手将苗提起或用尖头的竹片将苗挖起，并用竹片插穴，植苗于穴中。种植深度应适当，以不埋没子叶和生长点为度。

（二）换盆

随着花卉的生长，将已栽的盆栽花卉由小盆移换到另一大盆中，称换盆。换盆应由小到大逐渐进行，不能一下换入过大的盆中。

换盆方法与上盆相似，先使原盆土稍干，然后使全株带土脱盆而出，去部分肩土后放置于新的大盆中央，四周填入新的培养土，稍加压实即可。

换盆的时间和次数因花卉种类而异。生长速度比较慢、冠幅变化不大的花卉，可以一年甚至两年换盆一次，在休眠期，即停止生长之后或开始生长之前进行，常绿花木可在雨季进行。生长迅速、冠幅变化大的花卉，可根据生长状况及需要随时进行换盆。

（三）翻盆

已盆栽多年的花卉，为了改善其营养状况，要进行分株、换土，称翻盆。翻盆的花卉大多植株已充分长成，所以翻盆时盆的大小不变。翻盆一般一年或两年一次，在休眠期进行。根部患病或有虫害的，可随时翻盆进行换土和处理。翻盆方法与换盆相似，但应将原土团上的绿苔、肩土及四周外部旧土除去，同时结合地上部修剪，并剪去老根、枯根。

上盆、换盐、翻盆后均要浇一次透水，使根系与培养土密切接触。以后可保持土壤湿润，不宜多浇，以免土壤过湿，引起根系伤口腐烂。要注意遮阴，必要时喷水保持枝叶湿润，一周左右待稳定成活以后即可逐渐转入正常管理。

第四节 常见盆栽花卉的栽培方法

一、一串红

科属：唇形科，鼠尾草属。
别名：墙下红、草象牙红。

（一）形态

花色艳红，似串串爆竹，花期长，花落后花萼仍有观赏价值。一串红是优良的花坛花卉，还可以作花带、花镜。

（二）习性

性喜温暖向阳的环境。发芽适温为 20～25 ℃，生长适温为 20 ℃左右。短日照有利于花芽分化，长日照有利于营养生长。喜疏松肥沃土壤。忌霜害，不耐寒。

（三）繁殖

可用种子繁殖和扦插育苗。3～6 月均可播种。温度保持在 20 ℃以上约 12 天后可发芽，出苗后移至 15 ℃的环境中生长。幼苗长至 2～3 片真叶时可以移植。春、秋季均可进行扦插，取嫩梢 5～8 cm 扦插在珍珠岩等通气透水的苗床中，保持 20 ℃左右的温度和较高的湿度，2 周后即可生根。

（四）栽培

定植后的管理主要是摘心和施肥。一般定植缓苗后立即摘心。在栽培期间至少摘两次心。摘心一可使植株矮壮，花枝多；二可以控制花期。例如，为了在国庆节开花，可在 8 月中旬进行最后一次摘心。开花后及时摘除残存花序，促进腋芽萌发，可使再度开花。一串红喜水肥，应薄施勤浇。尤其是摘心以后，要及时补充肥料，使其恢复生长。夏季炎热多雨，应注意适当遮阴和避雨。露天盆栽的在雨后要倒掉盆中的积水，并及时补充肥料。一串红可在温室内越冬。在保持 20 ℃左右室温的条件下，4 月可开花，作为劳动节用花。

二、万寿菊

科属：菊科，万寿菊属。
别名：臭芙蓉、蜂窝菊。

（一）形态

花大色艳，花期长，尤其适合花坛、花境、花丛布置，高性品种花梗长且挺直，亦可做切花。

（二）习性

喜温暖、阳光充足的环境，也能耐早霜和稍阴的环境。较耐干旱，在多湿酷暑下生长不良。具有短日照习性。对土壤要求不严。

（三）繁殖

用种子播种或扦插繁殖，以播种为主。播种通常在 3～4 月，早春在温室播种，晚春可以直接播于露地苗床。在 21～24 ℃条件下，约 1 周可萌芽，2～

3 片真叶时可分苗，6～7 片真叶可定植。扦插繁殖可在夏季进行，取粗壮嫩梢 8～10 cm 扦插在通气遮水的基质上，2 周即可生根。

（四）栽培

用于花坛布置的在定植后 1 周摘心，以增加其分枝，一般盆栽的也可摘心，以培养单株大花。生育管理较为粗放。对土壤要求不严，生长后期要多施肥料。高型种夏季雨后要防止倒伏，可设小的支柱。种子宜从秋末开花结实的植株上采收。

三、大花三色堇

科属：堇菜科，堇菜属。
别名：蝴蝶花、鬼脸花、猫儿脸。

（一）形态

开花早，花期长，花色丰富；花小巧而有丝质光泽，似蝴蝶在叶丛中翩翩起舞。大花三色堇是早春重要的花坛材料。

（二）习性

性喜凉爽环境。耐寒，略耐半阴，在炎热多雨的夏季生长发育不良。喜肥沃湿润的沙质壤土。发芽适温 10～15 ℃，生长适温 10～20 ℃，能耐－5 ℃的低温。

（三）繁殖

用种子育苗，一般在 8～9 月播种。播种时需要覆土，约 10 天出苗。幼苗在 8 ℃下生长，有利于形成良好的株形。幼苗长到 5～6 片真叶时进行移植。

除了播种，亦可采用植株颈部抽生的枝条进行扦插繁殖。

（四）栽培

有 3～4 枚叶子时移植一次。三色堇喜肥，在苗期要勤施肥料，保持土壤湿润肥沃，开花后停止施肥，若不留种子，则要及时摘除残花，以利于继续生长。若需采种，必须待果实直立时采收。

四、矮牵牛

科属：茄科，碧冬茄属或矮牵牛属。
别名：碧冬茄、撞羽朝颜。

（一）形态

矮牵牛为多年生草本。茎直立或匍匐。叶卵形，全缘，互生或对生。花单生，漏斗状，花瓣边缘变化大，有平瓣、波状、锯齿状瓣，花色有白、粉、红、紫、蓝、黄等，有双色、星状和脉纹等。

（二）习性

喜温暖和阳光充足的环境。不耐霜冻，怕雨涝。生长适温为 13～18 ℃，冬季温度如低于 4 ℃，植株生长停止。夏季能耐 35 ℃以上的高温。夏季生长旺期，需水量大，特别是在夏季高温季节，应在早、晚浇水，保持盆土湿润。但梅雨季节雨水多，对矮牵牛生长十分不利，盆土过湿，茎叶容易徒长，花期雨水多，花朵易褪色或腐烂。盆土若长期积水，则烂根死亡，所以盆栽矮牵牛宜用疏松肥沃和排水良好的沙壤土。

矮牵牛属长日照植物，生长期要求阳光充足，在正常的光照条件下，从播种至开花约需 100 天。冬季大棚内栽培矮牵牛时,在低温短日照条件下,茎叶生长很茂盛,但着花很难,在春季长日照条件下,很快就从茎叶顶端分化花蕾。

(三)繁殖

既可用种子进行繁殖,也可扦插育苗。种子育苗时由于种子细小,要掺入一定量的细土后播于苗床或浅花盆中。盆土以富含腐殖质的沙土为宜,播种后不必覆土。发芽适温为 15~20 ℃,保持土壤湿润,1 周后可萌芽。出苗后温度保持在 9~13 ℃,幼苗可生长良好。扦插繁殖用于一些重瓣种或大花不易结实的品种,或实生苗不易保持母本优良性状的品种。一般在早春花后,剪取 5~8 cm 长的嫩芽,在 20 ℃左右的条件下扦插,约 2 周可以生根。

(四)栽培

浇水始终遵循"不干不浇,浇则浇透"的原则。夏季生产盆花,小苗生长前期应勤施薄肥,肥料选择氮、钾含量高,磷适当偏低的,氮肥可选择尿素,复合肥则选择氮磷钾比例为 15∶15∶15 或含氮、钾高的,浓度控制在 0.1%~0.2%。冬季生产盆花,在 3~4 月勤施复合肥,视生长情况,适当追施氮肥。矮牵牛生产中一般不经摘心处理,但在夏季需摘心一次。矮牵牛较耐修剪,如果第一次修剪失败,可以再修剪一次,之后通过换盆,勤施薄肥,养护得当,一般不影响质量,仍可出售。

五、报春花

科属:报春花科,报春花属。
别名:樱草、年景花。

（一）形态

报春花为多年生草本植物，常作一、二年生栽培。叶基生，全株被白色绒毛。叶椭圆形至长椭圆形，叶面光滑，叶缘有浅被状裂或缺，叶背被白色腺毛。花莛由根部抽出，高约 30 cm，顶呈伞形花序，高出叶面。有柄或无柄，全缘或分裂；排成伞形花序或头状花序，有时单生或成总状花序；萼管状、钟状或漏斗状，5 裂；花冠漏斗状或高脚碟状，长于花萼，裂片 5，广展，全缘或 2 裂；雄蕊 5，着生于冠管上或冠喉部，内藏；胚珠多数；蒴果球形或圆柱形，5～10 瓣裂。

（二）习性

报春花属是典型的暖温带植物，绝大多数种类分布于较高纬度低海拔或低纬度高海拔地区，喜温凉、湿润的环境和排水良好、富含腐殖质的土壤，不耐高温和强烈的直射阳光，多数亦不耐严寒。

一般用作冷温室盆栽花卉的报春花，如鄂报春、藏报春，宜用中性土壤栽培。不耐霜冻，花期早。而作为露地花坛布置的欧报春花，则适合生长于阴坡或半阴环境中。

（三）繁殖

报春花以种子繁殖为主，特殊园艺品种亦用分株或分蘖法。种子寿命一般较短，最好采后即播，或在干燥低温条件下贮藏。采用播种箱或浅盆播种。因种子细小，播后可不覆土。种子发芽需光，喜湿润，故需加盖玻璃并遮以报纸，或放半阴处。10～28 天发芽完毕，适温 15～21℃，超过 25℃，发芽率明显下降，故应避开盛夏季节。播种时期根据所需开花期而定，如为冷温室冬季开花，可在晚春播种；如为早春开花，可在早秋播种。春季露地花坛用花，亦可在早秋播种。分株、分蘖一般在秋季进行。

（四）栽培

报春花栽培管理并不困难，作温室盆栽花卉用的种类，自播种至上 12 cm 盆上市，约需 160 天。如在 7 月播种，可在年初开花。为避开炎热天气，在 8 月播种，也可在 1 月开花。第一次在浅盆或木箱移植，株距约 2 cm，或直接上 8 cm 小盆，盆土不可带酸性，然后直接上 12 cm 盆。栽植深度要适中，太深易烂根，太浅易倒伏。要经常施肥。叶片失绿的原因除盆土酸性较强外，也可能是盆土太湿或排水不良。不仅夏季要遮阳，在冬季阳光强烈时，也要进行遮阴，以保证花色鲜艳。耐寒种类，在长江以北地区露地越冬时，要提供背风的条件，并给予轻微防护，以保安全。8 月播种，盆栽苗在冷床越冬，可于 2～4 月开花上市。幼苗移植上盆，花盆一般以 12～16 cm 为限。二年生老株，盆可适当放大。越夏时应注意通风，给予半阴并防止阵雨袭击，采用喷雾、棚架及地面洒水等措施以降温。冬季室内夜间最低温度控制在 5 ℃左右，不宜过高。但作为盆栽花卉，如播种过迟（10 月份），则越冬温度应提高至 10 ℃，以便加速生长，保证明春及时开花。真叶 4～5 枚时，分苗于 3 cm 盆中，因苗太小，常用竹筷操作。

六、四季海棠

科属：秋海棠科，秋海棠属。
别名：瓜子海棠、洋秋海棠。

（一）形态

根纤维状，茎直立，肉质，无毛，基部多分枝，多叶。叶卵形或宽卵形，基部略偏斜，边缘有锯齿和纤毛，两面光亮，绿色，主脉通常微红。聚伞花序腋生，数花，花红色、淡红色或白色。蒴果具翅。

（二）习性

四季海棠性喜阳光，稍耐阴，怕寒冷，喜温暖、稍阴湿的环境和湿润的土壤，但怕热及水涝。

（三）繁殖

繁殖方式主要为播种、扦插、分株，若是商品化栽培，均采用播种繁殖。四季海棠种子细小，寿命又短，自然落到盆土中的种子往往很快发芽并长出幼苗，但采收的种子如不及时播种则出苗很少。扦插多在 3～5 月或 9～10 月进行，用素沙土作扦插基质，也可直接扦插在塑料花盆上，需将节部插入土内。在遮阴和保温的条件下，20 多天发根。多年生老株可进行分株，同时进行修剪，促发新侧枝，以形成完好的株形。

（四）栽培

光、水、温度、摘心是种好四季海棠的关键。定植后的四季海棠，在初春可直射阳光，随着日照的增强，须适当遮阴。同时应注意水分管理，水分过多易发生烂根、烂芽、烂枝的现象，高温、高湿易产生各种疾病，幼苗定植后，每隔 10 天追施一次液体肥料，及时修剪长枝、老枝以促发新的侧枝，加强修剪。栽培的土壤条件，要求富含腐殖质、排水良好的中性或微酸性土壤，既怕干旱，又怕水涝。

七、瓜叶菊

科属：菊科，千里光属。
别名：富贵菊、瓜叶莲、千日莲。

（一）形态

多年生草本。茎直立，高 30～70 cm，被密白色长柔毛。叶具柄；叶片大，肾形至宽心形，有时上部叶三角状心形，顶端急尖或渐尖，基部深心形，边缘不规则三角状浅裂或具钝锯齿，上面绿色，下面灰白色，被密绒毛；叶脉掌状，在上面下凹，下面凸起；叶柄基部扩大，抱茎；上部叶较小，近无柄。头状花序直径 3～5 cm，多数，在茎端排列为宽伞房状；花序梗粗；总苞钟状；总苞片 1 层，披针形，顶端渐尖。小花紫红色、淡蓝色、粉红色或近白色；舌片开展，长椭圆形，顶端具 3 小齿；管状花黄色。瘦果长圆形，具棱，初时被毛，后变无毛。冠毛白色。花、果期 3～7 月。

（二）习性

瓜叶菊性喜温暖湿润、通风凉爽的环境。冬不耐严寒，夏又惧高温。通常栽培在低温室内，最适合生长的温度为 10～18 ℃。要求光照充足，在肥沃、疏松及排水良好的土壤中生长良好，忌积水湿涝。

（三）繁殖

瓜叶菊的繁殖以播种为主，极少扦插。播种繁殖在 2～9 月份均可，主要视所需花期而定，一般选择 7～8 月份为宜。应采用播种盆或播种箱育苗，不宜采用播种床。播种用土以腐叶土、壤土、河沙各 1/3 混合配制，混合均匀后过筛并经高温消毒后备用。因为瓜叶菊的种子极其细小，播种时需用细沙拌种后再撒布；播种后用细孔箩筛筛土覆盖暴露的种子，覆盖深度以不见种子为度，不可覆盖太深。播完后，用木板轻轻压实，然后将播种盆搁置于大水盆中浸盆，让水从盆底排水孔上渗，将盆土浸湿。注意浸盆时水位不可高于盆土表层，以免冲散种子。浸盆结束后，用玻璃板盖于盆口，将玻璃板一边稍微垫起，微留孔隙通气，并避免玻璃板上凝结的水珠落入盆内。播种完毕后，将播种盆放置在通风良好的荫棚下，棚顶盖塑料薄膜以遮挡雨水。在 20～25 ℃条件下，约

1 周可出苗。出苗后，揭去所盖玻璃板，垫高苗盆，加强通风；用多菌灵可湿性粉剂与河沙掺匀撒于盆土表层，防止猝倒病发生。扦插繁殖主要用于不结实的重瓣花品种，一般采腋芽扦插。

（四）栽培

播种后，经 25 天左右长出 1～2 片真叶，即可进行第一次移苗。移苗时，按株、行距 3 cm×3 cm 栽植。苗床土用 2 份腐叶土、2 份壤土和 1 份河沙混合配制。移苗 1 周定根后，追施 2 000 倍稀释的尿素水溶液 1～2 次，促使新根生长；待生出 3～4 片真叶后，还要进行第二次移苗。第二次移苗时，选用口径 15 cm 的小盆，在盆底添加 1/5 厚的基肥（用腐熟的豆饼渣与园土各一半混合），然后取苗移植上盆，每盆栽苗 1 株。移植结束后，将苗盆转移至半日照条件下培养；待长出 5～6 片真叶时，进行第三次移苗。此次移苗，要脱盆带土坨取苗，将苗定植于口径 20 cm 的花盆内。按 30 cm 以上的柱间距摆置花盆，并逐渐增加光照。由于瓜叶菊趋光性强，每周要转盆 1 次，以防植株偏长、徒长。瓜叶菊喜肥，除在培养土中添加 10%的有机肥外，还要在处暑天气转凉后开始施液态追加肥，每隔 10 天追加 1 次，直至开花前。当叶片长到 3～4 层时，每周用 0.1%～0.2%的磷酸二氢钾溶液喷施叶面，进行根外追肥，以促进花芽分化，提高开花品质。在寒露节之后，必须移入温室培养，并提供充足的光照，但要控制温度和浇水量。生长期的最适温度为 16～21 ℃，现蕾后控制在 7～13 ℃。适当蹲苗，当叶片出现临时凋萎时再浇水，这样能有效控制植株高度和提高着花率。

八、百日草

科属：菊科，百日草属。

别名：百日菊、步步高、状元红。

（一）形态

百日草的花期持久，开花繁茂，最适宜用作花坛、花径的装饰。又因其花梗长，花型整齐，也是良好的切花材料。它的矮性品种还是重要的盆栽草本花卉。

（二）习性

百日草生长势强，喜阳光充足，较能耐半阴。不择土壤，但在土层深厚、排水良好的沃土中生长最佳。生长适温为 20～27 ℃，不耐酷暑，当气温高于 35 ℃时，长势明显减弱，且开花稀少，花朵也较小。从播种至开花的生长期为 80～90 天。百日草能抗氟化氢，适合工矿区栽培。

（三）繁殖

以种子繁殖为主，也能扦插繁殖。种子繁殖宜春播，一般在 4 月中下旬进行，发芽适温为 15～20 ℃。如果过早进行露地播种，气温低于 10 ℃，幼苗将发育不良，会直接影响以后的长势。如欲提早育苗，可于 2～3 月份在温室内播种。种子具嫌光性，播种后应覆土，约 1 周后出苗。发芽率一般为 60%。在小满到夏至期间，结合摘心、修剪，选择健壮枝条，剪取 3 cm 长的一段嫩枝作插穗；去掉下部叶片，留上部的 2 枚叶片，插入细河沙中，经常喷水，适当遮阴，约 2 周后可生根。

（四）栽培

在幼苗长出 1 片真叶后，分苗移植 1 次，以促进根系发育。当苗长高至 6～8 cm 时，可取苗定植。由于它的根系中侧根较少，移植后恢复的速度较慢，因此应在小苗时定植。大苗移植时茎枝下部的叶片会出现枯萎，从而影响株形的观赏效果。定植前，在栽培土中施草木灰和过磷酸钙作为基肥。定植成活后，每月施一次液肥。接近开花期可追肥，每隔 5～7 天施液肥 1 次，直至花盛开。

苗高 10 cm 左右时，留 2 对叶片，摘心，促其萌发侧枝。当侧枝长到 2～3 对叶片时，留 2 对叶片进行第二次摘心，这样能使株体庞大，开花繁多。

春播后约经过 70 天即可开花。百日草为枝顶开花，当花残败时，要及时从花茎基部留 2 对叶片剪去残花，以在切口的叶腋处诱生新的枝梢。修剪后要勤浇水，并且追肥 2～3 次，可以将开花日期延长到霜降之前。百日草为异花授粉，后代的变异较大，容易造成优良品种退化。因此，留种母株应隔离养护，避免品种间杂交。留种母株最好提前在温室内播种育苗，以便在雨季到来之前采收到第一批种子。因为在雨季之前采收到的第一批种子最饱满，品质最好。花序周围的小花干枯，中央小花褪色，表明种子已经成熟。这时，可将整个花序剪下，风干后脱粒，去除杂质后于干燥凉爽处保存备用。

九、南天竹

科属：小檗科，南天竹属。
别名：天烛子、南竹子、钻石黄、阑天竹。

（一）形态

耐热性好，适应力强。初夏绽放的白色小花成圆锥状着生于茎顶花轴上，花谢后结约 7 mm 的果实。南天竹因有"排除困难"之意，自古就被视为吉祥庭院树，秋冬季美丽的红叶与鲜红果实更是讨人喜欢。南天竹整株可为药用，叶片也具有防腐的效果。

（二）习性

喜温暖，忌干热，不耐寒。喜阳光充足，耐半阴。不择土壤，耐贫瘠，耐旱，忌水涝。

（三）繁殖

可用播种或扦插法繁殖。播种时间为 11 月份左右，采收红果实后，立刻剥开果肉取出种子，以点播法种植在土壤中，轻轻覆土后充分浇水，放在向阳处管理。冬季须铺上稻草，以免结霜导致种子无法发芽。从播种到发芽的这段时间要保持土壤湿润。扦插则在 2 月中旬至 3 月进行，将老根切成 15 cm 的段，放在日照充足的场所，两个月左右便会生根、发芽。此外，也可以分株繁殖，但需要准备锯断枝丁的工具，比较麻烦。

（四）栽培

南天竹生性耐热，不耐寒，生长适温为 15～25 ℃，冬天时北方须移入室内照料。南天竹虽可在半阴处生长，但为了使结果情况良好，最好种植在日照充足的场所。生长期间土表干燥时应充分浇水。即使在结果的冬季也应注意避免水分不足。

栽培以排水良好、富含腐殖质的土壤为佳。可使用由壤土和腐叶土以 7∶3 的比例混合而成的土壤。若定植时已施足基肥，生长期间不用再施追肥。但盆栽者两年要换盆一次，换盆时期在 2 月中旬至 3 月或 9 月至 10 月下旬。

当茎部茂密且纠缠时，可在 2～3 月修剪，保留 5～7 枝茎，维持良好的通风。若结果状况不佳，3 月时可在距离植株基部 20 cm 处的地面以小铲子断根，使开花结果状况好转。若因授粉不好而出现结果不良的情况，则不宜立刻进行断根。若开花期间遇到雨下不停的情况，可用纸袋包花，以提高结果率。

十、倒挂金钟

科属：柳叶菜科，倒挂金钟属。

别名：倒吊海棠、灯笼海棠、灯笼花、吊灯花。

（一）形态

半灌木或小灌木，株高 30～150 cm。茎近光滑，枝细长稍下垂，常带粉红或紫红色，老枝木质化明显。单叶对生或 3 叶轮生，卵形至卵状披针状，边缘具疏齿。花生于枝条上部叶腋，具长梗而下垂。萼筒长圆形，萼片 4 裂，翻卷。花瓣 4 枚，自萼筒伸出，呈抱合状或略开展，花色有粉红、紫、橘黄、白色等。

（二）习性

喜温暖、湿润、半阴的环境。忌酷暑闷热、雨淋日晒，冬季不耐低温。气温达 30 ℃时，呈半休眠状态；在 35℃以上时，枝叶枯萎。冬季温室最低温度应保持在 10 ℃，在 5 ℃以下时，易受冻害。

（三）繁殖

以扦插繁殖为主，除炎热的夏季外，其他季节均可进行，以春插生根最快。剪取长 5～8 cm、生长充实的顶端梢作插穗，插于沙床中，保持湿润。温度 20 ℃时，嫩枝插后两周便可生根，生根后及时上盆。

（四）栽培

盆栽应选用疏松、肥沃和排水良好的土壤。春、秋季节生长迅速，每半月施肥一次。夏季高温，停止施肥。生长季节经常浇水，增加空气湿度。放置通风阴凉处，盛夏避免强光直射。夏季要防止雨淋，控制浇水，浇水过多易使植株烂根。倒挂金钟枝条细弱下垂，须摘心整形，促使分枝。花期少搬动，防止落蕾、落花。

十一、五色梅

科属：马鞭草科，马缨丹属。

别名：山大丹、如意草、五色绣球、变色草。

（一）形态

常绿小灌木。枝条稠密而细弱，常向下呈半藤本状，株高 1 m 左右。老枝暗褐色，嫩枝四棱形，布满细小的毛刺。叶对生，卵形，暗绿色，如遇低温即变成褐色，叶缘有齿，叶面粗糙，叶背疏生柔毛，全株有一种特殊的气味。头状花序顶生或腋生，具总梗，其上簇生多数小花，花色丰富多变，有杏黄色、粉红色、橘红色和鲜红色，中间还夹杂有蓝色。小浆果蓝黑色，成熟后有光泽。

（二）习性

喜阳光充足和温暖湿润的气候条件，不耐阴。生长适温 25～30 ℃，开花适温 20～25 ℃，不耐霜冻，冬季温度须保持 5 ℃以上，否则叶片大量脱落。对土壤要求不严，极易栽培管理，盆栽用富含腐殖质、疏松肥沃的培养土。

（三）繁殖

五色梅通常用扦插繁殖，也可用播种繁殖。扦插繁殖在 5 月进行，选当年生充实的枝条作插穗，每两节剪成一段，保留上部一节的两枚叶片，将其剪去一半，将下部一节插入素沙土或素沙土与充分腐熟的腐殖土各半掺匀的基质中，插后注意遮阴罩膜保湿、保温，约一个月可发根，萌发新枝，移植上盆。播种繁殖时，可采成熟的果实进行秋播或春播。

（四）栽培

因其生长快，盆钵应大些。生长期间应注意浇水，保持盆土湿润。生长期追肥 3～4 次，使其枝繁叶茂。五色梅分枝能力强，耐修剪，易造型；怕低温和霜冻，10月后移入中温温室越冬，注意控肥控水，盆土应稍干。第一年早春翻盆换土加适量底肥，剪去老根，再修整株形；5月后即可陆续开花，一直可开到 9 月下旬。

十二、变叶木

科属：大戟科，变叶木属。
别名：洒金榕。

（一）形态

单叶互生，有柄，革质。叶片形状和颜色变化很大，叶形有线形、披针形、卵形、椭圆形，有全缘状、分裂状、波浪起伏状、扭曲状等；叶色有绿、灰、红、淡红、深红、紫红、黄等，不同色彩的叶片上点缀各色斑点和斑纹。全株具乳状液体。花单性，不明显。总状花序，雄花白色，雌花绿色。

（二）习性

喜高温，不耐寒。生长适温为 20～30 ℃，冬季温度不低于 10 ℃。温度在 4～5 ℃时，叶片受冻害，造成大量落叶；喜湿润，怕干旱。生长期应给予充足水分，每天向叶面喷水，但冬季低温时盆土要保持稍干燥；喜光，不耐阴。阳光充足时茎叶生长繁茂，叶色艳丽，斑纹明显。土壤以肥沃、保水性强的黏质壤土为宜。

（三）繁殖

1.扦插繁殖

于 4～5 月，选择顶端新梢，长 10 cm，切口有乳汁，晾干后再插入沙床，插后保持湿润和 25～28 ℃室温，20～25 天可生根，35～40 天后移植上盆。

2.压条繁殖

以 7 月高温季节为好。选择顶端枝条，长 15～25 cm，用利刀对茎进行环状剥皮，宽 1 cm，再用泥炭包上，并以薄膜包扎固定，保持湿润，约一个月开始愈合生根，60～70 天后从母株上剪下栽到盆中。

3.播种繁殖

7～8 月种子成熟，进行秋播，温度保持在 25～28 ℃，播后 14～21 天发芽，翌年春季幼苗移植上盆。

（四）栽培

培养土由腐叶土、园土、沙各 1 份混合而成。生长期要多浇水，每天向叶面喷水 2～3 次，增加空气湿度，保持叶面清洁鲜艳。每半月施 1 次复合液肥，尽量少施氮肥，以免叶色变绿，减少色彩斑点。春、秋、冬三季给予充足阳光，夏季烈日下需遮阴，冬季保温。

十三、金边瑞香

科属：瑞香科，瑞香属。
别名：瑞香、睡香、风流树、蓬莱花。

（一）形态

叶片密集轮生，叶椭圆形，叶面光亮而厚、革质，叶缘金黄色。花数朵簇生于枝顶，花被筒状，花内白色外紫色，香味浓烈。2～3月开花，盛花期在春节期间，花期为2～3个月。根系肉质化。萌发力强，耐修剪，易造型。

（二）习性

喜温暖、湿润、凉爽的气候环境。不耐严寒，忌暑热。喜半阴，忌阳光直射。喜湿润，怕积水。喜质地疏松、排水良好的微酸性壤土，忌黏重土及干旱贫瘠土。喜薄肥，忌浓肥、生肥。

（三）繁殖

一般采用扦插繁殖。春插在3～4月植株萌芽前进行，应选择生长健壮、发育良好、无病虫害、芽饱满的一年生粗壮枝。夏季嫩枝扦插在6～7月进行，这时气温为25～30℃，新梢已半木质化，扦插生根快。插穗长度为10～12 cm，只保留枝条顶端2～3片叶，其余全部剪去。扦插的基质用炭化谷壳，插入基质深度为插穗长的1/3。插后注意遮阴、浇水，保持基质湿润，避免水分过多，插后20天左右开始生根。

（四）栽培

1.上盆与翻盆

开花后上盆，上盆时选用肥沃疏松、排水良好、富含有机质的酸性培养土作基质。培养土可选用腐叶土或泥炭加适量河沙、腐熟饼肥拌匀使用。1～2年翻盆一次，翻盆时底部可施饼肥、复合肥或腐熟厩肥作基肥。

2.遮阴与避雨

每年5～9月都要遮阴降温，保持50%的光照即可。夏季要放在通风良好的阴凉处，特别要防雨淋，覆盖防雨棚（遮阳网加薄膜）。夏季温度超过30℃时，要喷水降温。

3.水肥管理

生长季每半月施一次稀薄腐熟液肥。夏季休眠后要控水、控肥、控光、控梢，盆土要偏干，不干不浇，干则浇透。追肥时停施氮肥，只施磷、钾肥，可用 0.1%磷酸二氢钾喷雾。

第六章　园林树木苗木培育

第一节　园林苗圃开发

一、园林苗圃的用地选择

苗圃是培育苗木的地方，苗圃地的质量直接影响苗木的质量和产量。因此，在选择苗圃用地时，要慎重考虑苗圃所在地在生产经营上是否方便、苗圃及周围的自然环境是否有利于苗木的生长。

（一）地形、地势及坡向

苗圃地宜选择灌排良好、地势较高、地形平坦的开阔地带。坡度以 1°～2° 为宜，坡度过大易造成水土流失，降低土壤肥力，不利于机械操作与灌溉。在南方多雨地区，为了便于排水，可选用坡度为 3°～5° 的坡地。坡度大小可根据不同地区的具体条件和育苗要求来决定，在较黏重的土壤上，坡度可适当大些，在沙性土壤上坡度宜小，以防冲刷。在坡度大的山上育苗需修筑梯田。积水洼地、重盐碱地、多冰雹地、寒流汇集地，如峡谷、风口、林中地等日温差变化较大的地方，苗木易受冻害、风害、日灼等，都不宜选作苗圃地。

在地形起伏大的地区，坡向直接影响光照、温度、水分和土层的厚薄等，对苗木的生长影响很大。一般南坡光照强、受光时间长、温度高、湿度小、昼夜温差变化大，对苗木生长发育不利；北坡与南坡相反，而东西坡则介于二者之间。但东坡在日出前到中午较短的时间内温度变化大，对苗木不利；西坡则因我国冬季多西北寒风，易使苗木遭冻害。可见，不同坡向各有利弊，必须依当地具体的自然条件及栽培条件，因地制宜地选择合适的坡向。例如，华北、西北地区干旱寒冷，多西北风，故以东南坡最好；南方地区温暖多雨，则常以东南、东北坡为佳，南坡和西南坡受阳光直射，幼苗易受灼伤。此外，在一苗圃内必须有不同坡向的土地，根据树种的不同习性，进行合理安排，以减轻不利因素对苗木的危害。如北坡培育耐寒、喜阴种类，南坡培育耐旱、喜光种类。

（二）水源及地下水位

水是园林植物生长的生命线，苗木在生长发育过程中必须有充足的水分供应。因此，水源是苗圃选址的重要条件之一。苗圃最好选择在江、河、湖、塘、水库等天然水源附近，以利于引水灌溉，同时也有利于使用喷灌、滴灌等现代化灌溉技术。而且这些天然水源水质好，有利于苗木生长。若无天然水源或水源不足，则应选择地下水源充足、可打井提水灌溉的地方作为苗圃。此外，还应注意两个问题：其一，地下水位情况。地下水位过高，土壤的通透性差，苗木根系生长不良，地上部分易出现贪青徒长现象，秋季易受冻害，且在多雨时易造成涝灾，干旱时易发生盐渍化；地下水位过低时，土壤易干旱，需增加灌溉次数及灌水量，这就提高了育苗成本。实践证明，在一般情况下，适宜的地下水位是：沙土为 1～1.5 m，沙壤土为 2.5 m 左右，黏性土壤为 4 m 左右。其二，水质问题。苗圃灌溉用水要求为淡水，水中含盐量不要超过 0.1%，最高不得超过 0.15%，水中有淡水小鱼虾，即为适合作灌溉水的标志。

（三）土壤

苗圃土壤条件十分重要，因为种子发芽、愈伤组织生根和苗木生长、发育所需要的水分、养分和空气主要是由土壤供应的，同时土壤又是苗木根系生长发育的场所。土壤结构和质地，对土壤中水分、养分和空气影响都很大。苗木适宜生长于具有一定肥力的沙质壤土或轻黏质壤土上。过分黏重的土壤通气性和排水性都不良，有碍根系的生长。雨后泥泞，土壤易板结；过于干旱易龟裂，不仅耕作困难，而且冬季苗木冻拔现象严重。沙质严重的土壤疏松，肥力低，保水力差，夏季表土高温易灼伤幼苗，而且不易带土球移植。同时，土层的厚度、结构和肥力等情况也应引起注意。有团粒结构的土壤通气性好，有利于土壤微生物的活动和有机质的分解；土壤肥力高，有利于苗木生长。土壤结构可通过农业技术措施加以改进，故不作为苗圃选地的基本条件。重盐碱地及酸性过高的土壤也不宜选作苗圃。土壤的酸碱性通常以中性、微酸性或微碱性为好。一般针叶树种要求 pH 值为 5.0～6.5，阔叶树种要求 pH 值为 6.0～8.0。在选择苗圃地时，可能不是所有自然条件都是最佳的。土壤质地若不理想，而其他条件还可以，可通过改良土壤的办法来解决。目前，许多苗圃是在有可能改良土壤条件的情况下确定下来的。

（四）病虫害

在育苗过程中，病虫害往往会造成很大损失。因此，在苗圃选址时，要进行专门的病虫害调查，尤其要调查蛴螬、地老虎等主要地下害虫和立枯病、根瘤病等菌类的感染程度。

对于病虫害过于严重的地块，应在建立苗圃前采取有效措施，加以根除，以防病虫害继续扩展和蔓延，否则不宜选作苗圃地。

（五）气象条件

地域性气象条件通常是不可改变的，因此园林苗圃不能设在气象条件极端的地域。高海拔地区年平均气温过低，大部分园林苗木的正常生长受到限制，不适宜建立园林苗圃；年降水量小，通常无地表水源，地下水供给十分困难的气候干燥地区，不适宜建立园林苗圃；经常出现早霜冻和晚霜冻，以及冰雹多发地区，会因不断发生灾害，给苗木生产带来损失，也不适宜建立园林苗圃。

二、园林苗圃数量和位置的确定

建立园林苗圃时应对苗圃数量、位置、面积进行科学规划，城市苗圃应分布于近郊，乡村苗圃（苗木基地）应靠近城市，以方便运输。总之，以育苗地靠近用苗地为宜，这样可以降低成本，提高成活率。

大城市通常在市郊设立多个园林苗圃，设立苗圃时应考虑设在城市的不同方位，以便就近供应城市绿化所需苗木。中、小城市要考虑在城市绿化重点发展的方位设立园林苗圃。城市园林苗圃总面积应占城区面积的 2%～3%，按一个城区面积为 1 000 hm² 的城市计算，园林苗圃的总面积应为 20～30 hm²。如果设立一个大型苗圃，则应分散设于城市郊区的不同方位。

乡村苗圃（苗木基地）的设立，应重点考虑苗木供应范围。在一定的区域内，如果城市苗圃不能满足城市绿化需要，可考虑发展乡村苗圃，在乡村建立园林苗圃。乡村园林苗圃最好相对集中，即形成园林苗木生产基地，这样对于资金利用、技术推广和产品销售十分有利。

三、园林苗圃的建设

兴建苗圃的基本建设工作包括房屋、温室、大棚、路、沟、渠的建设，水电、通信的引入，土地平整和防护林带及防护设施的建设，等等。房屋的建设和水电、通信的引入应在其他各项建设之前进行。

（一）房屋建设和水电、通信引入

为了节约土地，办公用房、仓库、车库、机械库、种子库等尽量建成楼房式，少占平地，多用立体空间，最好集中一地兴建。水、电、通信是搞好基建的先行条件，应最先安装引入。

（二）苗圃路的施工

苗圃路施工前，应先在设计图上选择两个明显的地物或两个已知点，定出主干道的实际位置，再以主干道的中心线为基线，进行苗圃路系统的定点放线工作，然后方可进行修建。苗圃路的种类很多，如土路、石路或柏油路。施工时由路两侧取土填于路中，形成中间高两侧低的抛物线形路面，路面应夯实，两侧取土处应修成整齐的排水沟。其他种类的路也应修成中间高的抛物线形路面。

（三）灌水系统修筑

苗圃内引水渠道修建时，最重要的是渠道的落差应符合设计要求，为此需用水准仪精确测定，打桩后认真标记。例如，修筑明渠应按设计的渠宽度、高度，渠底宽度和边坡的要求进行填土，分层夯实，筑成土堤。当达到设计高度时，再在堤顶开渠，夯实即成。为了节约用水，现大多采用水泥渠灌水。修建的方法是：先用修土渠的方法，按设计要求修成土渠，然后在土渠沟中向四周挖一定厚度的土出来，挖的土厚度与水泥渠厚度相同，在沟中放上钢筋网，浇筑水泥，抹成水泥渠，之后用木板压上即成。若条件再好的话，可用地下管道灌水或喷灌，开挖 1 m 以下的深沟，铺设与灌水渠路线相同的管道。

（四）排水沟的挖掘

一般先挖向外排水的总排水沟。中排水沟与道路边沟相结合，修路时已挖掘修成。作业区内的小排水沟可结合整地挖掘而成，也可用略低于地面的步道。

为了防止边坡塌陷，可种植护坡树，并注意排水沟的坡降和边坡都要符合设计要求（坡度 3/1 000～6/1 000）。

（五）防护林的营建

防护林的营建应在房屋、道路、水渠施工后立即进行，以保证苗圃投入生产后尽早起到防风作用。根据树种的习性和环境条件，可用植苗、埋干、插条、埋根等方式进行。但最好用大苗定植，做到乔灌木栽植的株距、行距按设计规定进行，栽后应加强养护，以保证成活。

（六）土地平整

坡度较小的可结合翻耕进行平整工作，或待苗圃投入生产后结合耕作和苗木出圃等时节，逐年进行平整，这样可以节省建圃投资，并使原有的土壤表层不被破坏，以利于苗木生长；坡度较大的山地苗圃需修梯田，这是山地苗圃的主要工作项目，应提早进行施工。

（七）土壤改良

圃地中如有盐碱土、沙土、重黏土或城市建筑垃圾等，应在苗圃建立时进行土壤改良工作。对盐碱地，可采取开沟排水、引淡水冲盐碱等措施。轻度盐碱可采用深翻晒土、多施有机肥料、及时中耕除草等措施，逐年改良。对沙土，最好掺入黏土，多施有机肥进行改良，同时，可增设防护林带。对重黏土，则应用掺沙、深耕、多施有机肥、种植绿肥等措施来逐年进行改良。此外，应清除耕作层中的砖、石、木片、石灰等，以便进行客土、平整、翻耕、施肥。

第二节　各类大苗培育技术

一、落叶乔木大苗培育技术

大苗要求规格：具有高大通直的主干，干高 2.0～3.5 m；胸径为 5～15 cm；具有完整紧凑、匀称的树冠；具有强大的须根系。落叶乔木大苗培育的关键是培育具有一定高度的主干。

（一）干性不强的落叶树种大苗培育

落叶树种中干性不强的，可采用先养根后养干的办法，使树干通直无弯曲、节痕。可采用截干养干和密植养干相结合的方法。

（二）干性较强的落叶树种大苗培育

落叶树种中干性比较强的，不容易弯曲，但有的树种生长速度较慢，每年向上长一节（段）很不容易，故采用逐年养干的方法。如银杏、柿树、水杉、落叶松、杨、柳、白蜡、青桐等乔木。采用逐年养干法时，必须注意保护好主梢的绝对生长优势。当侧梢太强超过主梢，与主梢发生竞争时，可以采用摘心、拉枝或剪截等办法来抑制侧梢的生长。乔木大苗 2 m 以下的萌芽要全部抹除，要以主干为中心，竞争枝粗度超过主干一半时就要进行控制，短截或疏除竞争枝；要加强肥、水管理和病虫害的防治工作。

二、落叶灌木大苗培育技术

（一）落叶丛生灌木大苗培育

大苗要求规格：每丛分枝 3～5 枝，每枝粗 1.5 cm 以上，具有丰满的树冠丛和强大的须根系。如丁香、连翘、珍珠梅、玫瑰等。

在培育过程中，注意每丛所留主枝数量，不可留得太多，以免主枝达不到应有的粗度。多余的丛生枝要从基部全部剪除。丛生灌木不能太高，1.2～1.5 m 即可。

（二）丛生灌木单干苗的培育

大苗要求规格：培养成单干苗。如单干紫薇、丁香、木槿、金银木、太平花等。

培育的方法：选最健壮、直立的一枝作为主干，若主枝易弯曲下垂，可设立柱支撑，将枝干绑在支柱上，将其基部萌生的芽或其他枝条全部剪除。培养单干苗时要在整个生长季经常剪除萌生的芽或多余枝条，以便集中养分供给单干或单枝生长发育。

三、落叶垂枝类大苗培育技术

大苗要求规格：具有丰满匀称的圆头形树冠，主干胸径 5～10 cm，树干通直，有强大的须根系。这类树种主要有龙爪槐、垂枝红碧桃、垂枝杏、垂枝榆等，为枝条全部下垂的高接繁殖苗木。

（一）砧木繁殖与嫁接

垂枝类树种都是原树种的变种，要繁殖这些苗木，首先需要繁殖嫁接的砧木，即原树种。原树种采用播种繁殖，用实生苗作砧木，也可用扦插苗作砧木，先把砧木培养到一定粗度，然后开始嫁接。接口直径超过 3 cm 最为适宜，嫁接成活率高。由于砧木较粗，接穗生长势很强，接穗生长快，树冠形成迅速，嫁接后 2～3 年即可开始出圃。根据不同需要采取不同的嫁接接口高度。嫁接的方法可用插皮接、劈接，插皮接操作方便、快捷、成活率高。培养多层冠形可采用腹接和插皮腹接。

（二）养冠

嫁接成活后，要想培养圆满匀称的树冠，必须对所有下垂枝进行整形修剪。垂枝类一般夏剪较少，夏剪培养的冠枝往往过于细弱，不能形成牢固树冠。生长季主要是积累养分阶段。培养树冠主要在冬季进行修剪。枝条的修剪方法是在接口位置画一水平面，沿水平面剪截各枝条，采用重短截，几乎剪掉枝条的90%，剪口芽要选留向外、向上生长的芽，以便芽长出后向外、向斜上方生长，逐渐扩大树冠，树冠内细弱枝条全部剪除，个别有空间的可留 2～3 个枝条，短截后所剩枝条要呈向外放射状生长，要从基部剪掉交叉枝、直立枝、下垂枝、病虫枝、细弱小枝等，经 2～3 年培育即可形成圆头形树冠。生长季注意清除接口处和砧木树干上的萌发条。

四、常绿乔木大苗培育技术

大苗要求规格：具有该树种本来的冠形特征，如塔形、圆头形等；树高 3～6 m，无明显秃腿，不缺分枝，冠形匀称。

（一）轮生枝明显的

轮生枝明显主要是指轮生枝节间不再生有分枝，只是节上有分枝，有明显的中心主梢，顶端优势明显，易培养成主干。主梢每年向上长一节，分生一轮分枝，生长速度慢，这类树种要特别注意保护主梢，主梢一旦遭到损坏，整株苗木将失去培养价值。该类树种主要有油松、华山松、白皮松、红松、樟子松、黑松、云杉、辽东冷杉等。

此类苗木修剪主要是疏除过密枝和病虫害枝。对于有枝下高的苗木，一次修剪量最多不可超过整株的 1/3，每轮以留 3～5 个主枝为宜，5 年以后，每年提高分枝一轮，到分枝达 2 m 时为止，提干时每轮枝应间隔修剪，分两年去除。

（二）轮生枝不明显的

此类树种生长速度快，但主梢顶端优势不明显，要注意剪除基部徒长枝及与主干竞争的枝梢，当竞争枝剪除后破坏树形时，可剪去生长点，避免双干或多干现象发生，以培育单干苗。同时还要加强水肥管理，防治病虫草害，促使苗木快速生长。主要树种有桧柏、侧柏、龙柏、铅笔柏、杜松、雪松等。

五、常绿灌木大苗培育技术

大苗要求规格：株高 1.5 m 以下，冠径 50～100 cm，具有一定造型、冠形或冠丛的大苗。

种类多，主要有大叶黄杨、小叶黄杨、冬青、沙地柏、铺地柏、千头柏等。在培养造型植物时，播种幼苗往往出现形态分离现象，要选择枝叶浓密的作为造型植物，单株造型树冠形成比较慢，现采用多株合植在一起造型的方法。此类苗要采取短截修剪方式，以促生分枝。

六、攀缘植物大苗培育技术

（一）大苗要求规格

地径粗 1.5 cm 以上，主蔓长 1 m 以上，有强大的须根系。培养一条至数条健壮主蔓及强大的根系，是本类植物培育的要点。如紫藤、地锦、凌霄、葡萄、猕猴桃、铁线莲、蔷薇、常春藤等。

（二）培育的方法

先做立架，按 80 cm 行距栽水泥柱，栽深 60 cm，上露 150 cm，桩距 300 cm。桩之间横拉 3 道铁丝连接各水泥桩，每行两端用粗铁丝斜拉固定，把一年生苗栽于立架之下，株距 15～20 cm。当爬蔓能上架时，全部上架，随枝蔓生长，再向上放一层，直至第三层为止。培育 3 年即成大苗。利用圃地四周围栏作支架培养大苗，既节省架材，又不占好地。

第三节 苗木移植

一、移植的概念和作用

苗圃培育的苗木，随着苗龄的增长，对生长空间、营养物质、光照、水分的需求越来越高，为此生产上就通过移植来解决这些需求问题。

（一）移植的概念

移植又叫换床，即将苗木从原育苗地移到另一个育苗地栽植的过程。

（二）移植的作用

第一，移植扩大了苗木地上、地下的营养面积，改变了通风透光条件，减少了病虫害，使苗木地上、地下生长良好，同时使根系和树冠有扩大的空间，可按园林绿化用苗的要求发展。

第二，移植切去了部分主、侧根，使根系减少。移植促进了须根的发展，有利于苗木生长，可提前达到苗木出圃的规格。

第三，移植中对根系、树冠进行必要、合理的整形修剪，人为调节地上与地下生长的平衡，使培养的苗木规格整齐、枝叶繁茂、树姿优美。

二、影响移植苗成活的因素

影响移植苗成活的因素有两个方面：一是不同树种的遗传特性，有些苗木侧根和须根很少，影响移植苗的成活；二是环境因素，移植苗根系受损严重，起苗后放置时间过长、太阳暴晒，栽植后土壤干燥，等等，都容易使苗木失水，从而影响苗木成活。因此，首先，起苗时要尽可能减少苗木根系损伤，尽量缩短从起苗到栽植的时间，减少失水，做到随起苗、随分级、随运输、随栽植。其次，要掌握好移植时间（休眠期最适宜），并在移植后适时、适量地灌水，必要时进行适当的遮阴。最后，要对阔叶树地上部分的枝叶进行适度的修剪，减少部分枝叶量，使苗木体内的水分和营养物质供给与消耗平衡，保证苗木移植成活。如果不对地上部分进行修剪，水分和养分就有可能供不应求，致使苗木因缺少水分和营养物质而死亡。生长期移植更应重视修剪。

三、移植苗的苗龄

苗木开始移植的苗龄,视树种和苗木生长情况确定。速生的阔叶树,播种后第二年即栽,如刺槐、国槐、元宝枫、香椿、糖槭等;银杏由于播种苗生长缓慢,可以两年后移植;白皮松、油松、樟子松、红皮云杉等苗期生长较慢,第二年可移植,也可留床一年,第三年再移植。同一种苗木由于培育环境的差异,幼苗的年生长量不同,应视苗木生长情况确定移植苗龄。

四、移植的时间、次数

(一)移植的时间

适时移植,是提高苗木移植成活率的关键因素之一。适时是指苗木在此期的生理代谢较易达到平衡。移植的最佳时间是苗木休眠期,即从秋季(北方)至翌春4月份,落叶树木以落叶后到发芽前这段时间最为适宜。常绿树种可以在生长期移植,但最好在春季新芽萌发前半月为好。

1.春季移植

北方地区,由于冬季寒冷,春季干旱,适于早春解冻后至发芽前移植。其具体时间,应根据树种发芽的早晚来安排。通常,发芽早者先移,晚者后移;落叶先移,常绿后移;木本先移,宿根草本后移;大苗先移,小苗后移。而南方在2月下旬至3月中旬为最佳时期,此时的温度、湿度均利于发根。

2.秋季移植

秋季移植一般适于冬季气温不太低,无冻伤危害和春旱危害的地区,是苗木移植的第二个好季节。此时根系尚未停止活动,移植后有利于伤口愈合,但时间要晚,要避开高温和干旱季节。保证苗木不失水是本季移植成活的关键。

3.夏季移植

夏季雨水集中，此季节是移植常绿树种的最适宜时期。南方的常绿阔叶树种和北方的常绿针叶树种的苗木可在雨季初进行移植。

4.冬季移植

冬季移植虽然起苗和挖穴较费力，成本较高，但成活率较高。因为冬季移植可以边起苗边冻土，苗木成冻土球移植，根系损伤少。

（二）移植的次数

移植的次数取决于该树种的生长速度和对苗木的规格要求。移植对苗木生长有利，但移植的次数不能过多，否则会对苗木生长产生阻滞作用，一般来说，移植的次数以 2～3 次为宜。

对于阔叶树种，在播种或扦插苗龄满一年时即进行第一次移植，以后根据生长速度和株行距，每隔 2～3 年移植一次，并相应扩大株行距。

对于普通的行道树、庭荫树和花灌木，一般只移植两次，在大苗区内生长 2～3 年，苗龄达到 3～4 年即行出圃。

对于一些特殊的大规格苗木，常需培育 5～8 年，甚至更久，需要两次以上的移植。

对于生长缓慢、根系不发达和移植成活率低的树种，可在播种后第三年（即苗龄 2 年）开始移植，以后隔 3～5 年再移植一次，在大苗区培育 8～10 年以上，方能出圃。

五、移植方法

（一）穴植法

适用于大苗移植，按一定株行距定点挖坑栽植。在土壤条件允许的情况下，采用挖坑机挖穴可以大大提高工作效率。栽植穴的直径和深度应大于苗木的根系。栽植深度以略深于原土印为宜，一般可略深 2～5 cm。回土时混入适量的底肥，然后填一部分肥土，将苗木放入坑内，再回填部分肥土。为了防止窝根，裸根苗须轻轻向上提起，使其根系伸展，踩实松土，再填满肥土，浇足水。栽植后，较大苗木要设立三根支架固定，以防苗木被风吹倒。

（二）沟植法

适用于根系发达的小苗移植。先按一定行距开沟，深度应略大于苗根深度，再按株距把苗木放于沟中栽植。栽植时要使苗木根系舒展，严防根系卷曲和窝根。栽植深度一般比原土印深 2～3 cm。栽植后要及时灌透水，过 2～3 天后，再灌 1 次。

沟植法有两种方式，一种是栽在垄上，适用于小苗，垄间的沟作灌溉和排水用，特点是侧方灌溉，容易排水，垄上的土壤温度较高，有利于苗木生长。另一种是栽植在垄沟里，特点是灌溉方便，但不易排水，这种方式适合干旱地区使用。

（三）缝植（或孔植）法

适用于小苗和主根发达而侧根不发达的苗木。移植时用铁锹或移植锥按株行距开缝或锥孔，将苗木放入缝（或孔）的适当位置，尽量使苗根舒展，压实土壤，勿使苗根悬空。

无论采用以上哪种方法，都要使苗根舒展，深浅适宜，不能有卷曲和窝根现象，栽植深度一般应比原来的土印略深，以免灌水后土壤下沉而露出根系。栽植覆土后踏实松土。从起苗到栽植，要注意苗根湿润，栽不完的苗木应选择在阴凉处假植。

第七章　园林草坪建植

第一节　草坪基础知识

一、草坪

（一）草坪的概念

草坪是指多年生低矮草本植物在天然形成或人工建植后经养护管理而形成的相对均匀的、平整的草地植被，包括草坪植物的地上部分，以及根系和表土层。

（二）草坪的作用

草坪在城市园林绿化和国土绿化中占有重要的地位。草坪植物是现代城市绿化建设的重要绿化材料，在人类栖身的生态系统中发挥着不可替代的作用。在园林植物配置中，草坪与乔、灌木构成垂直层次组合，可以起到很好的防风、滞尘、降尘、减噪效果，而草坪处于最底层，形成绿色致密草毯，均匀覆盖在地面上。上层土中絮结的草根层为密集根网交织的固结层，可促进雨水渗透，防止土壤侵蚀。草叶面积为相应地表面积的 20～80 倍。许多草坪植物能分泌杀菌素，尤其是在修剪时，植物会因受伤而产生更多的杀菌素，禾本科植物以紫羊茅杀菌能力最强。这一切都会使草坪在调节城市小气候，抑尘、滞尘，减弱噪声和强光，以及对有毒有害物质的固定、稀释、分解、吸收、过滤等方面起到积极作用。吸滞的粉尘可随雨水、露水和人工灌水冲洗至土壤中，有效地净化空气和水质。草坪还可以调节土壤温湿状况，保持水土，缓解人的听视觉疲劳，同时在改造废地、改良土壤结构、减灾防灾、绿化美化及改善生态环境、维持城市生态平衡等方面显示出巨大的作用。

（三）草坪的类型

草坪种类繁多，划分标准各异。

1.按用途划分

（1）游憩草坪

游憩草坪是供人们散步、休息、游戏以及进行户外活动用的草坪，是与人们日常生活关系最密切、接触最频繁的一类草坪。该类草坪随处可建，无固定的形状，面积可大可小，一般是开放式的，允许游人自由出入，因此可配置石景、乔木、灌木、花卉、亭台、座椅，以增添景色的美，方便游憩。游憩草坪多用在公园、风景区、居住区、庭院、休闲广场上，要求选择耐践踏、恢复性强、生长旺盛、能迅速覆盖地面的草坪草种。

（2）观赏草坪

观赏草坪指以其美观的景色专供观赏的草坪。此类草坪设于园林绿地中，用草皮和花卉等材料构成图案、标牌等，是专供欣赏的草坪，也称装饰性草坪或造型草坪。例如，雕像喷泉、建筑纪念物、园林小品等处用作装饰和陪衬的草坪，不允许入内践踏，栽培管理极为精细，品质要求也极高，是作为艺术品供人观赏的高档草坪。此类草坪面积不宜过大，草以低矮、茎叶细密、色泽鲜绿、平整均一、绿期长的草种为宜，可用花卉等构成图案、标牌、徽记。观赏草坪多用于居住区、公园、街路、广场等。

（3）运动场草坪

运动场草坪指专供体育活动和竞技的草坪，以耐践踏、恢复性极强的草种为主。不同的运动场要根据不同运动的特点建设不同的草坪。运动场草坪是高级草坪，它对草种选择、土壤改良、配套设备以及管理水平要求很高。

（4）防护草坪

防护草坪指在坡地、堤坝、公路、铁路等边坡或水岸种植的草坪，要求草坪的抗性强，主要起防止水土流失、固土护坡的作用。防护草坪通常采用播种、铺草皮和草坪植生带或栽植营养体的方法来建造。应选择适应性强，根系发达，草层紧密，耐旱、耐寒、抗病虫害能力较强的草种。

2.按照与草本植物组合划分

（1）单纯草坪

单纯草坪指由单一草坪草种或品种建植的草坪。单纯草坪在高度、色泽、质地等方面具有高度的均一性，多用于球场、公园、庭院、广场。

（2）混合草坪

混合草坪指由多个草坪草种或品种建植的草坪。混合草坪的特点是利用各草坪草种或品种的优势，达到成坪快、绿期长、寿命长的目的。混合草坪多用作游憩草坪、运动场草坪、防护草坪等。

（3）缀花草坪

缀花草坪以草坪为背景，间植观花地被植物。缀花草坪的花卉种植面积不能超过草坪面积的 1/3。花卉分布应疏密有致，自然错落，缀花草坪多用于游憩草坪和观赏草坪。

3.按照与树木组合划分

（1）空旷草坪

草坪上不栽任何树木。

（2）稀树草坪

草坪上孤栽一些乔灌木。树木覆盖面积在 20%～30%。

（3）疏林草坪

其树木覆盖面积在 30%～60%，疏林草坪一般布置稀疏的上层乔木，并以下层草本植物为主体，和单一的草地相比增加了景观层次。疏林草坪在有限的绿地上对乔木、灌木、地被植物等进行科学搭配，既提高了绿地的绿量和生态效益，又为人们的游憩提供了开阔的活动场地，将传统植物配置风格和现代草坪融为一体，形成一个完整的景观。

（4）林下草坪

林下草坪指的是树木覆盖面积在70%以上的草坪。

二、草坪草

（一）草坪草的概念

草坪草是组成草坪的物质基础，是草坪建植的草本植物和基本材料。草坪草多数为质地纤细、植株低矮的禾本科草种。具体来讲，草坪草是指能够形成草皮或草坪，并能耐受定期修剪管理和人、物使用的一些草本植物种或品种。而草皮是草坪的营养繁殖材料，草坪被铲起用来移植时称为草皮。

（二）草坪草的特征

1.一般特征

植株低矮，多为丛生状、根茎状或匍匐状，地上部生长点低位，常附于地表，并有坚韧的叶鞘保护。叶片多直立、叶形小、细长、寿命长，数量虽多但能透光、防黄化，具有很强的适应性和抗逆性。产种量大，具有较强繁殖能力和自我修复力，易于形成大面积的草毯，软硬适度，有一定的弹性。

2.坪用特性

扩展性强，叶低而细，多密生，能均匀覆盖地表，形成致密草毯，具有良好的弹性和触感，比较柔软，整齐均匀，盖度高；生长旺盛，便于繁殖，适应性强，再生性好，分布广泛；对外力的抵抗力强，耐修剪，耐践踏；对人无毒、无刺激性。

（三）草坪草的类型

1.冷季型草坪草

冷季型草坪草耐寒，不耐热，绿期长，品质好，用途广，主要用种子繁殖，抗病虫能力差，管理要求精细，费用高，使用年限短，在南方越夏较困难，必须采取特殊的养护措施，否则易于衰老和死亡。冷季型草坪草一年中有春秋两个生长高峰期，耐热性差，气温高于 30 ℃时生长缓慢，大多靠分蘖扩展。

（1）早熟禾属

早熟禾属是草坪草中主要而又广泛使用的冷季型草坪草，宜在温暖湿润的气候生长，耐寒性强，适合北方种植，耐旱性较差，适于林下生长，广泛分布于寒冷潮湿地区和过渡气候带内。早熟禾属草坪总的特征是叶片呈狭长条形、针形，叶鞘不闭合，小穗宽度小于长度，小穗有柄，排列成圆锥花序，在植物鉴别中最明显的特征是具有"船形"叶尖。

①草地早熟禾

草地早熟禾喜冷凉湿润的气候，可保持较长的绿期，可在一定程度上满足四季常青的要求。该品种用途广泛，大部分草坪用种都包括草地早熟禾不同品种的草种。它属于多年生草本，根茎疏丛型，繁殖力强，再生性好，较耐践踏。叶尖呈明显船形，中脉的两旁有两条明线，茎秆光滑，具有两到三节。开花早，具有完全展开的圆锥花序。叶片光鲜亮丽，草质细软，叶片宽 2～4 mm，芽中叶片呈折叠状，叶鞘疏松包茎，出苗慢，成坪慢，抗病虫能力差。喜光，喜温暖湿润，耐阴，较耐热，但抗旱性差，夏季温度过高时叶片发黄，寒冷潮湿、遮阴很强时容易发生白粉病，春季返青生长繁茂，秋季保绿性好。有很强的耐寒能力，特适宜绿地、公园等公共场所的观赏草坪，常与黑麦草、高羊茅等混播，用于运动草坪场地。

草地早熟禾常用于高质量的草坪建植和草皮生产，通常采用种子和带土小草块两种方法繁殖。种子繁殖成坪快，秋季播种最佳，播种深度大约 1 cm，播种量一般为 8～12 g/m²，10～21 天出苗，两个月即可成坪。封冻之前和返青前浇透水，利于越冬和返青，高温、高湿条件下易感病，管理要求较精细。生长3～4年后，逐渐衰退，3～4年补播一次草籽是十分重要的工作。

②粗茎早熟禾（普通早熟禾）

粗茎早熟禾喜冷、湿润气候，叶片呈淡黄绿色，扁平、柔软、细长，表面光滑、光亮、鲜绿，中脉两边有两条明线，株丛低矮丛生，整齐美观，茎秆直立或基部稍倾斜，绿色期长，特耐阴，根系浅，不耐干旱和炎热，耐践踏性差，喜肥沃土壤，不耐酸碱。常应用于寒冷、潮湿的环境以减少践踏，适宜在气候凉爽的房前屋后、林荫下、花坛内作为观赏草坪，也可用于温暖地区冬季草坪的交播草种。粗茎早熟禾是世界上高尔夫球场重要的补播草种之一。

（2）羊茅属

适宜寒冷潮湿地区，在干燥贫瘠、酸性土壤中生长。

①高羊茅

高羊茅又称苇状羊茅，草坪性状非常优秀，适于多种土壤、气候，用途非常广泛。多年生草本，叶片宽大，边缘具叶齿，质地粗糙，芽中叶片卷曲，叶耳边缘毛发状，茎直立、粗壮，基部呈红色，叶鞘开裂，根系深，对高温有一定的抵抗能力，是耐旱、耐践踏的冷季型草坪草之一；耐阴性中等，耐贫瘠土壤，较耐盐碱，耐土壤潮湿，适于在寒冷潮湿和温暖湿润过渡地带生长。利用种子繁殖，发芽迅速，建坪速度较快，再生性较差，通常和粗茎早熟禾、草地早熟禾混播，但高羊茅的比例不低于70%。由于其叶片质地粗糙，品质较差，多用于中低质量的草坪及斜坡防护草坪。可用于居住区、路边、公园、运动场、水土保持地绿化等。

②紫羊茅

紫羊茅又名红狐茅，细叶低矮型，垂直生长慢，较耐寒、抗旱性强，但不耐热，耐阴性比大多数冷季型草坪草强，适合在高海拔地区生长，是羊茅属中应用广泛的优秀草坪草种之一。紫羊茅为多年生草本，出苗迅速，成坪较快，叶片呈线形，叶宽一般为1.5～3 mm，光滑柔软。茎秆基部斜生或膝曲，分枝较紧密，茎秆基部呈红色或紫色，叶鞘基部呈红棕色，破碎呈纤维状，分蘖的枝条叶鞘闭合，收缩圆锥花序。应用范围广泛，常用于遮阴地草坪建植，在寒冷潮湿地区，常与草地早熟禾混播，以提高建坪速度，但由于其生长缓慢，不需要常修剪，适合粗放管理。

（3）黑麦草属

包括多年生黑麦草和一年生黑麦草。

①多年生黑麦草

多年生黑麦草分布于世界各地温带地区，是一种很好的草坪草，也是优质的饲草。叶片窄长，深绿色，正面叶脉明显，叶的背面光滑，具有蜡层，光泽度很好。叶宽 2～5 mm，富有弹性。发芽出苗快，成坪迅速。耐践踏，喜水肥，无芒，穗状花序，最适宜于在凉爽、湿润地区生长。不能耐受极端的冷、热和干旱，使用年限短。多年生黑麦草有时也呈现船形叶尖，易与草地早熟禾相混，但仔细观察会发现叶尖顶端开裂，叶环比草地早熟禾更宽、更明显一些，没有草地早熟禾主脉两侧的半透明的平行线。多年生黑麦草主要用于混播中的先锋草种或交播草种，由于抗二氧化硫等有害气体，故多用于工矿企业区。除了作为短期覆盖植被，多年生黑麦草很少单独种植。

②一年生黑麦草

一年生黑麦草与多年生黑麦草的主要区别是，叶宽大粗糙，柔软下披，黄绿色，新叶为卷曲状，茎直立、光滑，花穗长、有芒，再生力差，生长速度快，常用于快速建坪的草坪，可作为暂时植被。

（4）匍匐剪股颖

匍匐剪股颖喜冷凉湿润气候，为多年生匍匐生长的草坪草，较长的膜状叶舌是其主要特征，茎丛生细弱、平滑，匍匐茎发达，叶芽卷曲，质地细腻，品质佳，耐高强度低修剪，抗寒性强，耐阴性介于紫羊茅与草地早熟禾之间，较耐碱，耐践踏，再生性强，生长速度快。但对紧实土壤的适应性差，耐热性差，根系浅，喜湿性极强，不耐旱，抗病虫能力差，要求管理精细。匍匐剪股颖常应用于运动、观赏草坪，可作为急需绿化材料等，如常选用其优良品种作为高尔夫球场果岭草坪的建植材料。由于其侵占性强，常作为单纯草坪，很少与其他冷季型草坪草混播。

2.暖季型草坪草

暖季型草坪草表现为夏绿型，植株低矮，均一性好，不耐寒，低于 10 ℃时进入休眠，绿期在 240 天左右，大多具有匍匐茎，生长势和竞争力较强，一旦成坪，其他草很难侵入。暖季型草坪草主要以营养繁殖为主，也可用种子繁殖，生产上主要用草茎种植。狗牙根和结缕草是暖季型草坪草中较为抗寒的草种，它们中的某些种能向北延伸到较寒冷的辽东半岛和山东半岛。暖季型草坪草一年中只有夏季一个生长高峰期，不耐寒，绿期短，低于 10 ℃时进入休眠，比较低矮，均一性好，多以草茎繁殖为主，大多具有匍匐茎，有较强的生长势和竞争力，北方应用广泛的主要是结缕草、狗牙根等。

（1）结缕草属

结缕草属原产于亚洲东南部，我国北起辽东半岛、南至海南岛、西至陕西关中等广大地区均有野生种，在我国山东、辽宁及江苏一带大量分布，是目前我国为数极少的不依靠进口，而且还能出口的草坪草种子。

①结缕草

结缕草是暖季型草坪草中抗寒能力较强的草种，为多年生草本植物，具有坚韧的根状茎及匍匐茎，叶片革质，常具柔毛，适应性强。它的优点是喜光、抗旱、抗热、耐贫瘠、植株低矮、坚韧耐磨、耐践踏、弹性好、覆盖力强、寿命持久，缺点是叶子粗糙且坚硬、质地差、绿期短、成坪慢、苗期易受杂草侵害。由于结缕草养护费用低，其种植面积不断扩大。

②细叶结缕草

细叶结缕草为多年生草本植物，具有地下茎和匍匐茎，秆直立纤细，呈丛状密集生长，喜光，不耐阴，耐湿，耐寒性较结缕草差。夏秋季节叶片茂盛，一片油绿，坪观效果高，侵占力极强，常形成单一草坪，一般作封闭式花坛草坪供人观赏，也可作开放型草坪、固土护坡草坪、绿化和保持水土草坪。

③沟叶结缕草

沟叶结缕草，俗名马尼拉草、半细叶结缕草，是著名的草坪草，叶片细长、较尖、呈沟状，叶片草质，常直立生长，上面有绒毛，心叶卷曲，叶片呈淡绿或灰绿色，背面颜色较淡，质地较坚硬，扁平或边缘内卷。叶鞘长于节间，匍匐茎发达，密度大，品质好，生长慢，抗热性强，管理粗放。耐寒性和低温下的保绿性介于结缕草和细叶结缕草之间，抗病性、抗寒性比细叶结缕草强，植株更矮，叶片弹性和耐践踏性更好，在园林、庭园、道路停车场和体育运动场地应用普遍。

（2）狗牙根属

全世界温暖地区均有分布，多年生草本植物，具有发达的匍匐茎，是建植草坪的好材料，绿期短，冬季休眠。狗牙根是我国栽培应用较广泛的优良草种之一，广布于温带地区，我国华北、西北、西南及长江中下游等地广泛用此草建植草坪。

①普通狗牙根

普通狗牙根为多年生草本植物，具有根状茎和匍匐枝，茎秆细而坚韧，节间长短不一，叶呈扁平线条形，先端渐尖，边缘有细齿，叶色浓绿，幼叶呈折叠式，叶舌短小，穗状花序指状排列于茎顶；耐热抗旱，耐践踏，喜在排水良好的肥沃土壤中生长，抗寒性差，不耐阴，根系浅，遇干旱易出现茎嫩尖成片枯萎；在轻盐碱地上也生长较快，且侵占力强，在良好的条件下常侵入其他草坪地生长，有时与高羊茅混播用于运动场草坪，多用于温暖潮湿地区的路旁、机场、运动场及其他管理水平中等的草坪。

②杂交狗牙根（天堂草）

杂交狗牙根是一种著名的草坪草，叶片呈狭小三角形，因短小的形状如狗牙而得名。心叶折叠，节间短，低矮，匍匐茎贴地生长，根茎发达，具有密生、耐低修剪、生长快等优点。该类草坪在适宜的气候和栽培条件下，能形成致密、整齐、侵占性很强的优质草坪，但耐寒性弱，不耐粗放管理，常用于运动场、固土护坡、高尔夫球场、果岭、球道、发球台及足球场等。

第二节　草坪建植准备

一、坪床的清理

根除和减少影响草坪建植和以后草坪管理的障碍物，保证地表和 30 cm 的土层中树根、石块、建筑垃圾、杂草等障碍物被清除干净。通常土表 60 cm 以内不应有大块岩石和巨石，可移走或作为园林布景。

植前杂草清除和地下病虫害的防治在草坪建植和养护管理过程中是一项长期而艰巨的任务。草坪建植前，利用灭生性除草剂（环保型）彻底消灭土壤中的杂草，能显著减少前期草坪内杂草。

（一）物理防除

常用人工和机械方法清除杂草，翻耕、深耕、耙地，反复多次，这样既清除了杂草，又有助于土壤风化与土壤地力提升。

（二）化学防除

主要利用非选择性的除草剂除草，通常应用高效、低毒、残效期短、土壤残留少的灭生性或广谱性除草剂，如熏杀剂（溴甲烷、棉隆、威百亩）和非选择性内吸除草剂（草甘膦、茅草枯）。还可在播种前灌水，提供杂草萌发的条件，让其出苗，待杂草出苗后，喷施灭生性除草剂将其杀灭。

（三）生物除草

利用先锋草种（如黑麦草、高羊茅等）生长迅速的特点，快速形成地面覆盖层，起到遮阴、抑制杂草生长的作用。草坪草有一定的耐阴性，它能对前期萌芽慢的草种起到保护作用。这种在混播配方中加入一定比例的能快速出苗、生长的草种，进而抑制杂草生长的方式称为保护播种。

二、坪床的压实及粗平整

（一）坪床的压实

对于局部的"动土"地段，必须用水夯（灌大水）或是机械进行夯实，以防地面塌陷。对于进行过深地表耕作的土层，要用压辊将其压实，其密实度应当达到人进入时踏不出脚窝、小型作业车辆进入时压不出车道沟的程度。滚压应当适度，不得造成土壤结构板结。整地时常用 60～200 kg 人力推动的压辊，或选用 80～500 kg 的机动压辊。

（二）坪床的粗平整

粗平整是指对床面的等高处理，即通常按照设计要求，挖掉突起部分和填平低洼部分。对于填土方的地方，应考虑填土的沉降因素，要适量加大填土量，细质土一般按下沉 15%计算，使整个坪床达到一个理想的水平面。地基应与最终平整表面坡度一致。整地时，应考虑建成后的地形排水，采取龟背式或侧向倾斜式。适宜的地表排水坡度为 0.2%～3%，特殊要求除外。体育场草坪应设计成中间高四周低的地形。为便于草坪建植和之后的管理，应尽量避免陡坡。

三、坪床土壤的改良

草坪土壤应当具有良好的物理、化学性质。对于土质较差的土壤，应当加以改良。

（一）物理性质改良

对于过黏、沙性严重的土壤，应进行客土改良。专用草坪和运动场草坪土壤基质有其自身的特殊要求，如高尔夫球的发球台和果岭必须覆沙，要选用通气、透水良好的沙性基质。而一般的园林绿地草坪土质和肥力达到农田耕作土标准就可以了。

（二）化学性质改良

如果土壤的化学性质不良，就会严重影响草坪草的出土和后期存活，酸性土和盐碱性较重的土壤必须进行改良。

1.酸性土壤改良

在我国南方草坪建植中，改良酸性土壤是必要的一项措施，常用的方法是用石灰（生石灰、熟石灰和石灰石）来中和土壤中的活性酸和潜性酸，从而生成氢氧化物沉淀，消除铝毒。酸性土在施用石灰后，土壤胶体会由氢胶体变为钙胶体，使土壤胶体凝聚，这样有利于水稳性团粒结构的形成，可以改善土壤的物理性质。

2.碱性土壤改良

北方土壤表层盐分浓度比较大，在浇水干燥后表层常有一层盐皮，这会严重影响种子的发芽和小苗的存活。常采用施石膏、磷石膏的方法去除地表的盐渍，保护草籽的发芽。施 120 g/m^2 磷酸石膏粉，旋耕入 10 cm 厚土壤中的方法见效较快，在播种前施用能保护草籽出全苗。若施用硫黄粉改良，则作用比较慢。施用硫酸亚铁时，一般碱性土中施 30～50 g/m^2，重盐碱的可分批分次施入。化学方法改良土壤只能是局部（表层）的和短期的，一旦草苗出土成坪，表层盐害就会自动减轻。

四、设置排灌系统

面积在 2 000 m² 以上的草坪必须有充分的水源和完整的灌溉设备，应建稳定持久的地下排水管路，要和市政排水系统相连接。草坪灌水最好采用喷灌系统，管道应设在表层土壤以下 50～100 cm，一般在土壤冻层以下。利用地形自然排水，比降为 3‰～5‰。在挖管道沟时，要注意土壤沉降与坪床土壤的一致性。因土壤质地不同，沉降一般为 10%～15%，在对草坪质量要求较高的地方，可设置简单的地下排水系统，即埋设带孔的排水管，将渗透到管中的多余的水分排到场地外，标准运动场草坪可根据具体要求设置复杂的排水系统。

总之，合理的灌溉与排水是土壤改良的有效手段，优良的排灌设施，给草坪草提供了一个稳定的生长条件，有利于草坪草根系的生长发育。

五、翻耕

土壤翻耕是指建坪前对土壤进行翻土、松土、碎土等一系列的耕作过程。翻耕质量直接影响出苗率和苗期水分管理的质量，应在建植前全面深翻耙地，精耕细作，翻、耙、压结合，清除杂草及障碍物。翻耕深度一般为 20～25 cm，应在土壤湿润时用圆盘耙等机械充分破碎。严禁在土壤湿度过高时耕作，土壤太湿则容易在压力下形成泥条，使土壤结构被破坏。也不要在土壤太过干硬时耕作，特别是土质黏重的地块，容易产生大土块，土太干很难破碎散开，不容易耙碎平整，最终会影响播种质量和出苗的均匀度，产生较多的裸斑，影响所建植草坪的整体质量。只有在适宜含水条件下耕作才能确保耕作质量，可手取 3～4 cm 深的土壤，手握成团使其落地自然散开，或用手指使之破碎。若成团的土块易于破碎散开，则说明适宜耕作，此时耕作省工、省力，土块容易耙碎整平，耕作质量好。另外，如果翻耕后坪床土壤过于松散，则还应进行轻微镇压。

六、施基肥

理想的草坪土壤应是土层深厚、排水性良好、pH 值为 5.5～7.5、结构适中的土壤。种植前施足基肥，基肥以有机肥料为主，配合化学肥料施用。有机肥料必须充分腐熟，经过无害化处理，无异味，一般适宜施用量为 75～110 t/hm²，配合过磷酸钙的适宜施用量为 300～750 kg/hm²，施用时可结合翻地将肥料施入坪床。常用有机肥源有堆肥、厩肥、泥塘土、腐叶土、泥炭等，其一般使用量为 3～6 kg/m²。还可以选用 0.1～0.2 kg/m² 的高磷、高钾、低氮复合肥与有机肥混合作为基肥，或在建坪前每平方米草坪施含 5～10 g 硫酸铵、30 g 过磷酸钙、15 g 硫酸钾的混合肥料作为基肥。要深施和全层施，结合耕旋深施 20～30 cm 为好，为后续草坪的生长奠定良好的肥力基础。

七、坪床细平整及施种肥

细平整，即平滑土表，为种植做准备。小面积一般由人工平整（人工耙平，或用一条绳拉一个钢垫）。大面积则需借助专用设备，包括土壤犁刀、耙、重钢垫、钉齿耙等。土地不平整会导致灌溉水分布不均匀，直接影响出苗的均匀度，很容易缺苗，产生裸斑。所以，每次播种前必须认真进行细平整，结合施用种肥，改善苗期营养。种肥以复合肥为主，适宜的氮、磷、钾的比例为 1∶2∶1，有条件的可在播种前 1 天浇水以湿润耕层，为播种创造良好的水分条件。

第三节　草坪建植的实施

一、草坪草种选择

（一）根据生态环境的不同选择草种

1.温度条件

根据本地区的温度因子来选择适应本地区的具有耐寒、耐热习性的草种。

2.光照条件

根据草坪建植立地光照条件来选择阳性或者耐阴习性的草种。

3.环境湿度条件

根据本地区全年降雨量，栽植立地的潮湿程度、排水的方便程度以及养护的供水条件等来选择耐旱或者耐水湿的草种。

4.土壤条件

根据本地区土壤的化学性质，来选择耐酸性土壤草种或者耐盐碱性土壤草种，喜肥草种或者耐土壤瘠薄的草种。

（二）根据园林绿化功能要求选择草种

1.园林观赏草坪

北方要选绿色期长的、色彩翠绿的草种，南方要选草叶细腻、坪面整齐的草种。

2.运动场草坪

选择耐践踏，恢复力强的草种。

3.环保草坪

主要目的是防风固沙、防水土流失。应当选对当地环境适应性强，可以粗放管理，根系发达，地上匍匐茎和地下根茎发达，扩展性、覆盖能力强的草种；要选择病虫害少的草种。

（三）根据养护管理条件和要求标准选择草种

若养护条件充分，投入高，可以选择档次高的草种。若缺乏养护条件，则水、肥、修剪、防病等方面的管理就跟不上，因此养护投入低的场所要选择可以粗放管理的草种。

二、播种安排

（一）种子搭配

1.单播

单播是指只用一种草坪草种建植草坪的方法。单播保证了草坪的纯度，可造就美观、均一的草坪。但草坪对环境的适应能力较差，对养护管理的要求也较高。

2.混播

混播是指用两种或两种以上的草种或同种草的不同品种混在一起播种建植草坪的方法。混播使草坪具有广泛的遗传背景，因而草坪具有更强的环境适应能力，能达到草种间的优势互补，可使主要草种形成稳定和苗壮的草坪。但混播不易获得颜色和质地均匀的草坪，观赏效果稍差。选择混播方式时应掌握各类主要草种的生长习性和主要优缺点，以便合理选择草种组合。所选草种在质地、色泽、高度、细度、生长习性方面要有一致性。混合的比例要适当，要突出主要品种。混播比例根据利用目的和土壤状况确定，像运动草坪或开放式草坪，宜选择耐践踏的品种，如高羊茅 80%＋草地早熟禾 20%、草地早熟禾 70%＋高羊茅 20%＋多年生黑麦草 10%、狗牙根 70%＋结缕草 20%＋多年生黑麦草 10%。对于酸性较强的土壤，适宜选用匍匐剪股颖、羊茅属草种，以多年生黑麦草为保护草种，不适宜用早熟禾属草种；而中碱性土壤，常以草地早熟禾或高羊茅为主要草种，黑麦草为保护草种。

（二）播种时间

播种时间主要根据播种时的温度和播种后 2～3 个月内的温度状况确定。一般冷季型草坪草适合在初春和晚夏播种，最适气温为 15~25℃。而暖季型草坪草适合在春末和夏初播种，最适气温为 20～30℃。

（三）播种量

影响播种量的因素很多，如草种大小、发芽率、播种期及土壤条件等。如果播种条件不好，应适当加大播种量；如果草种繁殖能力很强，则可以降低播种量。一般确定标准是以足够数量的活种子来确保单位面积幼苗的额定株数，理论上每平方厘米有 1～2 株存活苗，即每平方米有 1 万～2 万株（混播的按混合比例计算）。

实际播种量为计算得到的理论播种量的 120%。在混合播种中，在土壤条件良好、种子质量高时，较大粒种子的适宜混播量为 20～30 g/m^2。

三、草坪的建植方法

（一）种子建植

种子建植就是直接利用草坪草种子，均匀播种于整理好的坪床上，通过一系列的管理工序，使得草坪种子发芽，生长发育，最终成为一块草坪。

1.普通播种

播种时将地块分成若干小区，按每小区面积称出所需的种子重量，在每个小区中，从上到下播一半种子，再从左到右播一半种子（交叉播种），保证播种均匀。小面积的可以拌细沙手工播种，大面积的采用播种机播种。播种完毕后，用覆土耙进行覆土，覆土厚度为 0.2～0.5 cm，使草种均匀混入 5～10 mm 土层中，然后用滚筒滚压 2～3 次，确保覆耙均匀，草种与土壤密接，坪床具有一定紧实度，最后用遮阳网、草苫子、无纺布、秸秆等覆盖，再浇透水，保持坪床湿润，直至种子发芽。

2.喷播

喷播是把预先混合均匀的种子、黏结剂、覆盖材料、肥料、保湿剂、染色剂、水的浆状物高压喷到陡坡场地的草坪建植方法。喷播具有播种均匀，效率高，施肥、混种、播种、覆盖等工序一次完成，受风力影响较小，能克服不利自然条件的影响，费用低，不占用农田，科技含量高等优点，适用于高等级公路的边坡坡面、高尔夫球场的外坡、立交桥坡面以及其他斜坡坡面的植草。

3.种子植生带法

种子植生带是指将草坪草种子均匀固定在两层无纺布或纸布之间形成的草坪建植材料。种子植生带法具有施工快捷方便、易于运输和贮存、出苗率高、出苗整齐、杂草少、有效防止种子流失、无残留和污染、成本较高的特点，特别适用于常规方法难以发挥作用的陡坡、高速路、公路的护岸、护坡地绿化铺设，也可用于城市的园林绿化、运动草坪以及水土保护等方面。

（二）营养器官建植

营养器官建植是指利用草皮、草块、枝条和匍匐茎等繁殖体建植草坪的方法，具有建坪迅速、养护管理强度小、需水量小、与杂草竞争力强等优点。

1.铺草皮

高质量的草皮是均一、无病虫害的，操作时能牢固地结合在一起，种植后 1～2 周就能生根。密铺的相邻草皮间应留 0.5～1 cm 空隙，草皮铺植后要追施表土，向相邻草皮的空隙内填土至与草皮表面一致，而后进行滚压或浇水后 2～

3 天滚压。草皮铺植方式主要有满铺法、间隔铺、条铺和点栽法。

（1）满铺法

用一定规格的草皮直接把建坪地铺满，一旦成活即成草坪。该法成坪快，草皮用量大，是所有营养繁殖建坪方法中成本最高的。

（2）间隔铺

将草皮或草毯铲成 30 cm 的方块形，按一定间距、形状排列铺装在场地上。铺设面积可占 1/3 或 1/2。该法节省草皮材料，但是成坪时间较长。

（3）条铺

将草皮或草毯铲成大约 10 cm 宽的长条形，以 10～20 cm 的间隔平行铺装在场地上。条铺适用于匍匐茎发达的草种，如狗牙根、结缕草、匍匐剪股颖等。

（4）点栽法

将草皮或草毯分成小块，按一定的株行距栽下。

2.蔓植（播茎法）

先将草坪匍匐茎切成带有 2～4 个节的茎段，然后均匀撒于坪床上或栽种于深为 5～8 cm、间距为 15～30 cm 的沟内，茎段 1～2 个节埋入地下，另一端露出地面，栽植后立即覆土、镇压和浇水。该法繁殖系数高，节省材料，成本低，成坪慢。一般每平方米材料可铺设 30～50 m² 草坪。该法主要用于匍匐茎发达的暖季型草坪草的繁殖（如狗牙根、结缕草等），也可用于具有匍匐茎的冷季型草坪草，如草地早熟禾、匍匐剪股颖等。

3.塞植

将柱状或块状草皮块（直径和高为 5 cm 左右）以 30～40 cm 的间距插入坪床，顶部与土壤表层平行。塞植适用于匍匐茎和根茎性较强的草种，一般可用于草坪草种的更换或修补受损草坪。

第八章　园林绿化植物养护管理

第一节　一般园林树木的养护管理

一、水肥管理

（一）喷水保湿

1.喷水时间

宜在早 10 时前或是在下午 4 时后进行。

2.喷水量

喷水时水量不宜过大，但要求雾化程度高。为防止喷水后树穴土壤过湿，喷水时也可以在树穴上覆盖塑料布或者厚无纺布，防止因水大而烂根的现象产生。若因喷水不当而造成树穴土壤过湿，则应适时地进行开穴晾坨。

3.喷水方式

喷水时管口不可以近距离直冲树冠，应当尽可能将水管举高，以免对幼嫩枝叶造成伤害。特别是在常绿针叶树种新梢伸展时，如云杉、雪松等，不正确的喷水方式常常会导致苗木落梢、落叶等。

（二）灌水

灌水也是绿化植物养护的重要环节之一。灌水不足常常会导致苗木萎蔫，当严重缺水时苗木会死亡。但灌水过多或者长时间土壤过湿，会导致苗木不生新根或者烂根死亡。灌水次数和灌水量，应当视苗木耐旱能力以及不同季节、不同气候条件、不同土质和不同生长发育时期对水的需求量而定。

1.根据不同苗木生长习性

一般浅根性、花灌木及喜湿润的土壤植物，灌水次数应当比深根性及耐旱树种要多些，例如枫杨、花叶芦竹等，应当适当地保持土壤湿润。而耐旱类，如枣树、旱柳、金叶莸、扁担木、沙枣等，可以适当减少灌水次数和灌水量。此外，枫杨、红瑞木等，在缓苗期内表土需要适当保持潮湿。

2.根据不同季节和气候条件

例如，在干旱少雨季节应当及时灌水，以保证植物的正常生长。当进入雨季时，可以减少灌水次数和灌水量，如遇大旱，也应当及时进行补水。

3.根据苗木不同的发育时期

苗木萌芽展叶以及枝叶旺盛生长的时期，是其营养生长期，需水量较大，所以应当及时灌水，保证土壤水分的充分供应。花芽分化期、果实膨大期是苗木的生殖生长期，也应当及时、适量地进行灌水。

4.根据不同土质

黏土的保水性强，但排水困难，在灌透水后应当控制灌水，以免因土壤湿度过大而导致烂根。沙土的保水性差，所以水流失严重，每次应灌大水，并且灌水次数应当增多。盐碱土在返盐季节要灌大水、灌透水，在小雨过后补灌大水，避免返盐及次生盐渍化。

（三）施肥

苗木在生长发育的过程中，需要消耗肥力，而适时补肥是保证苗木健壮生长的重要途径。不施肥或少施肥，常会导致苗木生长势衰弱、易遭受病虫的危害和观赏效果差等。

1.叶面追肥

（1）需要进行叶面追肥的树种

在大树移植的初期，未经提前断根处理以及不耐移植的苗木、生长势较弱的落叶大乔木和常绿阔叶树需要进行叶面追肥。

（2）肥液种类以及浓度

乔灌木类喷施磷酸二氢钾、磷酸二铵等，适宜浓度为 0.1%～0.3%，尿素的适宜浓度为 0.2%～0.5%。

常绿针叶树喷洒 0.1%～0.2%硫酸铜。

（3）追肥时期

依据树势可以使用单肥或是速效复合肥，追肥时间要巧，应当在植物需肥前喷施。

果树类追肥应当在开花前、花期、花后、壮果期进行。做好花前、花后的追肥，有利于果实发育和提高坐果率。

反季节移植大规格苗木，在栽植一个月后即可进行叶面追肥。

未经提前断根处理的大规格苗木，在展叶后可以进行叶面追肥。

（4）叶面追肥的注意事项

叶面喷施浓度要适宜，不可以过大或是过小，以免造成叶面灼伤或肥效不佳。喷施宜选择无风的晴天或是阴天，在清晨无露水或是傍晚时进行，严禁在强光照射时、大风天气、雨前进行施肥。

2.土壤施肥

（1）施肥时期

基肥为腐熟的厩肥、堆肥、鸡粪、人粪尿、绿肥等迟效性有机肥，过磷酸钙（80～100 g/m²）、氯化钾（30～50 g/m²）可以作为基肥与有机肥进行混合使用。基肥需要提前施用，通常多在休眠期或是发芽前施入。

（2）施肥方法

可以采用环状施肥、放射状施肥、条沟状施肥、穴施、撒施、水施等方式来进行。

（3）施肥注意事项

第一，不要过量施肥，不能施用未经腐熟的有机肥，以免产生肥害。

第二，施肥范围和深度应当根据肥料的性质、树龄以及树木根系分布特点而定。有机肥应当埋施在距根系集中分布层稍远的地方，过近施肥会出现"烧根"现象。

第三，施肥应当与深翻、灌水相结合，施肥后必须及时进行灌水。

第四，树木生长后期应当控制灌水和施肥，以免造成枝条徒长，降低抗寒的能力。若乔灌木类土壤施速效肥，最晚应当在8月上旬结束。

（4）不同类型树种施肥

①乔木类

绿地内大树以及景区内不便于采用穴施和沟施的，可以采用打孔施肥或用树穴透气管的方式进行灌施。在树冠投影的位置，打4～6个深度50～70 cm的孔，将肥料灌入孔内，然后灌水。

②花灌木类

要施好花前肥和花后肥，以促进花芽健康分化。

③果树类

在10月中旬，苹果树、梨树、桃树、杏树等果树，每株应当施入40 kg的腐熟有机肥、0.5 kg的碳酸氢铵混合肥；而枣树则应于秋冬季节每株环状沟施有机肥30 kg、磷肥0.5 kg；柿树适宜在3月或是10月施肥，以在果实采摘前施入有机、无机混合肥为最好。

二、中耕除草

（一）中耕

中耕是指采用人工促使土壤表层松动的方法。它可以增加土壤的透气性，促进肥料的分解，并有利于根系生长；还可以切断土壤表层的毛细管，增加孔隙度，以减少水分的蒸发和增加透水性。

园林绿地需要经常进行中耕，尤其是街头的绿地、住宅小区的绿地和小游园等，因为游人多，而土壤受践踏会板结，所以久而久之，就会影响树木的正常生长。中耕深度要依栽植树木而定，浅根性的中耕深度宜浅，而深根性的则宜深，通常在 5 cm 以上。如果结合施肥，则可以增加深度。中耕宜在晴天，或是雨后的 2～3 天进行，土壤含水量在 50%～60%时为好。关于中耕，花灌木一年内要进行 1～2 次，小乔木一年至少要进行 1 次，大乔木要隔年进行 1 次。夏季中耕要结合除草同时进行，宜浅些；而秋后的中耕宜深些，可以结合施肥进行。

（二）除草

除草要本着"除早、除小、除了"的原则。初春杂草生长就要进行铲除，但杂草种类繁多，不可能一次除尽，所以春夏季要进行 2～3 次除草。切勿让杂草结籽，否则翌年又会大量生长。

风景林或是片林内以及自然景观区的杂草，可以提高地表绿地覆盖率，使黄土不见天，并减少灰尘，减少地表径流，防止水土流失，同时也可以增加生物多样性，增添自然风韵，可以不进行除草，但要进行适当的修剪，尤其要剪掉过高的杂草，高度应保证在 16～20 cm，使之整齐美观。

化学除草剂除草方便、经济，除净率高，但会对环境造成污染，所以要尽量少用。

三、防寒防冻

某些树木，尤其是南方树种北移时，难以适应种植地的气候，或是在早春树木萌发后，遭受晚霜之害，从而使植株枯萎。为了防止冻害发生，常采取以下几种措施：

（一）灌冻水与春灌

灌冻水与春灌可以使土壤中有较多水分，土温波动较小（冬季土温不致下降过快，早春土温也不致很快升高）。在北方早春土壤解冻时及时灌水，能够降低土温，推迟根系的活动期，并延迟花芽萌动和开花，防止树木受到冻害。

（二）保护根颈和根系

通常堆土要堆 40～50 cm 高，并且要堆实。

（三）保护树干

在入冬前要用稻草或是草绳将不耐寒树木的主干包起来，包裹高度达 1.5 m 或包至分枝处；也可以用涂白剂涂白树干，以减少树干对太阳辐射热的吸收，降低树体昼夜温差，避免树干的冻裂。

（四）包裹树冠

因为棕榈科、苏铁类的树冠不太大，并且没有分枝，所以可以用塑料进行包裹，以免冻伤。

（五）搭风障

对于新种植和引进树种或是矮小的花灌木，在主风侧可以搭塑料防寒棚，或用秫秸来设防风障防风。

（六）打雪

要及时打落树冠上的积雪，特别是冠大枝密的常绿和针叶树，这样能够防止发生雪压、雪折、雪倒，同时也可以防止树冠顶层和外缘的叶子受冻枯焦。

四、保护和修补

树体的保护应该贯彻"防重于治"的精神，尽量防止各种灾害的发生。对树体上已经产生的伤口，应该早治，防止伤口扩大。应当根据树干上伤口的部位、轻重，采用不同的治疗和修补方法。

（一）树干伤口治疗

对于树木伤口，应当先用锋利的刀刮净、削平伤口四周，使皮层边缘呈弧形，然后用药剂进行消毒处理。

对于修剪造成的伤口，应当先将伤口削平，然后涂以保护剂。大量应用时也可以选用黏土、鲜牛粪加少量的石硫合剂混合作为涂抹剂。在消毒后用激素涂剂涂在伤口表面，这样可以促进伤口愈合。

对于风吹使树木枝干折裂的情况，应当立即用绳索捆缚进行加固，然后消毒并涂保护剂；而对于受雷击的树木，应当将烧伤部位锯除并涂以保护剂。

（二）补树洞

补树洞是为了防止树洞继续扩大，其方法主要有以下三种：

1. 开放法

具体方法就是将洞内腐烂木质部彻底清除干净，同时刮去洞口边缘的死组织，直至露出新的组织为止，再用药剂进行消毒并涂防护剂，同时改变洞形，也可以在树洞最下端插入排水管，以利于排水。

2. 封闭法

当树洞经处理消毒后，在洞口表面钉上板条，并以油灰涂抹，再涂以白灰乳胶，还可以在上面压出树皮状纹或钉上一层真树皮。

3. 填充法

填充物最好选用水泥和小石砾的混合物，可以就地取材。填充从底部开始，每 20～25 cm 的距离为一层，并用油毡隔开，每层表面都向外略斜，以利于排水。为了加强填料与木质部的连接，洞内可以钉若干电镀铁钉，并在两侧挖一道深约 4 cm 的凹槽。填充物边缘不应超出木质部，外层用石灰、乳胶等进行涂抹。为了富有真实感，可以在最外面钉上一层真树皮。

（三）涂白

将树干涂白，目的是防治病虫害和延迟树木的萌芽，避免日灼伤害。涂白剂配制成分有很多，常用的配方：水 10 份，生石灰 3 份，石硫合剂原液 0.5 份，食盐 0.5 份，油脂少许。在配制时要先化开石灰，把油脂倒入后充分搅拌，然后再加水拌成石灰乳，最后加入石硫合剂和盐水。也可以添加黏着剂，以延长涂白存在的时间。

五、整形修剪

（一）整形修剪的概念

整形，是指通过对树木采取修剪等措施，使之形成栽培者需要的树体结构和造型的过程。

修剪，是对树木的部分枝、叶等器官采取剪截、疏删的技术措施。它是调节树体结构、培养树木造型、促进生长平衡、恢复树木生机的手段。

整形是目的，修剪是手段。整形修剪也可以作为一个词来理解，是贯穿园林树木整个生命周期的管理措施。对于幼树来说，整形修剪是指通过修整树姿将其培养成骨架结构合理、具有较高观赏价值的树形。对于成年树和老树，整形修剪是指通过枝芽的除留来调节树木器官的数量，促进整株均衡生长，达到调节或恢复树木生长势、维持或更新造型的目的。

（二）整形修剪的作用

1.培养良好的树形，增强景观效果

园林绿化通常讲究其观赏效果，一方面强调绿化布局中的树木配置，另一方面也重视树形、树姿。任何树木如果不采取整形修剪措施，放任生长，就难以达到园林绿化的设计要求。整形修剪可以实现树木自然生长难以实现的不同栽培功能，创造和保持合理的树体结构，培养优良的树形、树姿，使树木能够充分发挥其景观效果。

2.调控树体结构，保障树木健壮生长

整形修剪通过调控树体结构，合理配备枝叶，可以调节养分和水分的运转与分配，调节树体各部分的均衡关系，保证树木的健康生长；可以改善通风透光条件，调节树木与环境的关系，使其适应不同的立地环境，减少病虫害。

3.塑造特殊造型

在一些儿童乐园或小游园等地方，模仿动物、建筑或其他物体的形态，可以将树木塑造成绿门、树屏、绿塔、绿亭、熊猫、孔雀等样式，构成具有一定特色的园景。在盆景制作中，可以通过修剪、蟠扎、雕琢等手法，控制树体的大小，将大自然中的大树微缩到盆钵中，形成优美的造型。

4.调控开花结果

花和果实是大多数园林植物突出的观赏特征，但开花结果与植物枝叶的生长常常出现养分的竞争。修剪可以调节营养生长与开花结果的矛盾，使植物均衡生长。

5.延长树木的寿命

自然生长的树木，结构乱、树形差、寿命短、最佳观赏期短。整形修剪可以使之生长健壮，促进老树的复壮更新，延长其寿命和最佳观赏期。

6.预防和避免安全隐患

园林中有的树木会出现结构不稳，树冠偏斜，因病虫危害或风雪造成的枝叶干枯、腐烂等现象，给行人、车辆和市政设施造成危害。整形修剪可以及时

解决树木与环境之间的矛盾，预防和避免这些安全隐患，保障人们的生命财产安全。

（三）整形修剪的原则

1.依据园林规划设计的要求

园林植物的栽培目的不同，对整形修剪的要求也不同。所以，应该依据园林规划设计对树木的要求和具体树木在景观配置中的作用，因地制宜，按需修剪。例如，行道树要求整体效果，树高、树形相似，分枝点应在 2 m 以上。

2.依据树种的生长发育习性

不同的树种具有不同的生物学特性，所以整形修剪要依据树种的生长发育习性，随树作形，因枝修剪。生长发育习性不同，采用的修剪、整形方式也不同。对于顶芽生长势特别强的树种，应保留中央领导干，以形成圆柱形或圆锥形树冠；对于顶芽生长势弱的树种，多采用圆球形或开心形树冠；对于观花、观果的树种，要根据花芽着生的方式和开花习性进行修剪。

不同树种的萌芽力、成枝力及生长势也有很大的差异。对于萌芽、发枝能力及愈合能力弱的树种，应少修剪或仅进行轻度修剪；对于萌芽、发枝能力很强的树种，可进行多次修剪。

对于生长过旺的树种，可基于"强枝强剪，弱枝弱剪"的原则，通过整形修剪来调节树形与树势，形成主从分明、树势均衡的状态。

3.依据树龄及生长发育阶段

树龄不同，方法有别。幼龄树以整形为主，为今后的生长及充分发挥园林功能打下基础，如配好主侧枝、扩大树冠等。成年树则以保持良好、优美的树形与完整、稳定的树冠为主，使树木持续发挥其应有的景观效果与生态效益。

4.依据树木生长地点的环境条件特点

环境条件不同，树木的整形方法也不同。在肥沃的土壤条件下，树木生长高大，一般以自然式整形为主；在瘠薄的土壤条件下，树木低矮，整形时应使树木矮小。在无大风袭击的地方，可采用自然式整形；在风害较严重的地方，宜截顶疏枝，进行矮化和窄冠栽培。在春夏雨水多的南方，易发生病虫害，应采用通风良好的树形；在气候干燥、降水量少的内陆，修剪不宜过重。

（四）整形修剪时期

1.冬季修剪

冬季修剪也叫休眠期修剪，是大多数落叶树种的修剪时期，宜在树木落叶休眠后到春季萌芽开始前进行。此期内树木生理活动缓慢，秋季叶片制造的光合产物大部分回流到主干、多年生枝、根部贮藏起来，所以冬季修剪造成的营养损失最少，伤口不易感染，对树木生长影响较小。

冬季修剪的具体时间应根据当地的寒冷程度和最低气温来确定。例如，冬季寒冷的北方地区，修剪后伤口易受冻害，故以早春修剪为宜；对一些需要保护越冬的花灌木，应在秋季落叶后立即修剪，然后埋土或包裹树木防寒。

在温暖的南方地区，自落叶后到立春萌芽前，都可以进行冬季修剪。因为伤口虽不能很快愈合，但不易遭受冻害。

对于一些有伤流现象的树种，一定要在伤流期以前进行修剪。伤流是树木体内的养分与水分在伤口处外流的现象，养分与水分流失过多会造成树势衰弱，甚至枝条枯死。例如，葡萄必须在落叶后、防寒前修剪，核桃、枫杨、元宝枫以在 10 月落叶前修剪为宜。

2.夏季修剪

夏季修剪是指自春季萌芽后，到秋季落叶前进行的修剪。夏季修剪主要是为了改善树冠的通风、透光性能，一般采用抹芽、环剥、扭梢、摘心、曲枝、疏过密枝条、调整主枝角度等修剪方法。

（五）园林植物常用的造型

1.自然式造型

基本保持树木的自然形态，只在幼年期根据其生长习性略加整形，在成年期只疏除、回缩破坏树形和有损树体健康与行人安全的过密枝、徒长枝、交叉枝、重叠枝、病虫枝、枯死枝等，维护树冠的匀称完整。自然式造型在园林绿化中应用最为普遍，最省工，最容易获得良好的观赏效果。行道树、庭荫树等乔木类多采用自然式造型。

2.规则式造型

在规则式园林绿地中，选用树形美观、规格一致的树种，按固定的株行距配植，通过整形修剪形成整齐一致的几何图形或设计要求的特殊造型，称为规则式造型。这种整形方式基本不考虑植物的生长发育习性，对其自然形态改变较大。需选用萌芽力强、枝叶繁茂、比较耐修剪的树种，如黄杨、圆柏、榆树、火棘等。

（1）几何形体的整形

按几何形体的构成标准进行修剪整形，包括单株树和花坛，如球形、蘑菇形、圆锥形、圆柱形、正方体、葫芦形、城堡式等。

（2）非几何式整形

①垣壁式

在庭院、建筑物附近为建造绿墙以分隔空间而进行的整形。常见的形式有鱼刺形、十字形、U 字形等。

②雕琢形

根据人物、动物、建筑等的形体，对树木进行人工修剪、蟠扎、雕琢，如门框、树屏、绿柱、绿塔、熊猫等。

3.混合式造型

在园林植物固有的自然形态的基础上，稍加人工改造而形成的造型。常见的造型有自然杯状形、自然开心形、多主干形和多主枝形、中央领导干形、圆球形、伞形等。

（1）自然杯状形

此树形是杯状形的改良树形，杯状形即是"三主、六枝、十二叉"。这种树形无中心主干，仅有相当高度的一段主干，自主干上部均匀地配置三大主枝，主枝之间夹角约为120°，每个主枝上根据需要选留2～3个侧枝。要求同级侧枝留在不同方向，在侧枝上再适当选留枝组。目前园林中有很多观赏桃采用自然杯状形。

（2）自然开心形

此树形是由自然杯状形改造发展而来的，无中心主干。

主干上部留三大主枝，水平夹角120°，主枝在主干上错落着生，主枝上适当地配置侧枝2～3个。此树形整形修剪容易，又符合树木的自然发育规律，生长势强，骨架牢固，能较好地利用立体空间，充分利用光能，有利于开花结果，故为园林中桃、梅、石榴等观花树种所采用。

（3）多主干形和多主枝形

这两种整形方式基本相同，具有低矮主干的称为多主枝形，无主干的称为多主干形，最宜为观花乔木、庭荫树、园路树等采用。

①多主干形

不留低矮的主干，可直接选留多个主干，其上依次递增配置主枝和侧枝，此为多主干形。

②多主枝形

在苗圃期间，先留一个低矮的主干，其上均匀地配置多个主枝，在主枝上选留外侧枝（一般不留内侧枝），使其形成匀称的树冠，此为多主枝形。

（4）中央领导干形

留一强大的中央领导干，在其上着生疏散的主枝。本树形适用于干性强的树种，能形成高大的树冠，最适宜用于行道树、庭荫树、独赏树等的整形。

（5）圆球形

此树形在园林绿化中广为应用，其特点是有一段极短的主干，在主干上分生多数主枝。各级主枝、侧枝均匀错落着生，有利于通风透光，故叶幕层较厚，绿化效果好。本树形多用于小乔木及灌木的整形，如黄杨类、杨梅、海桐、龙柏等。

（6）伞形

此树形在园林或厂矿绿化中，常用于建筑物出入口或规划式绿地的出入口，两两对植，起导游提示作用。在池边、路角等处，可点缀取景，效果很好。它的特点是有一明显主干，所有侧枝均下弯倒垂，逐年由上方芽继续向外延伸扩大树冠，形成伞形，如龙爪榆、龙爪槐、垂枝桃等。

（六）整形修剪技术及其运用

1.整形修剪的基本方法

由于整形修剪时期和部位的不同，采用的整形修剪方法也不一样。归纳起来，整形修剪的基本方法有短截、疏剪、回缩、环剥与环割、刻伤、扭梢与折梢、开张角度等，根据修剪对象的实际情况灵活运用。

（1）短截

将一年生枝条剪去一部分叫短截。短截可刺激剪口下的侧芽萌发，增加枝条数量；改变主枝的长势，短截越重抽枝越旺；改变顶端优势；控制花芽形成和坐果，促进营养生长和开花结果。

①轻短截

剪去枝条的 1/5～1/4，剪后形成中短枝多，单枝长势弱，可缓和树势。轻短截主要用于观花、观果类树木强壮枝的修剪。修剪后树木易分化更多的花芽。

②中短截

剪去枝条的 1/3～1/2，剪在枝条中上部饱满芽部位，剪后中长枝多，成枝力高，长势旺。中短截主要用于各级骨干枝、延长枝的培养，以及某些弱枝的复壮。

③重短截

在枝条的中下部剪截，一般剪去枝条的 2/3～3/4。重短截对局部的刺激大，对全树生长都有影响，主要适用于弱树、老树和老弱枝的复壮更新。

④极重短截

在春梢基部留 2～3 个芽，其余全部剪去，修剪后萌发 1～2 个弱枝，但有可能抽生一根特强枝，去强留弱，可控制强枝旺长，缓和树势，一般生长中等的树木反应较好。极重短截多用于改造直立旺枝和竞争枝。

（2）疏剪

将一年生枝或多年生枝从基部剪除，也叫疏枝。

疏剪主要是疏去膛内过密枝，减少树冠内枝条的数量，使枝条均匀分布，改善树冠内通风透光条件，增强光合作用；控制强枝，控制增粗生长，疏剪量决定着长势削弱程度；疏去病虫枝、伤残枝等，减少病虫害发生；枝叶生长健壮，有利于花芽分化和开花结果；疏剪轮生枝，防止掐脖现象，疏剪重叠交叉枝，为留用枝生长腾出空间。

疏枝的对象，主要是病虫枝、伤残枝、干枯枝、弱枝，以及影响树形的交叉枝、重叠枝、并生枝、衰老下垂枝、竞争枝、徒长枝、根蘖枝等。

注意，疏枝对全树的总生长量有削弱作用，但对树体的局部有促进作用。疏强留弱或者疏剪枝条过多，会对树木的生长产生较大的削弱作用。疏剪多年生的枝条，对树木生长的削弱作用较大，一般宜分期进行。

（3）回缩

回缩又叫缩剪，是指对多年生枝进行剪截，在树木生长势减弱、部分枝条开始下垂、树干中下部出现光秃现象时，在多年生枝的适当部位，选一健壮侧生枝做当头枝，在分枝前剪截除去上部枝条。

回缩能改变主枝的长势，有利于更新复壮；改变发枝部位，转主换头；改变延伸方向，改善通风透光条件。

（4）环剥与环割

用刀在树干或枝条基部的适当位置，剥去一定宽度的一圈树皮，称为环剥。

环剥宽度应控制在枝干粗度的 1/10 左右。

用刀在树干或枝条基部的适当位置，环状切割几圈，深达木质部，割断韧皮部而不剥去树皮，称为环割。

剥去枝干上的一圈树皮或割断韧皮部，切断了皮层向下的运输线，阻碍了叶片光合产物下运，提高了环剥口以上部位有机营养的含量，抑制了根系的旺盛生长，削弱了生长势较旺的树木或枝条的生长势，抑制了树木的营养生长，因而有利于开花结果。

（5）刻伤

在短枝或芽的上方，用刀横刻皮层，深达木质部，这叫刻伤，也叫目伤。在芽的上部刻伤，可以暂时阻碍养分再向上运输，从而使刻伤下部的芽得到充足的养分，有利于芽的萌发抽枝。

（6）扭梢与折梢

在生长季内，对于生长过旺的枝条，特别是背上直立枝、徒长枝，将枝条的中下部（半木质化时）扭曲下垂，称为扭梢。将枝条折伤而不折断，称为折梢。扭梢与折梢，只伤其木质部，不破坏韧皮部；阻碍了水分、养分向生长点输送，削弱了生长势，有利于形成短花枝。

（7）开张角度

常用的开张角度的方法有拉枝、连三锯、撑枝或吊枝、转主换头、里芽外蹬。

①拉枝

为加大开张角度，可用绳索等拉开枝条，一般经过一个生长季，待枝的开张角度基本固定后解除拉绳。

②连三锯

多用于幼树，在枝大且木质坚硬，用其他方法难以开张角度的情况下采用。其方法是在枝的基部外侧一定距离处连拉三锯，深度不超过木质部的 1/3，各锯间相距 3～5 cm，再行撑拉，这样易开张角度，但影响树木骨架的牢固性，应尽量少用或锯浅些。

③撑枝或吊枝

大枝需改变开张角度时,可用木棒支撑或借助上枝支撑下枝,以开张角度。如需向上撑抬枝条,缩小角度,可用绳索借助中央主干把枝向上拉。

④转主换头

转主时需要注意原头与新头的状况,二者粗细相当可一次剪除;如粗细悬殊应留营养桩分年回缩。

⑤里芽外蹬

可用单芽或双芽外蹬,改变延长枝的延伸方向。

2.常用的整形修剪术语

(1)分枝点

主干与树冠交界的区域。

(2)冠高比

树冠高度与主干高度的比值。

(3)不同生长方向的枝条

直立生长的枝,叫直立枝;和水平线有一定角度,向上斜生的枝,叫斜生枝;水平生长的枝叫水平枝;先端向下垂的枝叫下垂枝;枝条向树冠中心生长的称为向内枝。

(4)互相影响的枝条

同一平面内上下重叠的两个枝条称为重叠枝;同一水平面上平行生长的两个枝条称为平行枝;相互交叉生长的两个枝条称为交叉枝;从一节或一芽并生出的两个或两个以上的枝条称为并生枝。

(5)整形带

在苗木主干上要求形成下级主枝的发枝部位,每一整形带要求有 6~8 个充实饱满的芽。

(6)层距

每层主枝中最上一个主枝的上方至上一层主枝中最下一个主枝的下方之间的距离称为层距。

（7）方位角

以中央领导干为中心向圆的水平方向分布，两个主枝间的夹角称为方位角。方位角可用来说明主枝分布方向及其在树冠中所占的空间。

（8）开张角

主枝斜向上生长与主干间形成的分权角度称为开张角。由于主枝在生长过程中受到风、雨、光及修剪等因素影响，其延伸方向发生变化，通常主枝基部与主干的夹角称为基角；中部与主干平行线形成的夹角称为腰角；前部枝梢与主干平行线形成的夹角称为梢角。

（9）竞争枝

在骨干枝先端的强旺枝上短截时，剪口下的两个或三个芽萌发新梢，其长势相当，第二个芽和第三个芽抽生的旺枝与第一个芽抽生的强枝争夺养分和水分，因此它们被称为竞争枝。

（10）剪口芽

剪截枝条时剪口下的第一芽称为剪口芽。短截时剪口芽的选留很重要，为促发强枝可选择壮芽，剪口芽为弱芽可缓和树势。

（11）延长枝

骨干枝上最先端的枝称为延长枝，起到引导树冠向外扩展、引导骨干枝向所需方位延伸的作用。

（12）主枝邻近

同层主枝相距较远，不会出现掐脖现象，但因位置差异，各主枝的长势不同，修剪时应注意平衡主枝长势。

（13）主枝邻接

同层主枝着生于中央领导干上，枝与枝之间距离很近，长粗后如同在同一圆周线上，称为主枝邻接。类似轮生枝，主枝着生部位以上的主干增粗生长转慢，粗细悬殊，中央主干长势转弱，这种现象称作掐脖。为此，在养护中若主枝邻接，则应开张角度，控制主枝增粗，防止掐脖。

（14）轮生枝

在骨干枝上（一般在中央领导干上）着生于同一圆周线上的一些枝，紧密排列成一圈，称为轮生枝。

（15）营养桩

缩剪大枝时为了辅养换主枝，需分年分段缩剪，所留用的一段枝称作营养桩。当换主枝生长到一定粗度后，需疏除营养桩。

（16）抬枝和压枝

主枝的前部生长旺盛，为促进后部生长和形成花芽而进行的使枝开张角度的处理方法称作压枝；当主枝开张角度过大，生长衰弱时，选用向上枝为枝头进行缩剪的方法，称为抬枝。

3.整形修剪技术的具体运用

（1）骨干枝的培养与更新

①骨干枝的培养

定植后当年恢复生长，多留枝叶，进入休眠后对适当位置选留主枝，轻剪留壮芽，其他枝条要开张角度，防止与主枝竞争。

平衡主枝的长势，次年休眠期选强枝做延长枝，壮芽当头短截，如枝多可适当疏枝，控制增粗，使各主枝生长平衡，防止中央领导干长势过旺。

控制主干与主枝的生长势平衡。主干上部生长强旺时，为避免抑制主枝，应采取措施削弱顶端优势；主枝生长强旺时，会影响侧枝形成，可加大主枝梢角，选留斜生侧枝，平衡主侧枝的长势。主要通过调整角度，利用延长枝或剪口芽方向，以及疏枝等方法加以调节，防止主强于侧或主侧倒置的情况出现。

②骨干枝的更新

如果树体生长显著衰弱，新梢很短，内膛枝大量枯死，树冠外围不发长枝，修剪反应迟钝，则表明树体出现衰老症状，应及时更新骨干枝，恢复树势，延长寿命。

更新前应控制结实，多留枝叶，深垦土壤，重施水肥，恢复树势，通常需2～3年；轻剪多用短截，选留壮枝、壮芽，适当抬高枝的角度，促发新枝；疏剪细弱密枝，徒长枝尽量利用。

更新准备完成后应根据骨干枝的衰弱程度进行回缩，回缩到生长较好的部位，用斜生枝的壮枝、壮芽当头。对留下的所有分枝做相应的回缩与短截，壮枝、壮芽当头，对徒长枝进行改造利用。

更新过程中萌发的一年生枝应部分长放，部分短截，促发新枝；同时对全树整体营养有所安排，控制生殖生长，防止复壮更新后再度衰老。

（2）侧枝短截法

短截时，先选择正确的剪切部位，应在侧芽上方约 0.5 cm 处，以利于愈合生长；剪口平整略微倾斜；短截枯枝时要剪到活组织处，不留残桩；短截时要注意选留剪口芽，一般多选择外侧芽，尽量少用内侧芽和傍侧芽，防止形成内向枝、交叉枝和重叠枝；有些树种如白蜡等的侧芽对生，为防止内向枝过多，在短截时应把剪口处的内侧芽抹掉。

（3）侧枝疏剪法

疏枝时必须保证剪口下不留残桩，正确的方法是在分枝的结合部隆起部分的外侧剪切，剪口要平滑，利于愈合。

（4）大枝锯切法

大枝通常枝头沉重，锯切时易从锯口处自然折断，将锯口下母枝或树干皮层撕裂。为防止这种现象出现，可从待剪枝的基部向前约 30 cm 处自下而上锯切，深至枝径的 1/2，再向前 3～5 cm 自上而下锯切，深至枝径的 1/2 左右，这样大枝便可自然折断，最后把留下的残桩锯掉。

（5）修剪伤口的处理

修剪小枝可不进行伤口的保护处理，而修剪中大枝必须在修剪后做好伤口的保护处理，即使伤口平滑，消毒后涂抹保护剂。

一般剪口的斜切面与芽的方向相反，其上端与芽端相齐，下端与芽之腰部相齐。

剪口芽方向是将来延长枝的生长方向。剪口芽方向向内，可填补内膛空位；剪口芽方向向外，可扩张树冠。在垂直方向上，每年修剪延长枝时，所留的剪口芽的方向与上年的剪口芽方向相反。斜生的主枝，剪口芽应留外侧或向树冠空疏处生长的方向。剪口应平滑，不得劈裂。枝条短截时应留外芽，剪口应位于留芽位置上方 0.5 cm 处。

（七）不同类型园林树木的整形修剪

1.行道树的整形修剪

行道树是指以美化、遮阴和防护为目的，在人行道、分车道、公园或广场游径、滨河路、城乡公路两侧成行栽植的树木。行道树和其他树一样，具有防护、美化、改善城区的小气候，夏季增湿降温、滞尘和遮阳等功能。它在城市绿化中有其独特的作用。行道树是城市绿化的骨架，它将城市中分散的各类型绿地有机地联系起来，构成美丽壮观的绿色整体。行道树既能反映城市的面貌，又能呈现出地方的色彩，还有组织交通的作用。

行道树一般用主干通直、树体高大的乔木树种，具有枝条伸展、树冠开阔、枝叶浓密等特点。

主干的高低与街道的宽窄有关。街道较宽，行道树主干高度以 3～4 m 或更高为宜；窄的街道，行道树主干应为 3 m 左右。公园内的园路树或林荫路上的树木，主干高度以不影响游人行走为原则。通常枝下高为 2 m 左右，同一条干道上枝下高保持整齐一致。

定植后的行道树，要每年修剪扩大树冠，调整枝条的伸出方向，增加遮阳保温效果。一般用 4～6 年时间完成整形任务，同时应考虑建筑物的适用与采光。

行道树距车道边缘的距离不应少于 70 cm，以 100～150 cm 为宜，树距房屋的距离不宜小于 500 cm，株间距离以 800～1 200 cm 为宜。在有条件的地方可用植物带方式，带宽大于 100 cm。植树坑中心与地下管道的水平距离应大于 150 cm，与煤气管道的距离应大于 300 cm，树木的枝条与地上部高压电线的距离应在 300 cm 以上，树木的枝下高为 280～300 cm。

（1）杯状形行道树的整形修剪

枝下高 2.5～4 m，以二球悬铃木为例，在树干 2.5～4 m 处截干，萌发后选3～5 个方向不同、分布均与主干成 45°夹角的枝条做主枝，其余分期剪除。主枝延长枝剪留 80～100 cm 长，剪口芽，留侧芽。第二年冬季或第三年早春，于主枝两侧发生的侧枝中，选 1～2 个做延长枝，并在 80～100 cm 处短截，剪口芽留在枝条的侧面。如此反复修剪，最终得到杯状形树冠。

（2）开心形行道树的整形修剪

多用于无中央主干，成自然开展冠形的树种。定植时，将主干截留 3 m，方位、角度合适的枝条作为主枝培养，进行短截，其余枝条疏除。生长季对主枝进行抹芽，培养 3～5 个方向合适、分布均匀的侧枝，冬剪时进行短截。

（3）有中央领导主干的行道树的整形修剪

如杨、银杏、水杉、侧柏、雪松等，分枝点高度按树种特性及树木规格而定。注意保护主干顶梢，及时控制顶梢的竞争枝。主要选留好树冠最下部的 3～5 个主枝，一般要求几大主枝上下错开，方向匀称，角度适宜，及时剪掉主枝基部贴近树干的侧枝。如毛白杨，修剪时应与树干保持适当比例。一般树冠高占 3/5，树干（分枝点以下）高占 2/5。

（4）无中央领导主干的行道树的整形修剪

适用于干性较弱的树种，如旱柳、榆树等，分枝点高度一般为 2～3 m，留5～6 个主枝，各层主枝间距要短，以利于自然长成卵圆形或扁圆形的树冠。每年修剪的任务主要是密生枝、枯死枝、病虫枝和伤残枝等。

2.庭荫树的整形修剪

庭荫树是指栽植于庭院、绿地或公园中以遮阴和观赏为目的的树木，所以又称为遮阴树、绿荫树。庭荫树的枝下高无固定要求，若依人在树下活动自由为限，以 2～3 m 较为适宜；若树势强旺，树冠庞大，则以 3～4 m 为好，以更好地发挥遮阳作用。以遮阳为目的的庭荫树，冠高比以 2/3 以上为宜。

庭荫树强调单株树的树形，树冠整齐美观，分枝匀称，通风透光，要求树冠开阔宽大，呈圆锥形、尖塔形、垂枝形、风致形或圆柱形等。在庭院中勿用过多常绿庭荫树，否则易终年阴暗，让人有抑郁之感，距窗不宜过近，以免室内阴暗，应选用不易受病虫侵染的种类。常用树种包括雪松、南洋杉、松、柏、银杏、玉兰、凤凰木、槐、垂柳、樟、栎等。

树形管理应按照不同树种的习性分别进行，注意保持自然树冠的完整。

3.藤本植物的整形修剪

藤本植物可应用于庭院的入口处，形成花门、拱门；或应用于假山石上，增加山石的自然生气；或应用于庭院中的花架、棚架、亭、榭、廊等处，形成花廊或绿廊，如栽植花色丰富的爬蔓月季、紫藤等形成花廊，栽植葡萄、木香等形成绿廊，创造幽静美丽的小环境。

在园林绿化中，藤本植物可以起到遮蔽景观不佳的建筑物、防日晒、降低气温、吸附尘埃、提高绿视率的作用。在整形修剪上，对于藤本植物，应诱引枝条，使之能均匀分布，整枝的应调节各枝的生长势。对于吸附类植物，应注意大风后的整理工作。藤本植物常用的造型有棚架式、凉廊式、篱垣式、附壁式和直立式。

（1）棚架式

常用于卷须类及缠绕类植物。应在近地面处重剪，使生发出数条强壮主枝，然后垂直诱引主枝至棚架的顶部，并使侧枝均匀地分布架上，使之尽快形成荫棚。除隔数年将病、老或过密枝疏剪外，一般不必每年修剪。

（2）凉廊式

常用于卷须类及缠绕类植物，主枝不宜过早引至廊顶。

（3）篱垣式

常用于卷须类及缠绕类植物。水平诱引侧枝后，每年对侧枝施行短剪，形成整齐的篱垣形式。篱垣式包括水平篱垣式和垂直篱垣式。其中水平篱垣式为长而较低矮的篱垣形式，又可依其水平分段层次数量而分为二段式、三段式等。垂直篱垣式为距离短而较高的篱垣形式。

（4）附壁式

常用于吸附类植物。修剪时应使壁面基部全部覆盖，各枝在壁面上应分布

217

均匀，勿使相互重叠交错。

（5）直立式

常用于茎蔓粗壮的植物，幼年树结合扶架修剪成直立灌木状。

4.花灌木的整形修剪

（1）新栽灌木的修剪

新栽灌木一般不带土球，为保证树木成活、减少消耗，一般应重剪。尤其是北方地区，春天栽花椒、海州常山时成活较困难，应进行重剪。

对于 2～3 年生小苗，常只留一根高 30～40 cm 的主干，其余全部剪掉。玉兰等珍贵的花灌木，为保成活，应带土球移植，可适当轻剪。

①有主干的灌木的修剪

如榆叶梅、木槿等，除保留主干外，还应保留 3～5 个主枝。保留的主枝应短截 1/2 左右。较大的苗木，如主枝上有侧枝，也应疏去 2/3，其余的侧枝短截，只留 1/3。

②无主干的灌木的修剪

如玫瑰、黄刺梅、紫荆、连翘等，常自地面长出许多粗细不等的枝条，应留 4～5 个分布均匀的枝条做主枝，其余的齐根剪去。保留的主枝应短截 1/2，并使各主枝高矮一致。

（2）根据树木生长习性和开花习性进行修剪

①春季观花树种

连翘、榆叶梅、碧桃、迎春、牡丹等先花后叶的树种，在前一年夏季进行花芽分化，经过冬季低温阶段，于第二年春季开花。应在花残后叶芽开始膨胀尚未萌发时进行修剪。

修剪部位因植物种类、花芽特点的不同而有所不同。连翘、榆叶梅、碧桃、迎春等，可在开花枝条基部留 2～4 个饱满芽进行短截。牡丹则仅将残花剪除。

②夏秋季开花的树种

花芽着生在当年生枝条上的花乔木，如紫薇、木槿、珍珠梅等，在当年生枝上形成花芽。修剪应在休眠期进行。可在二年生枝基部留 2～3 个饱满芽重剪，能萌发健壮的枝条，花枝会少些，但由于营养集中，会产生较大花朵。

③一年多次抽梢、多次开花的灌木

如月季，可于休眠期对当年生枝条进行短剪或回缩强枝，同时剪除交叉枝、病虫枝、并生枝、弱枝及内膛过密枝。生长期可多次修剪，花后在新梢饱满芽处短剪（通常在花梗下方第2～3芽处），可促发新枝多次开花。寒冷地区，可进行重剪，必要时埋土防寒。

④花着生在多年生枝上的灌木

如紫荆、贴梗海棠等，在冬季修剪时应将枝条先端枯干部分剪除，在夏季修剪时对当年生枝条进行摘心，并逐年选留部分根蘖，疏掉部分老枝，以保证枝条不断更新。

⑤花着生在开花短枝上的灌木

如西府海棠等，应在花后剪除残花，在夏季修剪时对当年生枝条进行摘心，并对过多的直立枝、徒长枝进行疏剪。

（3）根据树龄、树势整形修剪

幼年树以整形为主，宜轻剪。疏剪病虫枝、干枯枝、人为破坏枝、徒长枝。

壮年树在冬季修剪时，对秋梢进行短截，同时逐年选留部分根蘖，并疏掉部分老枝，以保证枝条不断更新。

衰老树以更新复壮为主，采用重短截的方法，及时疏除细弱枝、病虫枝、枯死枝，以便萌发壮枝。

5.绿篱的整形修剪

绿篱是将树木密植成行，按照一定的规格修剪或不修剪而形成的绿色墙垣。绿篱一般利用萌芽力、成枝力强，耐修剪的树种，密集呈带状栽植而成，起防护、美化、组织交通和分隔功能区的作用。适宜做绿篱的植物很多，如紫叶小檗、女贞、大叶黄杨、小叶黄杨、桧柏、侧柏、卫矛、野蔷薇等。

绿篱的高度依其防范对象来决定。根据高度，绿篱可以分为绿墙（160 cm以上）、高篱（120～160 cm）、中篱（50～120 cm）和矮篱（50 cm以下）。对绿篱进行高度修剪，一是为了整齐美观，二是为了使篱体生长茂盛，长久保持设计的效果。

绿墙、高篱和花篱以自然式修剪为主，适当控制高度，并疏剪病虫枝、干枯枝，任枝条生长，使其枝叶相接，提高阻隔效果。中篱和矮篱用于草地、花坛镶边，或引导游人，多采用规则式的整形修剪方式，每年多次修剪。

为了美观和丰富园景，绿篱多采用几何图案式整形修剪，如矩形、梯形、半圆形等。绿篱种植后，剪去高度的 1/3～1/2。绿篱带宽窄、高度要一致，形成紧枝密叶的矮墙，显示立体美。

绿篱每年最好修剪 2～3 次，使下部分枝匀称、稠密，上部枝冠密接成型，保持上面平整，边角整齐，线条流畅。

6.花坛的修剪

2～3 月重剪一次，保留 30～50 cm，之后每月修剪 1～2 次，中间高，四周低。

花坛与其他绿地之间修边 30 cm，4～5 月和 8～9 月各进行一次，要求线条流畅。

7.造型树的整形修剪

如垂榕柱、桩景树、树球等，要求规则、整齐、统一，经常修剪，维持良好的形状。生长季节一般每月修剪 1～2 次，非生长季节每 1～2 个月修剪一次。

8.苗木阶段的整形修剪

（1）园林苗木在苗圃阶段的整形修剪

苗木在圃期间，主要根据将来的不同用途和树种的生物学特性进行整形修剪，使苗木定植后可更好地发育，为培养良好的树形打下基础，以便更好地起到绿化、美化的作用。

①观赏乔木

在圃期间，要培养高度合适的主干与分布匀称的主枝，主干高度根据树种和用途来决定。行道树主干高度一般超过 3 m，庭荫树主干高度一般为 1.8～2 m。因此，培养行道树、庭荫树苗木的关键是培育一定高度的主干，主干要通直向上延伸形成中干，主枝和各级侧枝均匀分布在中干上。全树从属关系要明确，树体结构要合理。

②丛生花灌木

通常，丛生花灌木顺其自然修剪成丛球形。在圃期间，需要培养出合适的多个主枝，从地面选出 3～5 个主枝，留 3～5 个芽短截，促其多抽生分枝，成形快，起到观赏作用。

③藤本类植物

在圃期间，主要是培养强大的根系，并培养一条至数条健壮的主蔓，多采用重短截或平截。

④绿篱

在圃期间，要求分枝多，特别注意从基部培育出大量分枝形成灌丛，以便定植后能进行任何形式的修剪。一般重剪两次防止下部光秃，在苗圃内形成一定形状。

（2）苗木在栽植时的整形修剪

苗木在栽植时的整形修剪与在圃期间的整形修剪截然不同。园林苗木在圃期间整形修剪的主要目的是培养合适的主干高度和良好的树形结构，为定植后生长成形打下基础。栽植时修剪的主要目的是调节根冠比，维持根冠水分代谢的相互平衡，提高栽植成活率；同时进一步修整树形，提高观赏价值。种植前应进行苗木根系修剪，将劈裂根、病虫根、过长根剪除，并对树冠进行修剪。

对具有明显主干的高大落叶乔木，应保持原有树形，适当疏枝，对保留的主侧枝进行短截，可剪去枝条的 1/3。常绿乔木，只剪除病虫枝、枯死枝、生长衰弱枝、过密的轮生枝和下垂枝。

乔灌木在修剪时应保持原有树形，主枝分布均匀，主枝短截长度不超过1/2。丛枝型灌木预留枝条大于 30 cm，并适当疏枝；作为绿篱的苗木，种植后应按设计要求整形修剪；藤木类苗木应剪除枯死枝、病虫枝、交叉枝、徒长枝。

对圃内选留的主枝可进行重截。丛生花灌木，一般萌芽力较强，所以栽植时修剪均较重。根蘗发达的种类，多采用疏枝，促其更新。较高大的树木，应在种植前进行修剪，栽植稍加调整，特别是行道树，栽植后要检查主干高度和树高是否基本一致，相差不能超过 50 cm。如果相差太大，则必须进行修剪调整。

生长季移植的落叶树，在保持树形的前提下应重剪，可剪去枝条的 1/3～2/3，并适当增加土球体积；常绿树修剪时应留茬 1～2 cm。

第二节　古树名木的养护管理

一、古树名木的概念

古树名木是指在人类历史发展过程中保存下来的年代久远或具有重要科研、历史、文化价值的树木。

进入缓慢生长阶段的树木，干径增粗，生长极慢，同时从形态上能够给人以历经风霜、苍劲古老之感，因此称为古树。

名木，即具有历史意义、教育意义或在其他方面具有社会影响而闻名于世的树木。其中有的以姿态奇特、观赏价值极高而闻名。

2000 年 9 月 1 日发布实施的《城市古树名木保护管理办法》规定，古树是指树龄在 100 年以上的树木。名木是指国内外稀有的，具有历史价值、纪念意义、重要科研价值的树木。古树名木分为一级和二级。凡树龄在 300 年以上，或者特别珍贵稀有，具有重要历史价值、纪念意义、重要科研价值的古树名木，为一级古树名木；其余为二级古树名木。

古树名木是林木资源中的瑰宝，是大自然和前人留下的珍贵文化遗产，也是社会文明与历史进步的见证，具有重要的科研、文化、生态、历史价值。一棵古树就是一部历史，蕴藏着极为珍贵的历史信息，如气象资料等，是不可再生的宝贵资源。我国的古树名木分布之广、树种之多、树龄之长、数量之大，均为世界罕见，所以理应得到保护。

二、古树名木调查

古树名木是我国的活文物，是无价之宝，大多数古树名木数量稀少，分布零散或局限于小区域，天然资源有限。各地应组织专人进行细致的调查，摸清我国的古树名木资源。

调查内容主要包括以下几个方面：

（一）分布区的基本情况

包括地理位置、气候条件和小气候环境、土壤类型。

（二）群落的特征

包括生态系统类型和群落结构、目的种在群落中的位置、建群种和主要伴生种的组成、目的种的组成结构。

（三）母树资源情况

包括树种、树龄、树高、树冠、胸径、生长势、开花结实情况。

（四）资源情况

包括可利用的种子资源、幼树幼苗资源、抽穗资源等。

（五）其他资料

包括古树名木对观赏及研究的作用、养护措施等。同时还应搜集有关古树名木的历史资料，如有关古树名木的诗、画、图片及神话传说等。

三、古树名木衰老的原因

任何树木都要经历生长、发育、衰老、死亡等过程，也就是说，树木的衰老、死亡是客观规律。但是人们可以通过人为的措施使衰老死亡的阶段延迟到来，使树木最大限度地为人类造福，为此有必要探讨古树名木衰老的原因，以便更有效地采取措施。

（一）土壤密实度过高

从初步了解的古树名木生长环境情况看，其生长条件都比较好，它们一般生长在宫、苑、寺、庙中，或是宅院内、农田旁，这些地方一般土壤深厚、土质疏松、排水良好、小气候适宜。但是近年来，随着经济的发展、人民生活水平的提高，旅游已经成为人们重要的休闲娱乐方式，特别是有些古树名木姿态奇特，或因其具有神奇的传说，招来大量的游客，从而导致土壤板结，密实度过高，透气性降低，机械阻抗增加，对树木的生长十分不利。

（二）树干周围铺装面过大

有些地方为了美观和方便行人行走，用水泥、砖或其他材料铺装，仅留很小的树池，这样就会影响地下部分与地上部分的气体交换，使古树名木根系处于透气性很差的环境中，不利于古树名木的生长发育。

（三）土壤理化性质恶化

近年来，有些人在公园古树名木旁搭帐篷，开各式各样的展销会、演出或其他形式的活动，这些人在古树名木旁乱扔杂物、乱倒污水，这造成土壤理化性质恶化，对古树名木的生长非常有害。

（四）根部的营养不足

有些古树名木栽在殿基土上，植树时只在树坑中换了好土，树木长大后，根系很难向坚土中生长。由于根活动范围受到限制，营养缺乏，因此树木衰老。

（五）人为的损害

由于各种原因，人们在树下乱堆东西（如建筑材料、水泥、石灰、沙子等），特别是石灰，堆放不久后，树就会受害死亡。有些地方因为建房、修路、建立交桥等将古树名木人为砍伐，造成古树名木的消亡。除了遭到恣意砍伐和移植，有些古树名木还面临着焚香烟熏、乱刻乱画、拴绳挂物、乱搭棚架等破坏。例如，在深圳新洲二街的一棵榕树下总有许多神龛，由于榕树有 600 多年的树龄，很多人视之为神树，每逢节假日就在此焚香、烧纸，烟熏火燎。虽然这棵树边上竖了一块"古树名木"的大理石标示牌，说明其保护价值，而且周围砌起了 2 m 多高的围墙，但古树的枝干下部还是被熏黑了。在其他经济不发达的地区，这种现象更是常见。

（六）病虫害

任何树木都不可避免地会发生病虫害，但古树名木因高大、防治困难而失管，或因防治失当而受到更大危害，这在古树名木的生长发育中是很常见的。例如，洞庭西山有一株古罗汉松，因遭受白蚁危害而需要请当地相关部门进行防治，结果古树因高浓度农药的喷洒而死亡。所以，用药要谨慎，并应加强综合防治，以增强树势。古树名木中比较常见的虫害有白蚁、蠹蛾、天牛等，其中白蚁危害最为严重。另外，一些新的病虫，如银杏超小卷叶蛾等，应及早防治。

（七）自然灾害

雷击雹打，雨涝风折，都会大大削弱树势。如苏州文庙的一株明代银杏便因雷击而烧伤半株。台风伴随大雨的危害更为严重，苏州 6214 号台风阵风超过 12 级，过程性降雨 413.9 mm，拙政园百年以上的枫杨被刮倒，许多大树被刮折；承德须弥福寿之庙妙高庄严殿前的三株百年油松，于 1991 年夏被大风吹倒。

四、古树名木的复壮

（一）古树名木复壮的理论基础

1.古树是寿命极长的树木

所有生物都有一定的生命期限，都应遵循生、老、病、死的生命规律，在此生命期限中采用各种有效的措施使之健康长寿都是符合科学原理的。古今中外有许多关于长寿树木的记载。山东莒县浮来山定林寺的一株银杏，《莒志》记载，春秋鲁隐公八年（公元前 715 年），鲁公与莒子曾会盟于树下。清顺治甲午年（1654 年），莒州太守陈全国又刻石立碑于树前，碑文中有："浮来山银杏一株，相传鲁公莒子会盟处。"可见该树树龄已经几千年。陕西黄帝陵轩辕庙前的"黄帝手植柏""挂甲柏"，虽无法确证其为黄帝亲手所植，但至少有 2 000 年树龄。从这些长寿树种的树龄来看，树木的寿命是极长的，可以以世纪来计。目前园林中常见的百年树种，生命潜力正旺，确实具有长寿的潜力。

2.生理方面

从活性氧防御酶系统的酶活性、非酶类活性氧清除剂含量来看，老幼树间的差异并不明显，且酶的活性能随生长势的增强而提升，说明老树的生理代谢机能依然正常。而顶端分生组织、侧生分生组织的分生能力是无限的。在没有外界伤害的条件下，树木的生长是不会自行停止的。由此，若相关人员排除各种干扰，加强养护工作，完全可以使古树名木复壮。例如，苏州市有一老橘园，园中东北侧有三株合抱粗的柿树，当地居民称，此三株柿树被太平天国军队烧毁后又自行萌发侧枝，逐渐成长为大树。

3.生物学特性

从古树名木的生物学特点来看，古树名木都源于种子繁殖，根系发达，萌发力强，生长缓慢，树体结构合理，木材强度高。

4.环境条件

古树名木生长的环境条件较好。位于自然风景区、自然山林的古树名木，原生的环境得到了很好的保护；位于名胜古迹处的古树名木，受到人们的刻意保护；有的古树名木有着特殊的立地条件，土壤格外深厚，水分与营养条件较好，生长空间大，有利于树体的良好发育。

（二）古树名木的复壮措施

1.地下部分的复壮措施

地下部分的复壮目标是促使根系生长，可以采取的措施是进行土地管理和嫁接新根。一般地下部分的复壮措施有以下几种：

（1）深耕松土

操作时应注意深耕范围要比树冠大，深度要求在 40 cm 以上，要重复两次才能达到这一深度。园林假山上不能进行深耕的，要调查根系走向，用松土结合客土、覆土的方法保护根系。

（2）埋条法

埋条法分为放射沟埋条法和长沟埋条法两种方法。

放射沟埋条法是指在树冠投影外侧挖放射沟 4～12 条，每条沟长 120 cm，宽为 40～70 cm，深为 80 cm。沟内先垫放 10 cm 厚的松土，再把剪好的树枝缚成捆，平铺一层，每捆直径 20 cm 左右，上面撒少量松土，同时施入粉碎的麻酱渣和尿素，每沟施麻酱渣 1 kg、尿素 50 g。为了补充磷肥可加入少量动物骨头和贝壳等物，覆土 10 cm 后放第二层树枝捆，最后覆土踏平。

如果株行距大，也可以采用长沟埋条法。沟宽 70～80 cm，深 80 cm，长 200 cm 左右，然后分层埋树条、施肥、覆盖、踏平。应注意埋条的地方不能低，以免积水。

（3）开挖土壤通气井（孔）

在古树林中，挖深 1 m、四壁用砖砌成 40 cm×40 cm 的孔洞，上面覆水泥盖，盖上铺浅土植草伪装。各地可根据当地材料就地取材，在天目山和普陀山可利用当地毛竹，取 1 m 多长的竹筒去节，相隔 50 cm 埋插一根毛竹。若用有裂缝的旧竹筒，筒壁不需要打孔，腐烂后可直接作为肥料。

（4）地面铺梯形砖和草皮

在地面上铺置上大下小的特制梯形砖，砖与砖之间不勾缝，留有通气道，下面用石灰砂浆衬砌，砂浆用石灰、沙子、锯末按 1∶1∶0.5 的比例配制。同时，还可以在埋树条的上面种上花草，并围栏杆禁止游人践踏，也可在其上铺带孔的或有空花条纹的水泥砖。此法对古树复壮有良好的作用。

（5）耕锄松土时埋入发泡聚苯乙烯

将废弃的塑料包装撕成乒乓球大小，数量不限，以埋入土中不露出土面为度，聚苯乙烯分子结构稳定，目前没有分解它的微生物，故不会刺激根系。渗入土中后土壤容重减轻，有利于根系生长。

（6）挖壕沟

一些名山大川上的古树，由于所处地理位置特殊，不易截留水分，常受旱灾，可以在树上方 10 m 左右处的缓坡地带挖水平壕，深至风化的岩层，平均深为 1.5 m，宽 2～3 m，长 7.5 m，向外沿翻土，筑成截留雨水的土坝，底层填入嫩枝、杂草、树叶等，拌以表土。这种土坝在正常年份可截留雨水，同时待填充物腐烂后，可形成海绵状的土层，更多地蓄积水分，使古树名木根系长期处于湿润状态。如果遇到大旱，则可人工浇水到壕沟内，使古树名木得到水分。

（7）换土

古树名木几百年甚至上千年生长在一个地方，土壤肥分有限，常呈现缺肥症状；再加上人为踩实，通气不良，排水也不好，对根系生长极为不利，从而导致古树名木地上部分日益萎缩。北京故宫的工作人员从 1962 年起开始用换土的办法抢救古树，使老树复壮。例如，1962 年，在皇极门内宁寿门外有一古松，幼芽萎缩，叶子枯黄，好似被火烧焦一般，工作人员在树冠投影范围内，对大的主根部分进行换土。换土时深挖 0.5 m，并随时将暴露出来的根系用浸湿的草袋子盖上，以原来的旧土与沙土、腐叶土、粪肥、锯末、少量化肥混合均匀之后填埋其上。换土半年后，古松终于重新焕发生机。

（8）施用生物制剂

可对古树施用农抗 120 和稀土制剂灌根，根系生长量明显增加，树势增强。

2.地上部分复壮措施

地上部分的复壮是对古树名木整体复壮的重要方面。

（1）抗旱与浇水

古树名木的根系发达，根冠范围较大，根系很深，靠自身发达的根系完全可以满足树木生长的要求，一般无须浇水抗旱。但生长在市区主要干道及烟尘密布、有害气体较多的工厂周围的古树名木，因尘土飞扬，空气中的粉尘密度较大，影响树木的光合作用。在这种情况下，需要定期向树冠喷水，冲洗叶面正反两面的粉尘，以利于树木的同化作用，制造养分，恢复树势。

浇水时一般要遵循以下原则：

①不同气候对浇水和排水的要求有所不同

现以北京市为例说明这个问题。4～6月是干旱季节，雨水较少，也是树木发育的旺盛时期，需水量较大，在这个时期，北京由冬春干旱转入少雨时期，因此一般需要对树木进行浇水，浇水次数应根据树种和气候条件决定。在江南地区，这个时期因有梅雨，不宜对树木多浇水。7～8月为北京地区的雨季，本期降水较多，空气湿度大，故不需要多浇水，遇雨水过多时还应排水，但如遇大旱，在此期也应浇水。9～10月是北京的秋季，在秋季应该使树木组织生长更充实，充分木质化，增强抗性准备越冬。因此，在一般情况下，此时期不应再浇水。但如过于干旱，也可适量浇水，以避免树木因过于缺水而萎蔫。11～12月树木已经停止生长，为了使树木很好地越冬，不会因冬春干旱而受害，应于此期灌封冻水，特别是对于越冬尚有一定困难的边缘树种，一定要灌封冻水。

②树种不同，年限不同，浇水的要求也不同

古树名木数量大，种类多，加上目前园林机械化水平不高、人力不足，全面普遍浇水是不容易做到的。因此，应区别对待。例如，观花树种，特别是花灌木的浇水量和浇水次数均比一般的树要多，对于樟子松、锦鸡儿等耐干旱的树种，浇水量和次数均要少。有很多地方因为水源不足，劳力不够，则不浇水。而对于水曲柳、枫杨、赤杨、水松、水杉等喜欢湿润土壤的树种，浇水次数应增多。耐干旱的树木不一定要常干，喜湿者也不一定要常湿，应根据四季气候的不同进行调整。同时，人们也要掌握不同树种的抗性，如耐旱的紫穗槐，其耐涝性也很强。而刺槐同样耐旱，但不耐水湿。总之，应根据树种的习性来浇水。不同栽植年限，浇水次数也不同，古树名木一般在大旱年份才需浇水。

此外，树木是否缺水，需不需要浇水，比较科学的方法是进行土壤含水量测定，也可根据多年的经验进行目测，例如，早晨看树叶是上翘还是下垂，中午看叶片萎蔫与否及其程度轻重等。

③根据不同的土壤情况进行浇水

浇水除应根据气候、树种外，还应根据土壤种类、质地、结构以及肥力等进行。盐碱地，就要"明水大浇""灌耪结合"（即浇水与中耕松土相结合），浇水最好用河水。对在沙地生长的树木浇水时，因沙土容易漏水，保水力差，浇水次数应当增加，应"小水勤浇"，并施有机肥。低洼地也要"小水勤浇"，注意不要积水，并应注意排水。较黏重的土壤保水力强，浇水次数和浇水量应当减少，并施入有机肥和河沙，提高通透性。

④浇水应与施肥、土壤管理等相结合

在全年的栽培和养护工作中，浇水应与其他技术措施密切结合，以便在互相影响下更好地发挥每个措施的积极作用。例如，做到"水肥结合"是十分重要的，特别是施化肥的前后，应该浇透水，既可避免肥力过大、过猛，影响根系吸收，又可满足树木对水分的正常要求。

此外，浇水应与中耕除草、培土、覆盖等土壤管理措施相结合。因为浇水和保墒是一个问题的两个方面，如果保墒做得好，就可以减少土壤水分的消耗，满足树木对水分的要求，避免经常浇水的麻烦。

根据以上原则，古树名木一般在春季和夏季要灌水防旱，在秋季和冬季要浇水防冻。如遇特殊干旱年份，则需根据树木的长势、立地条件和生活习性等具体情况进行抗旱。

要特别注意以下几点：

第一，不要紧靠树干开沟浇水，需远离树干，最好在树冠投影外围浇水。因为吸取水分的根主要是须根，而主根只起支撑树木的作用。

第二，浇则浇透，抗旱一定要彻底，可分几次浇，不要一次完成。应令水渗透到80～100 cm深处。适宜的浇水量一般以达到土壤最大持水量的60%～80%为标准。一定要灌饱、灌足，切忌出现表土打湿而底土仍然干燥的情况。

第三，抗旱要连续不断，直至旱情解除为止，不要半途而废。

第四，坡地要比平地多浇水，坡地不易保留水分，所以如果古树名木生长在坡地，则要比平地多浇水。

（2）抗台防涝

台风对古树名木危害极大。台风前后要组织人力检查，发现树身弯斜或出现断枝要及时处理，暴雨后及时排涝，以免积水，这是防涝保树的主要措施。土壤水分过多，氧气不足，会抑制根系呼吸，使吸收机能减退。严重缺氧时，根系进行无氧呼吸，容易积累酒精致使蛋白质凝固，引起根系死亡。特别是对耐水能力差的树种，更应抓紧时间及时排水。松柏类、银杏等古树均忌水涝，若积水超过两天，就会对树木的生长发育产生危害。

（3）施肥

在对古树名木施肥时首先要考虑以下几个方面的因素：

①掌握树木在不同物候期内需肥的特性

树木在不同物候期需要的营养元素是不同的。在充足的水分条件下，新梢的生长很大程度取决于氮的供应，其需氮量从生长初期到生长盛期是逐渐提高的。随着新梢生长结束，植物的需氮量有很大程度的降低，但蛋白质的合成仍在进行。树干的加粗生长一直延续到秋季。并且，植物还在迅速地积累蛋白质以及其他营养物质。所以，树木在整个生长期都需要氮肥，但需要量有很大差异。

在新梢缓慢生长期，除需要氮、磷外，还需要一定数量的钾肥。在此时期，除营养器官进行较弱的生长外，树木主要进行营养物质的积累。叶片加速老化，为了使这些老叶还能维持较高的生命力，并使植物及时停止生长和提高抗寒能力，充分供应钾肥是非常必要的。在保证氮、钾肥供应的情况下，多施磷肥可以促使芽迅速通过各个生长阶段，有利于分化成花芽。

在开花、坐果等生殖生长的旺盛时期，植物对各种营养元素的需要都特别迫切，而钾肥的作用更为重要。钾肥能促进植物的生长和花芽分化。

树木在春季和夏初需肥多，但在此时期由于土壤微生物的活动能力较弱，土壤内可供吸收的养分恰处在较少的时期。解决树木在此时期对养分的高度需要和土壤中可给养分含量较低之间的矛盾，是施肥的目的之一。

②掌握树木吸肥情况与外界环境的关系

树木吸肥情况不仅取决于植物的生物学特性，还受外界环境条件（光、热、气、水、土壤反应、土壤溶液的浓度）的影响。光照充足，温度适宜，光合作用强，根系吸肥量就多。如果光合作用减弱，由叶输导到根系的合成物质减少，则树木从土壤中吸收营养元素的速度就会变慢。而当土壤通气不良或温度不适宜时，同样也会发生类似的现象。

土壤水分含量与发挥肥效有密切关系，土壤水分亏缺，施肥有害无利。如果肥分浓度过高，树木就会因不能吸收利用而受到毒害。积水或多雨地区肥分易淋失。因此，施肥应根据当地土壤水分变化规律或结合灌水进行。

土壤的酸碱度对植物吸肥情况影响较大。酸性条件有利于阴离子的吸收，碱性条件有利于阳离子的吸收。例如，酸性条件有利于硝态氮的吸收，而中性或微碱性条件则有利于铵态氮的吸收。土壤的酸碱反应除了对树木的吸肥情况有直接作用，还能影响某些物质的溶解度，因而也间接地影响植物对营养物质的吸收。

③掌握肥料的性质

肥料的性质不同，施肥的时期也不同。易流失和易挥发的速效性肥料或施后易被土壤固定的肥料，如碳酸氢铵、过磷酸钙等宜在树木需肥前施入；迟效性肥料，如有机肥料，因需腐烂分解后才能被树木吸收利用，故应提前施用。同一肥料因施用时期不同而效果各异。因此，肥料应在经济效果最高时施入。故各种肥料的施用时期应结合树木营养状况、吸肥特点、土壤供肥情况以及气候条件等综合考虑，才能收到较好的效果。

具体施肥时，首先，应考虑树木的生物学特性、栽培的要求与土壤条件。古树名木是多年生植物，长期生长在同一地点，从肥料种类来说应以有机肥为主，同时适当施用化学肥料，施肥时以基肥为主，基肥与追肥兼顾。其次，古树名木种类繁多，作用不一，观赏、研究、经济效用各不相同。因此，在施肥种类、肥料用量和施肥方法等方面也存在差异。在这方面各地经验颇多，需要进行系统的分析与总结。另外，古树名木生长地的环境条件差异很大，有高山，又有平原肥土，还有水边低湿地及建筑周围等，这样更增加了施肥的难度，应根据栽培环境特点采用不同的施肥方式。同时，对树木施肥时必须注意园容的美观，应做到施肥后立即覆土，以免妨碍游人的活动。对生长势特别差的古树名木，施肥浓度要稀，切忌过浓，以免发生意外。对它们可先进行叶面施肥，用浓度为0.1%～0.5%的尿素和0.1%～0.3%的磷酸二氢钾混合液于傍晚或雨后施肥，以免无效或产生药害。喜肥的树种有香樟、榉树、榆树、广玉兰、白玉兰、鹅掌楸、桂花、银杏等。

（4）修剪、立支撑

古树由于年代久远，主干可能有中空，主枝常有死亡，导致树冠失去均衡，树体倾斜，有些枝条感染了病虫害，有些无用枝耗费了过多营养，需进行合理修剪，达到保护古树的目的。结合修剪对有些古树进行疏花果处理，可以减少营养浪费。又因树体衰老，古树的枝条容易下垂，因而需要进行支撑。在复壮时，可修去过密枝条，以利于通风，加强同化作用，使古树保持良好的树形。对生长势特别衰弱的古树，一定要控制树势，减轻重量，台风过后及时检查，修剪断枝。对已弯斜的或有明显危险的树干，要立支撑保护，固定绑扎时要放垫料，以后酌情松绑。对某些体形姿态优美或具有一定历史意义的枯古木，过去的处理方法是一概挖除，这无疑会损失不少风景资源，具有积极意义的做法是首先对枯木进行杀虫杀菌、防腐以及必要的加固处理，然后在老干内边缘适当位置纵刻裂沟，补植幼树并使幼树主干与古木树干嵌合，外面用水苔缠好，再加细竹，然后用绳绑紧。如此经过数年，幼树长粗，嵌入部长得很紧，未嵌入部向外增粗遮盖了切刻的痕迹，宛若枯木逢春。

（5）装置避雷针

据调查，千年古树大部分受到过雷击，严重影响树势。有的在雷击后甚至很快死亡。所以，凡没有装备避雷针的古树名木，要及早装置，以免遭受雷击。如果古树名木已经遭受了雷击，应立即将伤口刮平，涂上保护剂。

五、古树名木的管理与利用

（一）古树名木的管理

1.分级管理

国家颁发的《城市古树名木保护管理办法》规定：一级古树名木由省、自治区、直辖市人民政府确认，报国务院建设行政主管部门备案；二级古树名木由城市人民政府确认，直辖市以外的城市报省、自治区建设行政主管部门备案。

2.明确管理责任

古树名木保护管理工作要加强组织领导，明确责任分工，坚持专业养护部门保护管理和单位、个人保护管理相结合的原则，对每一株古树名木的保护都具体落实到责任单位、责任人。各地城建、园林部门和风景名胜区管理机构要根据调查鉴定的结果，做好古树名木的登记、存档，对本地区所有古树名木进行挂牌，标明树名、学名、科属、树种、管理单位等。

3.保障管理经费

城市人民政府应当每年从城市维护管理经费、城市园林绿化专项资金中划出一定比例的资金用于城市古树名木的保护管理。

4.加大宣传教育力度

各级政府、各有关部门，尤其是城市绿化管理部门和科研院所要通过不断研究和学习，加强对古树名木的认识和了解，并通过电台、电视台、报纸等新闻媒体进行广泛宣传，使广大市民充分了解古树名木保护的重要意义，并积极参与名树古木保护活动，形成良好的舆论氛围。

5.加大保护管理的执法力度

各级城市管理行政执法局、园林管理部门在古树名木保护过程中，要加强巡查，及时发现并制止损坏古树名木的行为，对砍伐、买卖、转让、移植古树名木等行为进行严肃查处，确保古树名木有一个良好的生长环境。

（二）古树名木的利用

古树名木不仅是当地悠久历史的见证和历史变迁的证明，而且具有较高的科研和观赏价值。一株古树，就是一处优美的景观；一株名木，就有一段神奇的故事。

1.古树名木是优良的旅游资源

古树名木是历代陵园、名胜古迹、风景区的佳景之一,如黄山的"迎客松"、泰山的"卧龙松"、北京市中山公园的"槐柏合抱"等。

2.古树名木具有重要的研究价值

古树名木是研究古自然史的重要资料。

古树名木对于研究树木的生理规律具有特殊意义。古树名木的存在能够把树木的生长发育规律展现在人们面前,人们可以将处于不同年龄阶段的树木作为研究对象,从中发现该树种从生到死的总规律。

第三节　草坪的养护与更新

一、草坪的养护管理

草坪一旦建成,为保证草坪的质量与持续利用,就要对其进行日常和定期的养护管理。不同类型的草坪,尽管在养护管理的次数和强度上有所差异,但其养护措施大体是一致的,包括修剪、施肥、灌水、辅助养护等。其中,修剪、施肥和灌水是主要的三项草坪管理措施,合理运用这些管理措施是获得优质草坪的有效途径。

(一)修剪

修剪是指为了维护草坪的美观以及充分发挥草坪的功能,使草坪保持一定高度而进行的定期剪除草坪草多余枝条的工作。修剪草坪是草坪养护管理的核心内容,是保证草坪质量的重要措施,是维持优质草坪的重要手段,特别是对于质量要求较高的草坪，修剪显得更加重要。

当草坪草已全部返青，并且出现由于顶端生长过旺而阻碍了分蘖、根茎或匍匐茎的发育的情况，或者草坪整体不平整时，应立即开始修剪。应根据不同类型的草坪，将修剪机调到适宜的高度，修剪高度一般为 3～5 cm，以使草坪保持低矮、致密。不要等到草长得过高时才进行修剪，这样会导致修剪伤口不易恢复，极易感染病害，对草坪造成伤害；也不能过度修剪，否则会降低营养物质的合成，妨碍根系发育。

1.修剪的原理

草坪耐频繁修剪的原因是草坪草的生长点低、再生能力强，又有留茬、匍匐茎、根系等器官储藏的营养物质供应做保障。修剪会剪去草坪枝条顶部的叶组织，对草坪来说是一个损伤，但它们又会因强大的再生能力而得到恢复。

草坪草的再生部位是剪后留存的上部叶片的老叶（可以继续生长）、未被伤害的幼叶（尚能继续长大）和基部的分蘖节（不断产生新的枝条）。修剪对于所有草坪草都一样，但是，暖季型草坪草对于低修剪并没有冷季型草坪草敏感。暖季型草坪草春季的第一次修剪多在 4 月中下旬草坪草开始旺盛生长时进行，修剪高度一般在 3～5 cm，以使草坪保持低矮、致密。但春季忌过度修剪，因为这样将减少营养物质的合成，进而阻碍春季草坪草根系的发育，春季贴地面修剪形成的稀疏且浅的根系将阻碍草坪草在整个生长季的生长。如果养护管理水平较高，则应尽快开始有规律的修剪，即每隔 10～15 天修剪一次。

2.修剪的目的

修剪的目的是在特定的范围内控制营养生长和草坪草顶端生长，促进生长点生长，增加分枝、分蘖，形成致密的绿色草毯，维持一个适于观赏、游憩和运动的草坪表面。

3.修剪的作用

适当地修剪会给草坪草以适度的刺激，可使草坪表面平滑，使草坪平坦，促进草坪的分蘖、分枝，利于匍匐茎、根状茎的伸长，增大草坪密度，形成致密的草毯。修剪还会控制草坪徒长和开花，抑制杂草的生长和入侵，降低叶片宽度，提高草坪质量，使草坪更加美观。另外，修剪还有利于日光进入草坪下层，使草坪健壮生长，充分发挥草坪的坪用功能。草坪草具有生长点低、叶小、直立、健壮和生长较快的特性，这就为草坪的修剪提供了可能。

4.修剪高度

草坪的修剪高度也叫留茬高度，是指草坪修剪后地上枝条的垂直高度。因草坪质量要求、草种、利用强度、所处环境条件以及生长发育阶段的不同，修剪高度也是不相同的。因此，草坪的适宜修剪高度应依草坪草的生理、形态学特征和使用目的来确定，以不影响草坪正常生长发育和功能发挥为原则。

一般草坪草的修剪高度为3～4 cm，部分遮阴、胁迫和损害较严重草坪的修剪高度应高一些，以降低草坪单位面积上的密度，增加单株草坪草的光和面积，使草坪草更能适应遮阴的环境条件。确定草坪的适宜修剪高度是十分重要的，它是进行草坪修剪作业的依据。每次修剪时，剪掉的部分应少于叶片自然高度的1/3，即必须遵守"1/3原则"。修剪时不能伤害到草坪草的根颈，否则会因地上茎叶与地下根系生长的不平衡而影响草坪草的正常生长。

修剪高度可以根据草坪长势、种类、季节等予以适当调节。一般草长势旺，修剪高度应低些，长势弱，修剪高度应高些；夏季冷季型草坪应提高修剪高度以弥补高温、干旱、胁迫的影响，而暖季型草坪则应在生长的前期和后期提高修剪的高度以增强其抗冻性和提高光合能力。

在实际工作中，通常剪草时的草高为修剪高度的1.5倍。修剪过高或过低都会对草坪产生不良影响：若草坪修剪高度过高，会给人一种蓬乱、粗糙、柔软，甚至倒伏的感觉，表现为不整齐的外观，还会因枯草层过厚而影响草坪草正常生长。草坪草生长过高，会导致植株下层叶片因长期不能获取足够的光照而枯黄，同时草叶因过长而下垂弯曲，也使草坪密度下降，叶片宽度增加，草坪质地变得粗糙，草坪质量显著下降。若草坪被修剪得太低，则会使草坪草根茎受到损伤，大量生长点被剪掉，从而破坏草坪草的再生力。同时，大量叶组织被剪除会削弱草坪草的光合作用，导致其光合能力急剧下降。由于叶面积的大量损失，存有的光合产物主要被用于新的嫩枝组织生长，消耗贮存的大部分养分，使大量根系因得不到足够的养分而退化变浅，甚至大量死亡，从而极大地降低草坪草从土壤中吸收营养和水分的能力，最终导致草坪逐渐衰退。另外，不按"1/3原则"操作，一次剪掉过多的绿色叶片，下层枯黄的叶片显现出来，就会出现黄斑，影响整体美观，也使根系的作用下降。

5.修剪时期及频率

修剪的时期及频率直接影响草坪施肥、灌溉的频率和强度，应在特定的范围内控制草坪草的顶端生长，促进分枝，维持一个适于观赏、游憩和运动的草坪表面。"1/3原则"是确定修剪时间及频率的最重要的依据。生长过于旺盛会导致根部坏死，要获得优质草坪，在生长旺盛时期连续修剪是必要的。草坪的修剪时期与草坪草的生长发育情况相关。一般而言，冷季型草坪草修剪时间集中在生长旺盛的春季（4～6月）、秋季（8～10月），暖季型草坪草修剪时间集中在夏季（6～9月），通常在晴朗的天气下进行。草坪修剪的次数应按照草坪草生育状态、草坪用途、草坪质量及草坪草种类等来确定。草坪修剪频率是指一定时期内草坪修剪的次数，取决于草坪草种类、生长速度、草坪用途、草坪质量、养护水平等因素。

6.修剪方式与质量

在草坪每次修剪或滚压时，由于机械行走方向不同，草坪草茎叶倒伏的方向也有所不同，从而使叶片反射光出现差异，因而会形成深浅相间的花纹。同一块草坪，每次修剪要避免永远在同一地点、同一方向的多次重复修剪，否则草坪就会退化，草叶会趋于同一方向定向生长。草坪的修剪应按照一定的模式来操作，以保证不漏剪并能创造良好的坪用外观。另外，草坪修剪的质量取决于修剪机的类型及草坪生长状况。总原则是在满足草坪修剪质量要求的前提下，选择最经济实用的机型。通常运动场草坪和观赏草坪质量要求比较高，修剪高度低，多在2 cm左右，应选择滚刀式修剪机。一般绿化草坪，如广场、公园、学校等，修剪高度较高，多在4～15 cm，应选用旋刀式修剪机。而对于管理极为粗放的护坡地、公路两侧绿地的草坪，修剪高度超过20 cm，草坪质量要求较低，可以人工割草或选择割灌机进行修剪。

剪草方式主要有机械修剪、化学修剪以及生物修剪三大类。

（1）机械修剪

机械修剪是指利用修剪机械对草坪进行修剪的方法，草坪修剪主要以修剪机修剪为主。随着社会的发展、科学技术的进步，草坪修剪机械也在不断地更新和改进，目前已有几十种适应不同场合的先进的、有效的、方便操作的修剪机械。大面积的修剪，特别是高水平养护的草坪，以机动滚刀式修剪机修剪为好，修剪出的草坪低矮、平整、美观；而小面积的修剪则可以用旋刀式修剪机修剪，但修剪出的草坪平整性、均一性较差。草坪修剪时严禁带露水修剪，保持刀片锋利，对草坪病斑处要单独修剪，防止交叉感染，修剪后对刀片进行消毒，病害多发季节可适当提高修剪高度。

（2）化学修剪

化学修剪也称药剂修剪，主要是指通过喷施植物生长抑制剂（如多效唑、烯效唑等）来延缓草坪枝条的生长，从而降低养护管理成本。化学修剪一般用于低保养的草坪，如路边草坪等，这使高速公路绿化带、陡坡、河岸等地的草坪修剪简单、安全、易操作，因此具有广阔的应用前景。随着草坪面积的扩大，草坪化学修剪也得到了重视，并取得了一些进展。但研究表明，药剂修剪会使草坪草抵抗能力下降，容易感染病虫害，对杂草的竞争力降低，最终使草坪的品质下降。

（3）生物修剪

生物修剪是利用草食动物的放牧啃食，达到草坪修剪的目的的方式，该修剪方式主要适宜于森林公园、护坡草坪等。

7.草屑处理

通过修剪机剪下的坪草枝条组织称为草屑或修剪物。当剪下的草过多时，应及时清除出去，否则会形成草堆，引起下面草坪的死亡或害虫在此产卵，促使病害滋生。修剪时一般将草叶收集在修剪机上的收集器或袋内。草屑内含有植物所需的营养元素，是重要的氮源之一，氮素占其干重的 3%～5%，磷素约占 1%，钾素占 1%～3%。如果绿地草坪剪下的叶片较短，又没发生病害，就可直接将其留在草坪内进行分解，既可增加有机质，又能将大量营养元素归还到土壤中循环利用。如果剪下的草叶太长或草坪发生病害，剪下的草屑要收集带出草坪或进行焚烧处理。对于运动场草坪，比如高尔夫球场的果领区，不宜遗留草屑（影响美观和击球质量）。

（二）施肥

施肥是草坪养护管理中的一项重要的手段，是花时间最少，花钱不多的措施之一。施肥可以为草坪植物提供自身所需要的营养元素、改善草坪质量和保证草坪的持久性。

在草坪养护管理中，施入土壤中或喷洒于草坪地上部分，能直接或间接地供给草坪草养分，使草坪草生长茂盛、色泽正常，并逐步提高土壤肥力的各种物质，称为肥料。氮肥有利于促进草坪草叶片的生长，磷肥有利于促进草坪草根系的生长，而钾肥则有利于提高草坪草的抗性。因此，在草坪生长过程中，要注意科学施肥，施用安全、卫生的肥料，尽量不要单一施用氮肥，应施用氮、磷、钾配比合理的复合肥，有条件的地方可以进行配方施肥，同时可以结合表施土壤，增加有机肥料的施用，保持肥料养分全面均衡，减少草坪病害的发生。全年施用草坪专用肥、卫生肥料等 3～5 次来补充草坪养分，保障其正常生长发育和营养平衡。

1.养分种类及作用

了解草坪营养特性、合理施肥是维持草坪正常颜色、密度与活力的重要措施。草坪草同其他植物一样，正常生长所必需的营养元素除碳、氢、氧主要来自空气和水外，其他的靠土壤和肥料提供。草坪草生长需要量最多、最为关键的营养元素是氮，其次是钾，再次是磷，磷、钾养分的丰缺常与草坪质量好坏、发病率高低，以及草坪在胁迫条件下的抗性高低有关。

草坪草对养分的要求量与农作物、果树、牧草不同，养分有利于草坪较长期地维持良好的覆盖率和一定绿度。在正常草坪草中，所含氮素占干物质总重的 3%～5%，氮能促使草坪草茎叶繁茂，缺氮时草叶会失绿黄化，生长不良，但过量的氮会使植物细胞壁变薄、养分贮备下降，抗性降低，同时还刺激地上部分徒长而增加剪草工作量，影响到根系发育。由于氮容易因挥发、淋失和反硝化而有所损失，草坪草对其需要量又大，因此比磷、钾等元素更容易缺乏。草坪施肥要以氮、钾为主，氮、钾、磷三要素配合，注意补充其他元素，以维持草坪营养平衡，提高草坪质量，保持草姿优美并延长草坪使用寿命。磷、钾在提高环境适应能力，增强草坪抗寒性、抗旱性、抗病性等方面发挥重要作用，故为了提高草坪越冬、越夏的抗逆性，可加大磷、钾用量。

2.施肥量的确定

草坪需要施用的肥料量取决于许多因素，包括期望的草坪质量、气象条件、生长季节、土壤质地、光照条件、利用强度、灌溉状况等。施肥量可根据草坪草的生长状况、土壤的肥力、生长季节、当地气温情况和践踏程度来确定。

选择和施用肥料时，应充分了解和分析各种肥料的养分含量和烧伤草叶的可能性以及肥料特性，并根据草坪土壤情况确定适宜的化肥种类及施用量，制订施肥计划时要以土壤养分测定的结果和经验为依据。贫瘠草坪土壤应多施肥，同时，生长季节越长、使用率越高的草坪施肥量应越多，以保证草坪健康生长。

氮素对草坪草的生命活动以及对草坪草的色泽和品质有极其重要的作用，合理施用氮肥是非常重要的。氮肥的需要量常根据草坪密度、生长速度等来估算，可通过试验或测定土壤有效氮含量来确定草坪对氮的需求量。草坪推荐施肥时，氮肥施用量最大，并且磷、钾肥施用量通常以氮的用量为基础。一般施磷量为氮的 1/10～1/5、施钾量为氮的 1/3～1/2。草坪施肥强调氮、磷、钾营养平衡，三者的比例一般为 10∶6∶4 或 10∶5∶5，还要根据实际要求配合其他营养物质。为避免施肥后立即产生不适当的刺激作用，并保证养分源源不断地供给草坪，至少有一半的氮应是缓效氮。为了确保草坪养分平衡，不论是冷季型草坪草，还是暖季型草坪草，在生长季内要施 1～2 次完全肥料或全价肥料。

3.施肥次数

施肥次数因养护管理水平、草坪草生长状况、土壤肥力水平等的不同而异。

首先，对于低养护管理草坪，每年只施用 1 次全价肥料，冷季型草坪草于每年秋季施用，暖季型草坪草在初夏施用。

其次，对于中等养护管理草坪，冷季型草坪草在春秋季两个生长高峰期各施 1 次肥料，一次在早春，一次在初秋，这样，草坪草可比 3 月或 4 月施肥的草坪提前 2～3 周开始生长。尽早施肥不仅可以使绿期提前，而且有助于冷季型草坪草在受到各种伤害后尽早恢复，同时可在一年生杂草得到适宜萌芽温度之前形成致密的草皮。在 8 月末或 9 月初施肥，不仅可以使绿期延长到秋末或冬初，而且可以刺激草坪草二年分蘖和产生地下根茎。这种施肥措施可给优良的草坪创造最佳生活条件，而对夏季早生杂草不利。暖季型草坪草在春季、仲夏、秋初各施用 1 次。

最后，对于高养护管理的草坪，在草坪草快速生长季节，无论是冷季型草坪草还是暖季型草坪草最好每月施肥 1 次。施肥要少量、多次，使草能均匀生长。草坪旺盛生长期，特别是冷季型草坪草，由于垂直生长速度快，大大增加了修剪次数，每年应进行若干次追肥，至少春季和秋季的两次施肥不可少，之后可根据情况在春秋两季增加施肥次数。春季第一次追肥和秋季最后一次施肥除施氮磷钾复合肥外，还需要根据实际追施氮肥。夏季一般不施肥，不要因草衰弱而多次追施氮肥，以免诱发病害，降低抗性。钾肥可提高草的抗性，每次施氮肥都可加入一定量的钾肥。

4.施肥方法

在草坪施肥的具体过程中，施肥方法也十分重要。方法不正确，施肥不均匀，常使草坪色泽不均，影响美观，有的甚至引起局部灼伤。条件较好的应使用专用的施肥机械施肥，可使施肥量准确、撒施均匀，施肥效率高、效果好。常用的草坪施肥方法有以下三种：

一是颗粒撒施，把所有肥料直接撒在草皮表层，撒肥时要撒得均匀一些，否则未撒上的区域就不会得到肥料的营养。为避免某区域因施肥太多而过度刺激植物生长，可把肥料分成几份向不同方向撒，尽量撒匀，撒施后需马上对草坪浇水。

二是叶面喷施，将肥料加水稀释成溶液，利用喷灌或其他设备工具喷洒在草皮表面。肥料溶解性能要好，酸碱性不能过强，以免灼伤草叶。例如，将速溶复合肥采用水溶法按0.5%的浓度溶解后，用高压喷药机均匀喷洒；用水将尿素按0.5%的浓度稀释后，用高压喷雾枪喷施。

三是灌溉施肥，注意控制养分溶液浓度。如尿素的浓度一般为2%～3%，磷酸二氢钾的浓度应在0.2%～0.3%，浓度过高也容易灼烧茎叶。

5.施肥要求

草坪施肥要按需、均匀进行。单株草坪植物的根系所占面积很小，若肥料分布不均匀，会导致草坪草生长不均一、不整齐，甚至受害，尤其是高浓度肥料或大剂量施用时，影响更为明显。所以，肥料要均匀地施在草坪上，并注意少施、勤施。施肥需要选用适宜的机具、有较高的技术水平。施肥的机具主要有两个类型：一是适用于液体化肥的施肥机，二是颗粒状化肥施肥机。通常小面积的草坪可以用人工撒施，但要求施肥人员特别有经验，能够把握好手的摆动和行走速度。施肥前草坪应干燥无露水，草坪施肥后须及时浇水，以促进养分的分解和草坪草的吸收，防止肥料"烧苗"。冷季型草坪草在高温热胁迫、杂草较多等逆境条件下，一般不施肥，尤其是氮肥。若春季追肥，应根据草坪生长状况，以氮肥为主，要少施或不施，过多使用氮肥会导致草坪草旺而不壮，使得草坪草抗性降低，容易发病，还会增加修剪频率，从而增加管理成本。秋季施肥，应以磷、钾肥或基肥为主，最好施用缓控释肥料等，增施磷、钾肥，以减轻冻害，使草坪安全越冬。

（三）灌水

1.水源

草坪灌水通常采用地表水（河流、湖泊、池塘等）或地下水。在利用地表水进行草坪灌水时，水中往往会携带一定的杂草种子，若不加以处理和控制，往往会导致杂草的入侵。

2.灌水原则

草坪灌水因草种、质量、季节、土壤质地的不同遵循不同的灌水原则，同时灌水还应与其他养护管理措施相配合。草坪灌水应以喷灌为主，尽量避免地面大水漫灌，这样既省水，效率又高，也不会破坏土壤结构，利于草坪草的生长。应在草坪草缺水时灌水，一次浇透。成熟草坪应干至一定程度再灌水，以便带入新鲜空气，并刺激根向床土深层扩展，喷灌时应遵循大量、少次的原则，以利于草坪草的根系生长和向土壤深层扩展。单位时间灌水量应小于土壤的渗透速度，防止径流和土壤板结。总灌水量不应大于土壤田间持水量，防止坪床内积水，一般使土壤湿润深度在 10～15 cm 即可。灌水因土壤质地而异，沙土保水性能差，要小水量多次勤浇；黏土与壤土要大量、少次，每次浇透，干透再浇。

3.灌水时间

何时对草坪进行灌水，是草坪管理中一个复杂但又必须解决的问题。科学灌水，是指按照草坪草生长发育需水规律和土壤水分状况，适时合理灌水，促进生长，形成健壮、整洁、美观的草坪。根据实际情况，当表土层干旱时，就应及时灌水，直至灌到土壤深层湿润，而且喷水可以冲洗掉草坪叶片上的尘土，有利于光合作用。下次灌水必须等到土壤水分无法满足草坪草生长需要时才能进行，这样不但节约用水，而且能够促进根系向下扩展，增大营养面积，增强草坪抗旱性，更适宜草坪生长。大多数暖季型草坪草具有较强的抗旱性，需水量仅为冷季型草坪草的 1/3 左右，一般情况下不需要灌水，但在遇到干旱或使用频率较高（如运动场草坪）时，应加强灌水，以防水量的不足。冷季型草坪草不耐热，夏季气温较高，草坪蒸发量较大，必须及时喷水或浇水。要避免傍晚灌水，以降低发病概率。

首先，观察植株，当叶片色泽会由亮变暗，进而萎蔫、卷曲，叶色灰绿，终至枯黄时，需要立即灌水。其次，观察土壤干湿度，当 10～15 cm 土层呈现浅白色，无湿润感时，需要灌水。另外，利用张力计法测量土壤含水量和草坪的耗水量。把蒸发皿放在开阔区域，粗略判断土壤中损失的水分（草坪的实际耗水量一般相当于蒸发皿内损失水深的 75%～85%时需要灌水）。这种方法可在封闭的草坪内应用。

一天中草坪浇水的最佳时间是太阳出来之前，夏季应尽可能安排在早上，一般不在有太阳的中午和晚上浇水。中午浇水容易使草坪草的细胞壁破裂，引起灼伤，而且蒸发损失大，水分的利用效率降低；而晚上浇水虽然水的利用率高，但由于草坪整夜处于潮湿状态，利于细菌和微生物的滋生，容易侵染草坪草组织，引起草坪病害。因而，许多草坪管理者喜欢早晨浇水，一般来说早晨是浇水的最佳时间，除了可以满足草坪一天生长发育需要的水分，到晚间叶片就干燥了，还可以防止病菌的滋生。而对于运动场草坪，多在傍晚浇水，但要注意，浇水后应立即喷施杀菌剂，可有效预防因高湿引起的草坪病害。在我国南方地区，越夏困难的冷季型草坪草通常可在傍晚浇水以降温，有助于幼苗安全度过夏季。

4.灌水量

草坪草种或品种、草坪养护水平、土壤质地以及气候条件是影响灌水量的因素。每周的灌水量应使水层深度达到 30～40 mm，湿润土层达到 10～15 cm，以保持草坪鲜绿。在炎热而干旱的地区，每周灌水量在 6 mm 以上为宜，最好每周大灌水一到两次。北方冬灌湿润土层深度则增加到 20～25 cm，适宜在刚刚要结冰时进行。冬季灌水能够提高土壤热容量和导热性，延长绿期，确保草坪越冬安全。

5.灌水方法

草坪的灌水方法主要有人工管灌、地面漫灌、喷灌、微喷灌、滴灌。其中，微喷灌是一种现代化的精密高效节水灌溉技术，具有节水、节能、适应性强等特点。微喷灌主要用于花卉、苗圃、温室、庭院、花坛，以及小面积、条形、零星不规则形状的草坪。微喷灌与喷灌并没有严格意义上的区别，但其水滴细小，雾化程度高。

6.灌水技术要点

初建草坪，最理想的灌水方式是微喷灌，出苗前每天灌水 1～2 次，土壤计划湿润层为 5～10 cm，随苗出、苗壮逐渐减少灌水次数和增加灌水定额。低温季节，尽量避免白天灌水。草坪成坪后至越冬前的生长期内，土壤计划湿润层深度按 15～25 cm 计算，土壤含水量不应低于田间持水量的 60%。为减少病虫害，在夏季高温季节草坪草胁迫期，应采取特殊管理技术措施喷水、灌水降温，但应减少灌水次数。灌水还应与施肥作业相配合，防止灼伤草叶，提高肥料的吸收利用率。在北方冬季干旱少雪、春季雨水稀少、土壤墒情差的地区，入冬前必须灌好"封冻水"，以充分湿润 20～25 cm 的土壤，在地表刚冻结时进行，以使草坪草根部贮存充足的水分，提高土壤热容量和导热性，增强其抗旱越冬能力。对于偏沙性的土壤，由于蓄水能力较差，应在冬季晴朗天气，选择白天气温较高时灌冬水，灌至土壤表层湿润为宜，切不可多灌形成积水，以免夜间因低温结冰形成冰盖，对草坪草造成危害。在早春土壤开始融化之前、草坪开始萌动时，应灌好"返青水"，促进提早返青和生长，防止草坪草在萌芽期因春旱而影响生长，还可以有效地抑制杂草生长。如果草坪践踏严重，土壤板结干硬，灌水时难以渗透，要先打孔疏松土壤，然后灌水，这样不影响高处草坪土壤水分的渗透，低洼地方也不致积水，有利于草坪生长均匀一致。

（四）辅助养护措施

1.表施土壤

在草坪使用过程中，土壤会有不同程度的减少，有的地方甚至出现凹凸不平、匍匐茎裸露、肥力低下的情况。为了促进草坪草正常生长，保证绿地平坦均匀，表施土壤十分重要。所谓表施土壤，是指将土壤、有机质和沙按照一定的比例混合均匀施入草坪的作业项目。一般土壤、沙和有机质按照 1：1：1 或 2：1：1 的比例混合，这在草坪的建植和养护管理中应用较为广泛。

（1）表施土壤的作用

表施土壤可以平整坪床，起到填低拉平的美化作用，促进草坪再生，有效防止草坪草徒长，利于草坪更新，还可以促进枯草层分解，防止草坪冻害，保护草坪草，延长草坪绿期。对大量产生匍匐枝的草坪，先用机具进行高密度的划破，然后表施土壤，从而为草坪草提供良好的生长环境。

（2）表施土壤的时期、次数

表施土壤一般在草坪草分蘖期、萌芽期或生长期进行，冷季型草坪在3～6月和10～11月进行，暖季型草坪在4～7月和9月进行。表施土壤的次数因草坪利用目的和生育特点的不同而有差异。普通草坪表施次数可少一些，可加大用量。通常一般草坪一年施1次，运动场草坪一年施2～3次。表施土壤在疏草之前、打孔之后进行最好。高尔夫球场的果岭为具有大量匍匐枝的匍匐剪股颖、杂交狗牙根等的高档草坪，需经常性作业，应采取少量多次的作业方法。

（3）表施土壤的技术要点

表表施土壤的材料原则上应与原坪床土壤类似，且含水量要少，不含杂草种子、繁殖体、病菌或害虫等。通常土壤材料应干燥，并进行过筛消毒处理，主要采用熏蒸法。常用于草坪的熏蒸剂有溴甲烷、氯化苦、棉隆、威百亩等。施土前必须先进行草坪修剪，施肥应在施细土前进行，一次表施土壤不宜超过0.5 cm，施土后要拖平整。

2.滚压

滚压是指用压辊或滚筒在草坪上边滚边压，滚压的重量依滚压的次数和目的而定，如为了修整坪床面适宜少次重压。可选用人力滚筒或机械进行。滚筒为空心的铁轮，筒内可加水加沙，以调节滚轮的重量。一般手推轮重量为60～200 kg，机动滚轮重量为80～500 kg。

（1）滚压的作用

生长季节滚压，可使草坪生长点轻微受伤，枝条生长变慢，节间变短，减少修剪次数，降低养护成本，同时滚压可抑制开花、控制杂草入侵，减轻杂草危害，还可增加草坪草分蘖，增加草坪密度，促进匍匐茎生长，使匍匐茎上浮受到一定的抑制，使叶丛紧密而平整，提高草坪质量。草坪播种或铺植后滚压，可使草坪种子或根部与坪床土壤紧密结合，有利于水分吸收，适宜萌发和产生新根，促进成坪。另外，滚压还可对因结冰膨胀融化或蚯蚓等动物引起的土壤凹凸不平进行平整，提高运动场草坪场地的硬度，使场地平坦，同时滚压可使草坪形成花纹，提高草坪的使用价值和景观效果。

（2）滚压时间、方法

可利用人工或机械方法，在生长季进行滚压，但通常要视具体情况而定。例如，按栽培要求适宜在春夏生长发育期进行，按利用要求适宜在建坪后不久、降霜期或早春开始剪草时进行，等等。滚压可结合修剪、覆土，如运动场草坪在比赛前要进行修剪、灌水、滚压，可以通过不同走向的滚压，使草坪草叶反光，形成各种形状的花纹。

（3）滚压注意问题

滚压一定不能过度，草坪弱小时不宜滚压，在土壤黏重、太干或太湿时不宜滚压，滚压应结合修剪、表施土壤、灌溉等作业进行。用结缕草建植的草坪在管理条件较差时很容易起丘，似馒头状，呈现凹凸不平状，这并不是土壤地面不平导致的，所以需要采取打孔、垂直修剪等措施，而不需要滚压。

3.草坪的疏松作业

随着草坪生长年限的增加，由于枯枝落叶形成枯草层，以及人为过度践踏，造成根系自然死亡及土壤板结等，严重影响草坪的根系发育，最后导致草坪质量和观赏性下降。用草坪打孔机、切根梳草机，在土壤湿度适宜的情况下，进行打孔等，然后撒施肥土并浇水，可以促进草坪的健康生长。

草坪的疏松作业项目主要有打孔、划破和穿刺、梳草等。

（1）打孔

打孔就是在草坪上扎孔打洞，以利于土壤呼吸和水分、养分渗入坪床土壤的作业。有条件的可用草坪专用打孔机打孔。打孔分为实心打孔和空心打孔两种。常用空心打孔机可穿插入土层 5～20 cm，取出如手指状的土条，然后用土壤破碎机耙平，并清除掉草叶上的泥土，以利于草坪草的生长，同时还方便草坪的修剪和进行击球等活动。同时，打孔之后还要进行表面施肥并马上浇水，这样能有效地防止草坪草脱水。打孔密度一般要求为 36～50 穴/m²，穴深 8～10 cm，打孔直径一般要求 1～2.5 cm。打孔应选择在草坪草旺长、恢复力强且没有逆境胁迫的情况下进行，一般冷季型草坪在夏末秋初进行，暖季型草坪适宜在春末夏初进行。干旱季节，不宜打孔和取心土，以免失水萎蔫影响草坪正常生长。如果没有条件，可用铁叉在草坪地上刺孔，刺孔 20～30 个/m²。对于黏壤土、黏土或重黏土的绿化草坪地，疏松土壤是非常重要的措施。这将有利于提高雨水和肥料的渗透能力，并能刺激深层根系的生长发育。一般情况下，松土打孔应安排在施肥或补播前进行。

（2）划破和穿刺

划破是指借助安装在圆盘上的一系列"V"形刀片刺入草皮深 7～10 cm 的作业，而穿刺与划破相似，只是深度在 3 cm 以内。划破和穿刺没有取出心土，草坪草不致脱水萎蔫，对草皮的破坏性较小，四季皆可进行，并且可切断草坪草的根状茎和匍匐茎，有助于新枝条的产生。在干旱季节，不宜进行打孔和取心土，但可进行划破或穿刺。该措施常用于高尔夫球场球道和其他土壤板结的草坪，一般 1～2 周 1 次。

（3）梳草

梳草一般指用草耙、弹齿耙及梳草机，将草皮层上的覆盖物清除，可抑制杂草和苔藓的生长，促进通气透水，增加养分。梳草一般在干旱灌水不能很快渗入床土表层时进行，成坪草坪每年夏季应进行 1 次。草坪中有少量的枯草层是有利的，因为它能增加草坪的弹性，使地下土壤避免遭受极端温度的影响，干燥的枯草层可防止杂草种子发芽，减轻杂草的危害。但枯草层过多，厚度达到 2 cm 时就会明显影响草坪草的生长，且使草坪外观欠佳，必须用梳草机或草耙清走。

二、草坪退化原因及更新方法

（一）草坪退化原因

草坪经过一段时间的使用后，会出现裸斑、色泽变淡、质地粗糙、密度降低、枯草层变厚，甚至整块草坪退化荒芜等现象。出现这些现象的原因多种多样，如草种选择不当、草皮致密、过度践踏、阳光不足等。因此，除改善草坪土壤基础设施、加强水肥管理、防除杂草和病虫害外，还要对局部草坪进行更新。

1.草种选择不当

这种现象多发生在新建植的草坪上，盲目引种会导致草坪草不能适应当地的气候、土壤条件和施用要求，草坪不能安全越夏、越冬。选用的草种生长特点、生态习性与使用功能不一致，致使草坪稀疏、成片死亡，出现裸斑，严重影响草坪的景观效果。

2.草皮致密

草皮致密，会形成絮状草皮，致使草坪长势衰弱，引起退化，对此一般应先清除掉草坪上的枯草、杂物，然后进行切根疏草，刺激草坪草萌发新枝。

3.过度践踏

过度践踏，土壤板结，通气透水不良，会影响草坪正常呼吸和生命活动，针对该种情况，应采用打孔、梳草等措施来疏松土壤，改善土壤通气状况，然后施入适量的肥料，立即灌水，以使草坪快速生长，及时恢复再生。

4.阳光不足

由于建筑物、高大乔木或致密灌木的遮阴，部分区域的草坪因得不到充足的阳光而影响光合作用，光合产物少使草难以生存。在园林绿地中，乔木、灌木、草坪草种植在一起，遮阴现象非常普遍，不同草种以及同一草种不同品种的耐阴性有一定差异。

针对阳光不足的问题，应采取以下措施：

第一，选择耐阴草种。如在暖季型草坪草中，结缕草最耐阴，狗牙根最差，在冷季型草坪草中，紫羊茅最耐阴，其次是粗茎早熟禾。

第二，修剪树冠枝条，间伐、疏伐促通风，降低湿度。一般而言，单株树木不会产生严重的遮阳问题，如果将 3 m 以下低垂枝条剪去，早晨或下午的斜射光线就基本能满足草坪草生长的最低要求。

第三，草坪修剪高度应尽可能高一些，要保留足够的叶面积以便最大限度地利用有限的光能，促进根系向深层发展，保持草坪的高密度和高弹性。

第四，灌水要遵循少次多量的原则（叶卷变成蓝灰色时灌溉），每次应多灌水以促进深层根系的发育，避免用多次少量的灌水方法，以免使草坪草浅根化和发生病害。

第五，氮肥不能太多，以免枝条生长过快而根系生长相对较慢，使碳水化合物储存量不足。同时，施氮肥过多，草坪草多汁嫩弱，更易染病，耐磨、耐践踏能力下降。

5.土壤酸度或碱度过大

对此则应施入石灰或硫黄粉，以稳定土壤的 pH 值。石灰用量以将 pH 值调整到适于草坪生长的范围为度，一般是每平方米施 0.1 kg，配合加入适量过筛的有机质效果更好。

6.杂草的侵害

草坪建植前没有预先充分除草，建植后养护措施粗放，不当施肥和灌溉，等等，都易引起杂草侵害。最好进行人工除草，必要时也可进行化学除草。

（二）退化草坪的更新方法

如果草坪严重退化，或受到严重损害，盖度不足 50% 时，则需要采取更新措施。园林绿地草坪草、运动场草坪草等的更新方法有以下几种：

1. 逐渐更新法

逐渐更新法适用于遮阴树下退化草坪的更新，可采用补播草籽的方法进行。

2. 彻底更新法

彻底更新法适用于因病虫草害或其他原因严重退化的草坪。草坪严重退化通常是由土壤表层质地不均一、枯草层过厚、表层 $3\sim5\,cm$ 土壤严重板结、草坪根层出现严重絮结以及草坪被大部分多年生杂草、禾草侵入等现象引起的。针对这类退化草坪，进行更新前，首先，应调查草坪退化的原因，测定土壤物理性状、肥力状况和 pH 值，检查灌溉排水设施。其次，制订切实可行的方案，用人工或取草皮机清除场地内的所有植物，进行草坪土壤基础设施改善。坪床准备好以后，进行草种选择，再确定是直接播种还是铺草皮种植。最后，吸取教训，加强草坪常规管理，如加强水肥管理、打孔通气、清除枯草层等。

3. 带状更新法

对具有匍匐茎、根状茎的分节生根的草坪草，如结缕草、狗牙根等，长到一定年限后，草根密集，并絮结老化，蔓延能力退化，可每隔 $50\,cm$ 挖走 $50\,cm$ 宽的一条，增施泥炭土、腐叶土或厩肥、堆肥泥土等，结合翻耕改良平整空条土地，过一两年就长满草坪，然后再挖走留下的 $50\,cm$，这样循环往复，4 年就可全面更新一次。

4. 断根更新法

由土壤板结引起的草坪退化，可以定期在建成的草坪上用打孔机将草坪地面扎成许多洞孔，孔的深度为 $8\sim10\,cm$，洞孔内撒施肥料后立即喷水，促进新根生长。另外，也可用齿长为 $3\sim4\,cm$ 的钉筒滚压划切，也能起到疏松土壤、切断老根的作用。然后在草坪上撒施肥土，促进新芽萌发，从而达到更新复壮的目的。针对一些枯草层较厚、草坪草稀密不均、年限较长的地块，可采取旋耕断根更新措施，即用旋耕机旋耕一遍，然后施肥浇水，既达到了切断老根的效果，又能促使草坪草分生出许多新枝条。

5. 补植草皮

对于轻微的枯秃或局部杂草侵占，将杂草除掉后应及时进行异地采苗补植。移植草皮前要进行修剪，补植后要踩实，使草皮与土壤结合紧密，促进生根，恢复生长。

第四节　花坛的养护管理

一、浇水

每天浇水时间一般应当安排在上午 10 时前或者下午 4 时后。如果一天只浇一次，则应当安排在傍晚前后，忌在中午气温正高、阳光直射的时间进行浇水。

每次浇水量要适度，若浇水量过大，土壤经常过湿，就会造成花根腐烂。浇水时应当控制流量，不可太急，以免冲刷土壤。

二、施肥

花坛植物所需要的肥料主要来自整地时所施入的基肥。在定植生长的过程中，也可以根据需要，进行几次追肥。在追肥时，千万注意不要污染花、叶，施肥后应当及时浇水。不可以使用未经充分腐熟的有机肥料，以免产生烧根现象。

三、修剪与除杂

修剪可以控制花苗的植株高度，促使茎部分蘖，以保证花丛茂密、健壮以及保持花坛整洁、美观。一般的草花花坛，在开花时期每周剪除残花 2～3 次。模纹花坛，更应当经常修剪，保持图案明显、整齐。对于花坛中的球根类花卉，开花后应当及时剪去花梗、消除枯枝残叶，这样就可促使子球发育良好。

花坛内的杂草与花苗争肥、争水，既妨碍花苗的生长，又影响观赏效果，所以在发现杂草时就要及时清除。另外，为了保持土壤疏松，有利于花苗生长，还应当经常松土。杂草及残花、败叶也要及时清除。

四、立支柱

高大植株以及花朵较大的植株，为了防止倒伏、折断，应当设立支柱，将花茎轻轻绑在支柱上，支柱的材料可选用细竹竿。对于有些花朵多而大的植株，除了立支柱，还可选用铅丝编成的花盘将花朵托住。支柱和花盘都不可影响花坛的观赏效果，最好涂以绿色。

五、补植与更换花苗

花坛内如果有缺苗的现象，应及时补植，以保持花坛内的花苗完美无缺。补植的花苗品种、规格都应当和花坛内的花苗一致。由于草花生长期短，为了保持花坛的观赏效果，需要做好更换花苗的工作。

第五节　垂直绿化的养护管理

一、浇水

水是攀缘植物生长的关键，在春季干旱时会直接影响植株的成活。

新植与近期移植的各类攀缘植物，应当连续浇水，直至植株不浇水也能正常生长为止。

要掌握好3~7月份时植物生长关键时期的浇水量；做好冬初冻水的浇灌，以利于防寒越冬。

由于攀缘植物的根系浅、占地面积少，因此在土壤保水力差或是天气干旱季节应当适当增加浇水次数。

二、牵引

牵引的目的是使攀缘植物的枝条沿依附物不断伸长生长。特别要注意的是在栽植初期的牵引。新植苗木在发芽后应当做好植株生长的引导工作，使其向指定的方向生长。

对于攀缘植物的牵引应当设专人负责，从植株栽后至植株本身能独立沿依附物攀缘为止。应当依攀缘植物种类的不同、时期的不同而使用不同的方法，如设置铁丝网（攀缘网）等。

三、施肥

施肥的目的是给攀缘植物提供养分，改良土壤，以增强植株的生长势。

施基肥，应当于秋季植株落叶后或春季发芽前进行；施用追肥，应在春季萌芽后至当年秋季进行，特别是在 6～8 月雨水勤或浇水足时，更应及时施肥。

基肥应当使用有机肥，施用的量适宜为每延米 0.5～1.0 kg。

追肥可以采用根部施肥和叶面施肥两种方式。

根部施肥可以分为密施和沟施两种方式。每两周进行一次，每次施混合肥时每延米 100 g，施化肥则为每延米 50 g。

在叶面施肥时，对以观叶为主的攀缘植物可以喷质量分数为 5%的氮肥尿素，而对以观花为主的攀缘植物喷质量分数为 1%的磷酸二氢钾。叶面施肥适宜每半月 1 次，一般情况下每年喷 4～5 次。

使用有机肥时必须经过腐熟，使用化肥时必须粉碎、施匀；施用有机肥不应当浅于 40 cm，而施用化肥不应当浅于 10 cm；施肥后应当及时浇水。叶面施肥宜在早晨或者傍晚进行，也可以结合喷药进行。

四、修剪与间移

对攀缘植物进行修剪的目的是防止枝条脱离依附物，便于植株的通风透光，防止病虫害以及形成整齐的造型。

修剪可以在植株秋季落叶后和春季发芽前进行。为了使其整齐美观，也可以在任何季节随时修剪，但主要用于观花的种类要在落花之后进行修剪。

攀缘植物间移的目的是使植株正常生长，减少修剪量，充分发挥植株的作用。间移应当在休眠期进行。

五、中耕除草

中耕除草的目的是保持绿地整洁，破坏病虫发生条件，并保持土壤水分。除草应当在整个杂草生长季节内进行，以早除为宜。除草要将绿地中的杂草彻底除净，并要及时处理。中耕除草时不得伤及攀缘植物根系。

第六节　屋顶绿化的养护管理

一、花园式屋顶绿化养护管理

（一）浇水

花园式屋顶绿化浇水间隔一般控制在 10～15 天。

（二）施肥

应当采取控制肥料的方法或者生长抑制技术，以防植物生长过旺使建筑荷载和维护成本加大。在植物生长较差时，可以在植物生长期内按照 30～50 g/m^2 的要求，每年施 1～2 次长效的氮、磷、钾复合肥（氮∶磷∶钾＝15∶9∶15）。

（三）修剪

根据植物的生长特性进行定期的整形修剪和除草，并及时清理落叶。

（四）防风、防寒

在寒冷的地区，应当根据植物抗风性和耐寒性的不同，采取搭风障、支防寒罩或包裹树干等措施进行防风、防寒处理，使用材料应当具备耐火、坚固、美观等特点。

1.支撑、牵引

北方地区冬季干旱多风，瞬间的风力有时可以达到 8 级，故而要确保屋顶绿化植物材料、基础层材料及绿化设施材料的牢固性。屋顶上的常绿乔木、落叶小乔木及体量较大的花灌木应当采取支撑、牵引等方式来进行固定。在固定植物时，支撑、牵引方向应当同植物生长地的常遇风向保持一致。支撑、牵引时应根据植物体量选择适当的固定材料。

2.搭设御寒风障

对于新植苗木或是不耐寒的植物材料，应当适当采取防寒措施。五针松、大叶黄杨、小叶黄杨等不耐风的新植苗木适宜采取包裹树冠、搭设风障等措施，以确保其安全越冬。在背风、向阳、小气候环境好的地点可以不搭设或是灵活掌握。所使用的包裹材料要具备良好的透气性。

二、简单式屋顶绿化养护管理

（一）浇水

简单式屋顶绿化一般基质比较薄，应当根据植物种类和季节的不同，适当增加浇水次数。有条件的屋顶可以设置微喷灌、滴灌等设施来进行浇水，水源压力要大于 2.5 kg/cm²。

冬季要适当补水，必须保证土壤的含水量能满足植物存活的需要。若冬季屋面土壤过于干旱，则容易造成土壤基质疏松、植物严重缺水、植株下部幼芽逐渐干瘪，甚至植株死亡。故在冬季降水量减少的情况下，可于 11 月底为其浇水。这样就可以有效防风固尘、保持土壤，提高空气湿度，使小芽能够生长饱满。

维护人员要经常对屋顶绿化进行巡视，检修屋顶绿化的各种设施，尤其应当注意灌溉系统是否及时回水，以防止水管冻裂。

（二）施肥

在生长期内按照所用基质及植物生长情况进行适当施肥，每年施 1～2 次长效的氮、磷、钾复合肥。

（三）修剪、除草

要根据植物的生长特性进行定期维护和除杂草，并控制年生长量；春季返青时期需将枯叶适当清除，以加速植被返青。

（四）覆盖

屋顶佛甲草绿化容易出现鸟类毁苗现象，危害最大的鸟类有喜鹊、乌鸦和家鸽等，它们常常会将佛甲草连根刨起。在冬季时，为了保证来年返青质量及防止"黄土露天""二次扬尘"等情况的发生，可以使用绿色无纺布对新铺草坪地被进行覆盖。覆盖可以有效保护土壤、防止老苗及基础材料被风刮走，也有利于来年屋顶绿化草坪地被的提前返青，还可以防鸟类对屋顶绿化的损害。

第九章　园林绿化植物
病虫草害防治

第一节　园林绿化植物主要病害

一、叶、花、果病害

（一）叶斑病

叶斑病是叶片组织受局部侵染，导致出现各种形状斑点病的总称。但叶斑病并不只在叶上发生，有一部分病害也在枝干、花和果实上发生。

1.常见类型

叶斑病的常见类型有黑斑病、褐斑病、圆斑病、角斑病、斑枯病、轮斑病等，如丁香叶斑病、月季黑斑病、菊花褐斑病等。

（1）丁香叶斑病

丁香叶斑病包括丁香褐斑病、丁香黑斑病和丁香斑枯病三种。丁香感染叶斑病后，叶片早落、枯死，生长不良，影响观赏效果。

丁香褐斑病主要危害叶片，病斑为不规则形，如多角形或近圆形，病斑直径 5～10 mm。病斑呈褐色，后期病斑中央组织变成灰褐色。病斑背面可生灰褐色霉层，即病菌的分生孢子和分生孢子梗。病斑边缘呈深褐色。发病严重时病斑相互连接成大斑。

（2）月季黑斑病

月季黑斑病常在夏秋季造成黄叶、枯叶、落叶，影响月季的开花和生长。

月季黑斑病主要危害月季的叶片，也危害叶柄和嫩梢。感病初期叶片上出现褐色小点，以后逐渐扩大为圆形或近圆形的斑点，边缘呈不规则的放射状，病部周围组织变黄，病斑上生有黑色小点，即病菌的分生孢子盘，严重时病斑连片，甚至整株叶片全部脱落，成为光杆。嫩枝上的病斑为长椭圆形、暗紫红色，稍下陷。

（3）菊花褐斑病

发病严重时，叶片枯黄，全株萎蔫，叶片枯萎、脱落，影响菊花的产量和观赏性。

发病初期，叶片病斑近圆形，呈紫褐色，背面呈褐色或黑褐色。发病后期，病斑近圆形或不规则形，直径可达 12 mm，病斑中间部分呈浅灰色，其上散生细小黑点，为病菌的分生孢子器。一般发病从下部开始，向上发展，严重时全叶变黄干枯。

2.防治措施

防治叶斑病要注意发病初期及时用药，可选用下列药剂：70%甲基托布津可湿性粉剂 1 000 倍液，10%世高水分散粒剂 6 000～8 000 倍液，50%代森铵水剂 1 000 倍液，10～15 天喷施一次，连续喷施 3～4 次。

（二）白粉病

病症初期，发病处呈白粉状，最明显的特征是有表生的菌丝体和粉孢子。

白粉病是在园林植物中发生极为普遍的一类病害，多发生在寄主生长的中后期，可侵染叶片、嫩枝、花和新梢。发病时，叶上最初出现褪绿斑，继而长出白色菌丝层，并产生白粉状分生孢子，形成白色粉末状物，在生长季节进行再侵染。在秋季时，白粉层上出现许多由白而黄、最后变为黑色的小颗粒（闭囊壳）。重者可抑制寄主植物生长，使叶片卷曲，萎蔫苍白。已报道的白粉病种类有 155 种。白粉病可降低园林植物的观赏价值，严重者可导致枝叶干枯，甚至可造成全株死亡。

1.常见类型

（1）黄栌白粉病

黄栌白粉病主要危害叶片，也危害嫩枝。叶片被害后，初期叶面上出现白色粉点，后逐渐扩大为近圆形白色粉霉斑，严重时霉斑相连成片，叶正面布满白粉。发病后期，白粉层上陆续生出先变黄、后变黄褐、最后变为黑褐色的颗粒状子实体（闭囊壳）。秋季叶片焦枯，不但影响树木生长，而且受害叶片秋天不能变红，影响观赏效果。

（2）月季白粉病

发病严重时，叶片萎缩干枯，花少而小，落叶、花蕾畸形，严重影响植株生长、切花产量和观赏效果。除月季外，还有蔷薇、玫瑰等也容易发生此病害。月季白粉病主要危害新叶和嫩梢，也危害叶柄、花柄、花托和花萼等。被害部位表面长出一层白色粉状物（即分生孢子），同时枝梢弯曲，叶片皱缩畸形或卷曲，上下两面布满白色粉层，渐渐加厚，呈薄毡状。发病叶片加厚，为紫绿色，逐渐干枯死亡。老叶较抗病。花蕾受害后布满白粉层，逐渐萎缩干枯。受害轻的花蕾开出的花朵畸形。幼芽受害不能适时展开，比正常的芽展开晚且生长迟缓。

（3）紫薇白粉病

发病时紫薇叶片干枯，影响树势和观赏效果。该病主要危害紫薇的叶片，嫩叶比老叶易感病，嫩梢和花蕾也会受害。叶片展开即可受到侵染，发病初期叶片上出现白色小粉斑，后扩大为圆形并连接成片，有时白粉覆盖整个叶片。叶片扭曲变形，枯黄脱落。发病后期白粉层上出现由白而黄、最后变为黑色的小粒点（闭囊壳）。

2.防治措施

（1）加强管理

选栽抗病品种，适度修剪，以创造通风透光的环境；及时施肥、浇水，避免偏施氮肥，促使植株健壮；温室中重视通风透光，避免闷热潮湿的环境，减少叶面淋水，随时摘除病叶，病梢烧毁，以增强抗病能力，防止或减少病毒的侵染。

（2）消灭病源

白粉病多通过闭囊壳随病叶等落到地面或表土中，应及时清除病落叶，烧毁病梢，并进行翻土，在植株下覆盖无菌土，以减少初侵染源。

（3）药剂防治

在生长季节，要注意检查，抓准初发病期喷药控制。在早春植株萌动之前，喷洒石硫合剂等保护性杀菌剂或50%的多菌灵600倍液。展叶后，可喷洒1 000倍的多菌灵或75%的甲基托布津1 000倍液，隔半个月喷一次，连续喷2～3次。喷施15%的粉锈宁可湿性粉剂1 500～2 000倍液、40%的福星乳油8 000～10 000倍液、45%的特克多悬浮液300～800倍液。温室内可用10%的粉锈宁烟雾剂熏蒸。近年来生物农药发展较快，农用抗菌素BO-10（150～200倍液）、抗霉菌素120对白粉病也有良好的防效。

（三）锈病

锈病是由担子菌亚门冬孢子菌纲锈菌目的真菌引起的，典型病症是出现黄粉状锈斑。叶片上的锈斑较小，近圆形，有时呈泡状斑。在症状上只产生褪绿、淡黄色或褐色斑点。锈病主要危害园林植物的叶片，引起叶枯及叶片早落，严重影响植物的生长。锈病多发生于温暖湿润的春秋季，在不适宜的灌溉、叶面凝结雾露及多风雨的天气条件下最容易发生和流行。

1.常见类型

（1）玫瑰锈病

玫瑰锈病为世界性病害，全国各地都有发生，是影响玫瑰生产的重要因素。玫瑰的地上部分均可受害，主要受害部位为叶和芽。春天新芽上布满鲜黄色的粉状物，叶片正面有褪绿的黄色小斑点，叶背面有黄色粉堆（夏孢子和夏孢子堆）；秋末叶背出现黑褐色粉状物（冬孢子和冬孢子堆）。受害叶早期脱落，影响生长和开花。

（2）海棠、桧柏锈病

该病影响海棠、桧柏等的生长和观赏效果。春夏季主要危害贴梗海棠、木瓜海棠、苹果、梨。叶面最初出现黄绿色小点，逐渐扩大为橙黄色或橙红色有光泽的圆形油状病斑，直径 6～7 mm，边缘有黄绿色晕圈，其上产生橙黄色小粒点，后变为黑色，即性孢子器。发病后期，病组织肥厚，略向叶背隆起，其上长出许多黄白色毛状物，即病菌锈孢子器，最后植株因病斑枯死。

转主寄主为桧柏，秋冬季病菌危害桧柏针叶或小枝，被害部位出现浅黄色斑点，后隆起呈灰褐色豆状的小瘤，初期表面光滑，后膨大，表面粗糙，呈棕褐色，直径 0.5～1.0 cm，翌春 3～4 月遇雨破裂，膨大为橙黄色花朵状（或木耳状）。受害严重的桧柏小枝上病瘿成串，造成柏叶枯黄，小枝干枯，甚至整株死亡。该病在海棠、苹果与桧柏混栽的公园、绿地等处较为严重。

（3）菊花白色锈病

发病影响切花产量和品质。菊花白色锈病主要危害叶片，初期叶片正面出现淡黄色斑点，相应叶背面出现疱状突起，由白色变为淡褐色至黄褐色，表皮下即为病菌的冬孢子堆；严重时，叶上病斑很多，引起叶片上卷，植株生长逐渐衰弱，甚至枯死。

（4）毛白杨锈病

毛白杨锈病主要危害幼苗和幼树。发病严重时，部分新芽枯死，叶片局部扭曲，嫩枝枯死。该病危害植株的芽、叶及幼枝等部位。感病冬芽萌动时间一般较健康芽早 2～3 天。若侵染严重，植株往往不能正常展叶。未展开的嫩叶为黄色夏孢子粉所覆盖，不久即枯死。感染较轻的冬芽，开放后嫩叶皱缩、加厚、反卷，表面密布夏孢子堆，像一朵黄花。轻微感染的冬芽可正常开放，嫩叶两面仅有少量夏孢子堆。正常芽展出的叶片被害后，感病叶上病斑呈圆形，针头至黄豆大小，多数散生，以后在叶背面产生黄色粉堆，为病原菌的夏孢子堆。

2.防治措施

（1）避免栽植距离过近

对转主寄生的病菌，如桧柏、海棠锈病，桧柏、梨锈病等，不将两种寄主植物种在一起或距离太近；注意修剪和林间排水，使林间通风透光；调控湿度，使湿度不过高。

（2）药剂防治

对转主寄生的锈病，如桧柏、海棠锈病，可于三四月桧柏上冬孢子堆（病瘿）成熟时，往桧柏树枝上喷 1～2 次石硫合剂，或 1∶3∶100 的石灰多量式波尔多液，抑制过冬病瘿破裂，防止其放出孢子侵染海棠等的叶片。发病初期，可喷洒 15%的粉锈宁可湿性粉剂 1 000～1 500 倍液，喷 1～2 次能基本控制。另外，还可喷洒 70%的敌锈钠原粉 200～250 倍液、65%的福美铁可湿性粉剂 1 000 倍液，70%的托布津可湿性粉剂 1 000 倍液等。

（四）灰霉病

灰霉病是园林植物中常见的病害，寄主范围广泛，各类花卉都可被灰霉病菌侵染。病害主要表现为花腐、叶斑和果腐，但也能引起猝倒、茎部溃疡以及块茎、球茎、鳞茎和根的腐烂。受害组织上产生大量灰黑色霉层，因而这种病被称为灰霉病。灰霉病在发病后期常有青霉菌和链格孢菌混生，导致病害加重。

1.常见类型

（1）仙客来灰霉病

仙客来灰霉病危害仙客来叶片和花瓣，造成叶片、花瓣腐烂，观赏性降低。叶片受害后出现暗绿色水渍斑点，病斑逐渐扩大，叶片干枯，呈褐色。叶柄和花梗受害后呈水渍状腐烂，之后下垂。花瓣感病后呈水渍状腐烂并变褐色。在潮湿条件下，病部均可出现灰色霉层。发病严重时，叶片枯死，花器腐烂，霉层密布。

（2）四季海棠灰霉病

四季海棠灰霉病主要危害花、花蕾和嫩茎。花及花蕾上最开始出现水渍状不规则小斑，稍下陷，后变褐腐烂，病蕾枯萎后垂挂于病组织之上或附近。在温暖潮湿的环境下，病部产生大量灰色霉层，即病原菌的分生孢子和分生孢子梗。

2.防治措施

生长季节喷施 50%的扑海因可湿性粉剂 1 000～1 500 倍液、50%的速克灵可湿性粉剂 1 000～2 000 倍液、45%的特克多悬浮液 300～800 倍液、10%的多抗霉素可湿性粉剂 1 000～2 000 倍液等，也可用熏灵 II 号（有效成分为百菌清及速克灵）进行熏烟防治，具体用量为 0.2～0.3 g/m³，每隔 5～10 天熏烟 1 次。烟剂点燃后，吹灭明火。

（五）炭疽病

发病部位形成各种形状、大小、颜色的坏死斑，比较典型的症状是叶片上产生明显的轮纹斑，发病后期病斑上会出现小黑点。

1.常见类型

（1）兰花炭疽病

兰花炭疽病在兰花生产地区普遍发生，可发展为严重的病害，主要危害春兰、蕙兰、建兰、墨兰、寒兰等兰科植物。

兰花炭疽病主要危害兰花叶片。叶片上的病斑以叶缘和叶尖较为普遍，少数发生在基部。病斑呈半圆形、长圆形、梭形或不规则形，有深褐色不规则线纹数圈，病斑中央呈灰褐色至灰白色，边缘呈黑褐色。后期病斑上散生有黑色小点，为病菌的分生孢子盘，病斑多发生于上中部叶片。果实上的病斑为不规则、长条形黑褐色病斑。病斑的大小、形状因兰花品种不同而有差异。

（2）君子兰炭疽病

成株及幼株均可受害，多发生在外层叶基部，最初为水渍状，逐渐凹陷。

发病初期，叶片上产生淡褐色小斑。随着病害发展，病斑逐渐扩大，呈圆形或椭圆形，病部具有轮纹，后期产生许多黑色小点，在潮湿条件下涌出粉红色黏稠物，即病原物的分生孢子。

君子兰炭疽病的病原为半知菌亚门、腔孢纲、盘长孢属。病菌以菌丝在寄主残体或土壤中越冬，翌年 4 月初老叶开始发病，5～6 月 22～28℃时发展迅速，高温高湿的多雨季节发病严重。分生孢子靠气流、风雨、浇水等传播，多从伤口处侵入。植株在偏施氮肥，缺乏磷、钾肥时发病重。

（3）橡皮树炭疽病

橡皮树炭疽病主要危害叶片。发病叶片初期长出淡褐色或灰白色而边缘呈紫褐色或暗褐色的圆形或不规则形斑点。橡皮树炭疽病常发生于叶尖或叶缘，后期病斑较大，严重时使大半叶片枯黑，有时也危害新梢。病斑多发生在基部，少数发生在中部，呈椭圆形或梭形，略下陷，边缘呈淡红色。后期病斑呈褐色，中部带灰色，有黑色小点（分生孢子盘）及纵向裂纹。病斑环梢一周，梢部即枯死，甚至会危害老枝与树干。

2.防治措施

（1）加强养护管理，增强植株的抗病能力

选用无病植株栽培；合理施肥与轮作，种植密度要适宜，以利通风透光，降低湿度；注意浇水方式，避免漫灌；盆土要及时更新或消毒。

（2）清除病原

及时清除枯枝、落叶，剪除病枝，刮除茎部病斑，彻底清除根茎、鳞茎、球茎等带病残体，消灭初侵染来源。休眠期喷施石硫合剂。

（3）药剂防治

发病期间采用药剂防治，特别是在发病初期，要及时喷施杀菌剂。可选用的药剂有：50%的炭疽福美可湿性粉剂 500～700 倍液、65%的代森锰锌可湿性粉剂 500～700 倍液、70%的甲基托布津可湿性粉剂 1 000 倍液、75%的百菌清可湿性粉剂 500～1 000 倍液等。一般每隔 10 天喷 1 次，共喷 4 次。

（六）霜霉病（疫病）

该病典型的症状是叶片正面产生褐色多角形或不规则形的坏死斑，叶背相应部位产生灰白色或其他颜色疏松的霜霉状物。病原物为低等的鞭毛菌，低温潮湿的情况下发病重。

1.常见类型

（1）月季霜霉病

霜霉病是月季栽培中影响较大的病害之一，发生较普遍。除月季外，该病还危害蔷薇属中的其他花卉，引起叶片早落，影响树势和观赏效果。

该病危害植株所有地上部分，叶片最易受害，常形成紫红色至暗褐色不规则形病斑，边缘色较深。花梗、花萼或枝干受害后形成紫色至黑色大小不一的病斑，感病枝条常枯死。发病后期，病部出现灰白色霜霉层，常布满整个叶片。

（2）紫罗兰霜霉病

该病主要危害叶片，使叶片正面产生淡绿色斑块，后期变为黄褐色至褐色的多角形病斑，叶片背面长出稀疏灰白色的霜霉层。叶片萎蔫，植株枯萎。病菌也侵染幼嫩的茎和叶，使植株矮化变形。

（3）葡萄霜霉病

葡萄霜霉病是一种世界性病害，各葡萄产区都有此病发生。葡萄霜霉病主要危害葡萄，发病严重时植株提早落叶，甚至枯死。

葡萄霜霉病主要危害叶片，也危害嫩梢、花序和幼果。发病初期，叶片正面出现油渍状黄绿色斑块，叶片背面对应部位生出白霜样霉层。随病斑扩大，渐形成黄褐色或红褐色枯斑。病斑较多时，病叶变黄脱落。嫩梢偶尔发病，出现油渍状斑，潮湿时生霜霉层，病梢扭曲变形。

2.防治措施

（1）加强栽培管理

及时清除病枝及枯落叶。采用科学的浇水方法，避免大水漫灌。温室栽培应注意通风透气，控制温湿度。露地种植的月季也应注意阳光充足，通风透气。

（2）药剂防治

花前，结合防治其他病害喷施 1∶0.5∶240 的波尔多液、75%的百菌清可湿性粉剂 800 倍液、50%的克菌丹可湿性粉剂 500 倍液。6 月田间零星出现病斑时，开始喷施 58%的瑞毒霉锰锌可湿性粉剂 400～500 倍液、69%的安克锰锌可湿性粉剂 800 倍液、40%的恶霉灵可湿性粉剂 250 倍液、64%的杀毒矾可湿性粉剂 400～500 倍液或 72%的克露可湿性粉剂 750 倍液。7 月份再喷施 1 次即可基本控制危害。

发病后，也可用 50%的甲霜铜可湿性粉剂 600 倍液或 60%的琥铜·乙膦铝可湿性粉剂 400 倍液灌根，每株灌药液 300 g。

二、枝干病害

（一）枯黄萎病

1.常见类型

（1）香石竹枯萎病

香石竹枯萎病在全国各地都有发生，可引起植株枯萎死亡。香石竹整个生长期都可发生此病。发病初期植株顶梢生长不良，植株逐渐枯萎死亡。发病后期，叶片变成稻草色。有时植株一侧生长正常，一侧萎蔫。剖开病茎时，可见到维管束中变褐的条纹，一直延伸到茎上部。

（2）合欢枯萎病

合欢枯萎病在我国华东、华北等地区都有发生，可引起合欢枯萎死亡。发病植株叶片首先变黄、萎蔫，最后脱落。发病植株可一侧枯死或全株枯萎死亡。纵切病株木质部，其内变成褐色。夏季树干粗糙，病部皮孔肿胀，可产生黑色液体，并产生大量分生孢子座和分生孢子。

（3）月季枝枯病

月季枝枯病是世界性病害，可引起月季枝条干枯，甚至引起全株枯死。病害主要发生在枝干和嫩茎部，发病部位出现苍白、黄色或红色的小点，后扩大为椭圆形至不规则形病斑，中央呈浅褐色或灰白色，边缘清晰呈紫色，后期病斑下陷，表皮纵向开裂，病斑上着生许多黑色小颗粒，即病原菌的分生孢子器。发病严重时病斑常可环绕茎部一周，引起病部以上部分变褐枯死。

2.防治措施

在苗圃轮作 3 年以上。用 40% 的福尔马林 100 倍液浇灌土壤，用量为 $36\,kg/m^2$，然后用薄膜覆盖 1～2 周，揭开 3 天以后再用。月季发生枝枯病应及时剪除病枝并销毁。发病初期可选用 50% 的退菌特可湿性粉剂 500 倍液、50% 的多菌灵可湿性粉剂 800～1 000 倍液、70% 的甲基硫菌灵可湿性粉剂 1 000 倍液或 0.1% 的代森锌可湿性粉剂与 0.1% 的苯来特可湿性粉剂混合液喷洒。

（二）枝干腐烂、溃疡病

1.常见类型

（1）杨树烂皮病

杨树烂皮病也称杨树腐烂病，在我国杨树栽培区都有发生。该病也危害柳树、板栗、樱等常见园林树木，常可引起行道树大量枯死。

杨树烂皮病主要危害枝干和枝条，表现为枯梢和干腐两种症状类型。

①枯梢

枯梢主要发生在幼树及大树的小枝上。小枝发病后迅速死亡。溃疡症状不明显，但后期可长出橘红色分生孢子角，后期的死亡枝上可长出黑色点状的壳。

②干腐

干腐为常见症状类型，主要发生在主干和侧枝上，发病后病部皮层腐烂变软，初期病部呈水肿状、暗褐色，过一段时间后，病部失水下陷，有时发生龟裂。后期病斑可产生许多针头状小突起，即病菌的分生孢子器，潮湿或雨水天气，病部可产生橙黄色或橘红色卷丝状的分生孢子角。病斑边缘明显，呈黑褐色。病部发病严重时，皮层腐烂，纤维组织分离如麻状，容易与木质部脱离。当病部环绕树干一周时，病部以上枝条即干枯死亡。当环境条件不利于病害发生时，病斑停止扩大。秋季病部可长出一些黑色小粒点，即病原菌的子囊壳。

（2）杨树溃疡病

杨树溃疡病在我国辽宁、河北、吉林、山东等地都有发生，以天津、北京等地危害最重。该病又称水泡性溃疡病，主要危害杨树的枝干，引起杨树生长衰退，可造成大量杨树枯死。除危害杨树外，该病还可危害柳树、国槐和刺槐等。

病害主要发生在主干和小枝上，症状有溃疡和枯斑两种类型。

①溃疡

发病时树皮上出现直径 1 cm 的水泡，为圆形或椭圆形，颜色与树皮相近，水泡质地松软，泡内充满褐色臭味液体，破裂后液体流出，水泡处形成近圆形的凹陷枯斑。

②枯斑

树皮上先出现水渍状近圆形病斑，近红褐色，稍隆起。病斑可环绕树干，致使上部枝梢枯死。发病部位可产生小黑点。

（3）仙人掌茎腐病

病害多发生在茎基部，可向上逐渐扩展，也能发生在上部茎节处。初期产生水渍状暗灰色或黄褐色病斑，并逐渐软腐，后期烂肉组织腐烂失水，剩下一层干缩的外皮，或病部组织腐烂后仅留下一个髓部，最后全株死亡。病组织上出现灰白色或深红色霉层，或黑色粒状物，即为病菌的子实体。

2.防治措施

（1）栽培养护预防

适地适树，选用抗病性强及抗逆性强的树种，培育无病壮苗；加大栽培养护力度，提高树木的抗病能力；在起苗、假植、运输和定植环节，尽量避免苗木失水。清除严重病株及病枝，保护嫁接及修枝伤口，在伤口处涂药保护。秋冬和早春用硫黄粉涂白剂涂白树干，防止病原菌侵染。

（2）药剂防治

用50%多菌灵300倍液，加入适当的泥土混合后涂于病部，或用50%的多菌灵、70%的甲基托布津、75%的百菌清500～800倍液喷洒，有较好的效果。

（三）丛枝病

1.常见类型

丛枝病的常见类型为泡桐丛枝病，泡桐丛枝病又名泡桐扫帚病，分布极广，一旦染病，全株各个部位均可表现出受害症状。染病的幼苗、幼树常于当年枯死，大树感病后，常引起树势衰退，材积生长量大幅度下降，严重时可导致植株死亡。

常见的丛枝病有以下两种症状类型：

①丛枝型。发病开始时，个别枝条上大量萌发腋芽和不定芽，抽生很多小枝，小枝上又抽生小枝，抽生的小枝细弱，节间变短，叶序混乱，病叶黄化，至秋季簇生成团，呈扫帚状。冬季小枝不脱落，发病的当年或第二年小枝枯死，若大部分枝条枯死会引起全株枯死。

②花变枝叶型。花瓣变成小叶状，花蕊形成小枝，小枝腋芽继续抽生形成丛枝，花萼明显变薄，色淡无毛，花托分裂，花蕾变形，有越冬开花的现象。

2.防治措施

（1）加强预防

培育无病苗木，采用种子育苗或严格挑选无病的根条育苗。据观察，感染丛枝病植株的种子并没有病原。因此，实生苗发病率很低。如采用根条育苗，应挑选无病根条，且严格消毒，将根条晾晒1～2天后，放入适当浓度的四环素水溶液中浸6～10 h，再进行育苗。另外，要尽量选用抗病良种造林，一般认为白花泡桐、毛泡桐抗病能力较强，山明泡桐和楸叶泡桐抗病能力较差。

（2）加强管理

在生长季节不要损坏树根、树皮和枝条，初发病的枝条应及早修除；改善水肥条件，增施磷肥，少施钾肥。据观察，土壤中磷含量越高，发病越轻；钾含量越高，发病越重，而且发病轻重与磷、钾比值高低呈反相关，其比值在 0.5 以上时植株很少发生丛枝病。

（3）修除病枝和环状剥皮

秋季发病停止后、树液回流前修除病枝；或春季树液流动前进行环剥，环剥宽度为被剥病枝处的径长。

（4）药物治疗

用兽用注射器，把每毫升含有 10 000 单位的盐酸四环素药液注入病苗主干距地面 10～20 cm 处的髓心内，每株注入 30～50 mL，2 周后可见效。注药时间在 5～7 月份；也可直接对病株叶面每天喷一定的四环素药液，喷 5～6 次，半月之后效果显著。用石硫合剂残渣埋在病株根部土中并用石硫合剂喷病株，能抑制丛枝病的发展。

（四）松材线虫病

1.症状

被侵染的松树针叶失绿，并逐渐黄萎枯死，变红褐色，最终全株迅速枯萎死亡，但针叶长时间内不脱落，有时直至翌年夏季才脱落。从针叶开始变色至全株死亡约 30 天。外部症状首先表现为树脂分泌减少，直至完全停止分泌，蒸腾作用下降，继而边材水分迅速降低。病树大多在 9～10 月上中旬死亡。

2.防治措施

加强检疫，严禁疫区松苗、松木及其产品外运（包括原木、板材、包装箱等），并防止携带松墨天牛出境；尽量消灭媒介体松墨天牛；及时伐除和处理被害树；选用和培育抗病树种。在生长季节的 5～6 月份，即松墨天牛补充营养期，喷洒 50%的杀螟松乳油 200 倍液，可在树干周围 90 cm 处开沟施药或喷药保护树干；也可用飞机喷洒 3%的杀螟松，每公顷约喷 60 L，杀虫效果可以保持 1 个月左右。

（五）寄生性种子植物病害

1.常见类型

（1）菟丝子

菟丝子主要危害植物的幼树和幼苗，全国各地都有分布。菟丝子常寄生在多种园林植物上，轻则使花木生长不良，影响观赏，重则使花木和幼树被缠绕致死。一二年生花卉及宿根花卉中，一串红、金鱼草、荷兰菊、旱菊、菊花等在天津、呼和浩特、乌鲁木齐、济南等地受害严重；扶桑、榆叶梅、玫瑰、珍珠梅、紫丁香等花灌木在个别城市受害亦严重。我国广西南部有 12 科 22 种树木被菟丝子寄生，其中台湾相思树、千年桐、木麻黄、小叶女贞及红花羊蹄甲等 16 个树种受害严重，受害率达 30%。

菟丝子为寄生种子植物，以茎缠绕在寄生植物的茎部，并以吸器伸入寄生植物茎或枝干内与其导管和筛管相连接，吸取全部养分，因而导致被害花木发育不良，生长受阻碍，通常表现为生长矮小和黄化，甚至植株枯萎、死亡。

（2）桑寄生科植物

桑寄生科植物具有鲜艳而又带黏性的果实，鸟类食后，种子随鸟类的粪便或黏附在鸟类身上而传播，因而鸟类活动频繁的村头、水边、灌丛等处的树受害较重。唯一有效的方法是连续砍除被害枝条。因为寄生植物的吸根深入寄主体内，如果仅仅砍除寄生植物，寄生根还会重新萌发。冬季寄生植物的果实尚未成熟，寄主植物又多已落叶，使寄生植物更加明显，是进行防治的好时机。

2.防治措施

加强对菟丝子的检疫。其种源可能是商品种苗地，在购买种苗时必须到苗圃地去实地踏看，以免将检疫对象带入。在历年都种植菊花的地域中购买盆栽花卉或苗木时也应注意不要将菟丝子带入。

减少侵染来源。寄生性植物的种子可能落入土中，也可能混杂在寄主植物的种子中。因此，冬季深翻可使种子深埋土中，不易萌发。

对已经传入的寄生植物，采用人工连叶带柄全部拔除的方法，不留下菟丝子的营养体和吸器。拔除的叶、叶柄和菟丝子的残茎，可以置于水泥地上晒干，以防再次寄生。如果是在菊花或月季等苗木中，也要清除枝叶上所有的缠绕茎及吸器，否则难以奏效。3 月下旬发现少数菟丝子发芽时即行拔毁，连同未发芽的种子一起拾除。秋季开花未结子前，摘除所有菟丝子的花朵，杜绝次年再次发芽。

对一些珍贵的苗木，不宜采用杀头去顶的方式处理，应在春末、夏初检查栽培植物，及时在种子成熟前清除寄生物。可以将鲁保一号喷洒到菟丝子茎上，使孢子在菟丝子体内寄生，最后由真菌杀死菟丝子。

对那些每年都发生病害，而且有大量菟丝子休眠种子的地块，可以改种狗牙根，利用植物间的生化他感效应来降低菟丝子的危害。

三、根部病害

（一）幼苗猝倒和立枯病

1.分布与危害

幼苗猝倒和立枯病是园林植物常见的病害之一。各种草本花卉和园林树木在苗期都可发生幼苗猝倒和立枯病，严重时发病率可达 50%～90%。幼苗猝倒和立枯病经常造成园林植物苗木大量死亡。

2.常见的症状

（1）腐烂型

种子或尚未出土的幼芽，被病菌侵染后，在土壤中腐烂，称腐烂型。

（2）猝倒型

出土幼苗尚未木质化前，幼茎基部出现水渍状病斑，病部萎缩，变褐腐烂，在子叶尚未凋萎之前，幼苗倒伏，称猝倒型。

（3）立枯型

幼茎木质化后，根部或根茎部皮层腐烂，幼苗逐渐枯死，但不倒伏，称立枯型。

3.防治措施

播种前对土壤和种子进行消毒。加强园林养护管理，注意及时排除积水，松土，以利通风，培育壮苗，提高抗病性。发病初期以 1：1：200 倍波尔多液喷洒，每 10～20 天喷 1 次。

（二）花木白绢病

1.分布与危害

花木白绢病大多发生在南方。该病可侵染 200 多种花卉和木本植物。植物受害严重时易整株死亡。

2.症状

发病处多为根茎交界处，受害部位出现水渍状褐色病斑，并产生白色菌丝束，后期根部产生白色至黄褐色油菜籽大小的菌核。受害植株叶片变黄、萎蔫，最后全株枯死。

3.防治措施

对盆栽花卉进行土壤消毒，发现病株立即拔除，并及时用苯来特、萎锈灵等药剂处理土壤。

发病初期可用 25%的敌力脱乳油 3 000 倍液、10%的世高水分散粒剂 1 000 倍液或 12.5%的烯唑醇可湿性粉剂 2 500～3 000 倍液喷雾。

（三）紫纹羽病

1.分布与危害

紫纹羽病又叫紫色根腐病，常发生于温带地区，主要危害松、杜果等100多种树木，是常见的根部病害。植株受病菌危害后可能死亡。

2.症状

先是幼嫩的细根染病腐烂，后扩展到粗根。5月初，病根表面布满紫褐色网状菌丝束或绒布状菌丝体。后期，菌丝体中有紫褐色颗粒状小菌核。病根皮层腐烂，容易剥落。病根木质部也呈紫褐色。病害扩展到根茎部后，菌丝体继续向上蔓延，裹着干基。病株随着根部腐烂程度的加重而逐渐枯死。树龄长的大树，侵染紫纹羽病病菌后，植株不易枯死，但会出现不正常的落叶。症状初发生于细支根，逐渐扩展至主根、根茎，主要特点是病根表面缠绕紫红色网状物，甚至布满厚绒布状的紫色物，后期表面着生紫红色半球形核状物。病根皮层腐烂，木质朽枯，栓皮呈鞘状套于根外，捏之易碎裂，烂根具有浓烈蘑菇味，苗木、幼树、结果树均可受害。

3.防治措施

（1）对林地进行调查

实地查看是否有枯死或不明原因的落叶现象，如有，再进行挖根查看，若确定为紫纹羽病病菌所致，则此处为"发病中心"。要立好标志，做好记录，按照现场划定发病范围。

（2）做好处理工作

对枯死的花木，要连根挖起，集中烧毁；挖树后的土坑要进行消毒。

（3）合理选择造林地

若遇土壤过湿或排水不良，则植株容易烂根，轻则影响生长，重则死亡。所以，造林地的选择很重要。

（4）药物防治

防治时间应在发病前，即3月中旬至4月中旬，天气晴朗，隔1周时间用药液灌浇 1 次，连续防治 2 次。试验证明，可使用 70%的甲基托布津 1 000 倍液、2%的石灰水、1%的硫酸铜液、1%的波尔多液、5%的菌毒清 100 倍液等防治真菌类的农药。

（四）白纹羽病

1.症状

危害多种果树、花木，最开始侵入细根，然后扩展到侧根、主根。病根表面有白色或灰白色网状菌丝层或根状菌索，在腐烂木质部产生圆形黑色菌核。

2.发病规律

白纹羽病在排水不良的果园或种植过深时易发生。梅雨季节，土壤中病原菌侵入根部形成层和木质部，造成根系腐烂，地上部枝叶枯萎。该病为真菌性病害。

3.防治措施

调运苗木时要严格检疫。加强清沟排水和培肥管理，增施有机肥料或施用抗生菌肥料及饼肥。增强树势，提高抗病力。

挖除病株，掘除病根，进行土壤消毒。或切除菌根，消毒晾根，换上无菌新土。轻病树可在主干周围地面淋施 70%的甲基托布津，每株 320 g，或每株施苯来特 160 g，在 5～6 月和 9～10 月施药。主根病部应刮除，用上述药液洗根，然后覆土。

用药剂消毒。施用五氯酚钠 250～300 倍液、70%的甲基托布津 1 000 倍液、50%的苯来特 1000～2 000 倍液、70%的五氯硝基苯，小树每株用药液 50～100 g，大树每株用药液 150～300 g，与新土混合施于根部。

（五）根癌病

1.常见类型

（1）月季根癌病

月季根癌病分布在世界各地，在我国分布也很广泛。除危害月季外，该病还危害大丽花、夹竹桃、银杏、金钟柏等。寄主多达 300 种。

月季根癌病主要发生在根颈处，也可发生在主根、侧根以及地上部的主干和侧枝上。发病初期病部膨大，为球形或半球形的瘤状物。幼瘤为白色，质地柔软，表面光滑，以后，瘤渐增大，质地变硬，呈褐色或黑褐色，表面粗糙、龟裂。由于根系受到破坏，发病轻的植株生长缓慢、叶色不正，发病重的全株死亡。

（2）樱花根癌病

樱花根癌病在我国上海、南京、杭州、济南、郑州、武汉、成都都有分布。该病是一种世界性病害，在日本十分普遍。

病害发生于根颈部位，也发生在侧根上，最初病部出现肿大，不久扩展成球形或半球形的瘤状物，幼瘤为乳白色或白色，按之有弹力，以后变硬，肿瘤可不断增大，表面粗糙，呈褐色或黑褐色，表面龟裂；严重时地上部分生长不良，叶色发黄。苗木受害后根系发育不良，细根极少，根的数量减少，植株矮化，地上部生长缓慢，树势衰弱，严重时叶片黄化、早落，甚至全株枯死。肿瘤的体积可以达到生长部位的茎和根的几倍，有时可大到拳头状，引起幼苗迅速死亡。樱花根癌病的病菌是通过各种伤口侵入植株的，通常土壤潮湿、积水、有机质丰富时发病严重。碱性土壤有利于发病。不同品种的樱花抗病性有明显差异，如染井吉野、八重红枝垂樱易发病，关山樱、菊樱品种较抗病。

（3）紫叶李根癌病

紫叶李根癌病主要发生在植物根颈处，也可发生在根部及地上部。发病初期病部出现近圆形的小瘤状物，以后逐渐增大变硬，表面粗糙龟裂，颜色由浅变为深褐色或黑色，瘤内部木质化。瘤体多为扁球形或球形，大小也不一样。

瘤体最开始光滑质软，以后逐渐变硬，且表面粗糙并有龟裂状。瘤大小不等，大的似拳头或更大，数目几个到十几个不等。

2.防治措施

花木苗栽种前最好用 1%的硫酸铜液浸 5～10 min，再用水洗净，然后栽植，或利用抗根癌菌剂（K84）生物农药 30 倍浸根 5 min 后定植，在 4 月中旬切瘤灌根。用放射性土壤杆菌菌株处理种子、插条及裸根苗，浸泡或喷雾。处理过的材料，在栽种前要防止过干。用这种方法可获得较理想的防治效果。

对已发病的轻病株，可用 300～400 倍的抗菌剂 402 浇灌，也可切除瘤体后用 500～2 000 mg/L 链霉素或 500～1 000 mg/L 土霉素或 5%的硫酸亚铁涂抹伤口。对重病株要拔除，在株间向土面撒生石灰，并翻入表土，或者浇灌 15%的石灰水，发现病株集中销毁。还可用刀锯切除癌瘤，然后用尿素涂入切除肿瘤部位。也可用甲冰碘液（甲醇 50 份、冰醋酸 25 份、碘片 12 份）涂瘤，有治疗作用。

对床土、种子进行消毒。每平方米用 70%的五氯硝基苯粉 8 g 混入细土 15～20 kg，均匀撒在床土中，然后播种。对病株周围的土壤，也可按每平方米 50～100 g 的用量撒入硫黄粉消毒。

花木定植前 7～10 天，每亩底肥增施消石灰 100 kg 或在栽植穴中施入消石灰，与土拌匀，使土壤呈微碱性，有利于防病。

病土须经热力或药剂处理后方可使用。最好不在低洼地、渍水地、稻田种植花木，或用氯化苦对土壤进行消毒后再种植。病区可实施 2 年以上的轮作。

细心栽培，避免各种伤口。注意防治地下害虫，由地下害虫造成的伤口容易增加病菌侵入的机会。

改劈接为芽接，嫁接用具可用 0.5%的高锰酸钾消毒。

加强检疫。对怀疑有病的苗木可用 500～2 000 mg/L 的链霉素液浸泡 30 min 或用 1%的硫酸铜液浸泡 5 min，清水冲洗后栽植。

四、病毒病

在我国常见的花卉或其他植物上，都有病毒病发生，同时一种病毒病可感染几种、几十种至上百种不同植物，其中一些优势种被感染已成为生产上的严重问题。1971年以后，人们又在过去统称为病毒病的病原中发现了类病毒。在已知的类病毒病害中，菊矮缩类病毒病和菊褪绿斑驳类病毒病为花卉病害，二者在我国均有存在。

植物病毒病害都属于系统的病害，先局部发病，然后或迟或早在全株出现病变和症状。病毒病害的症状变化很大，同一病毒在不同的寄主或品种上都有所不同，有的可不表现症状，成为无症带毒者，有的在高温或低温下成为隐症，同时病毒常发生复合感染，或由于寄主的龄期不同，幼苗往往发病重，症状显著，老龄期苗病轻或不表现症状。植物病毒病没有病征，易同生理病害相混淆，但前者多分散，呈点状分布，后者较集中，呈片状发生。病毒没有主动侵入寄主的能力，只能从机械的或传播介体所造成的伤口侵入（产生微伤而又不使细胞死亡）。多数病毒在自然条件下借介体传播，主要是蚜虫、叶蝉及其他昆虫；其次是土壤中的线虫和真菌。传播病毒的另一重要途径是无性繁殖材料，这在观赏植物中更为突出，病毒通过接穗、块根、块茎、鳞茎、压条、根蘖、插条广泛传播。其他传播途径还有种子、花粉等。豆科、葫芦科、菊科植物种子传播病毒比较普遍。

（一）杨树花叶病毒病

1.分布与危害

杨树花叶病毒病是一种世界性病害，分布在国内的北京、江苏、山东、河南、甘肃、四川、青海、陕西、湖南，发病后很难防治。

病叶较正常叶短1/2，且氮、磷、钾含量明显降低。幼苗生长受阻，幼树生长量至少降低30%。严重发病的植株木材强度降低，木材结构也出现异常。近年来，随着国外杨树品种的不断引进和推广，我国局部地区已有该病发生。

2.症状

发病初期，病株下部叶片上于6月上中旬出现点状褪绿，常聚集为不规则少量橘黄色斑点。至9月份，从下部到中上部的叶片呈现出下列明显症状：边缘褪色发焦，沿叶脉为晕状，叶脉透明，叶片上小支脉出现橘黄色线纹，或布有橘黄色斑点；主脉和侧脉出现紫红色坏死斑（也称枯斑）；叶片皱缩、变厚、变硬、变小，甚至畸形，提早落叶；叶柄上也能发现紫红色或黑色坏死斑点，叶柄基部周围隆起；顶梢或嫩茎皮层常破裂，发病严重的植株枝条变形，分枝处产生枯枝，树木明显生长不良；高温时叶部出现隐症。

3.防治措施

该病发病后很难防治。因此，要加强检疫，严禁从疫区调运苗木、插条；把好产地检疫关，在育苗期严格检查苗木，发现病苗及时销毁；更不能用病苗造林。

（二）美人蕉花叶病

1.分布与危害

美人蕉花叶病分布广泛，许多温带国家都有记载。我国上海、北京、杭州、成都、武汉、哈尔滨、沈阳、福州、珠海、厦门等地均有该病发生。病毒病是美人蕉上的主要病害。被该病害侵害的美人蕉植株矮化，花少、花小；叶片着色不匀，撕裂破碎，丧失观赏性。

2.症状

该病侵染美人蕉的叶片及花器。发病初期，叶片上出现褪绿色小斑点，或呈花叶状，或有黄绿色和深绿色相间的条纹，条纹逐渐变为褐色坏死，叶片沿坏死部位撕裂，破碎不堪。某些品种上出现花瓣杂色斑点和条纹，呈碎锦状。发病严重时心叶畸形、内卷呈喇叭筒状，花穗抽不出或很短，其上花少、花小；植株显著矮化。

3.防治措施

淘汰有毒的块茎。秋天挖掘块茎时，把地上部分有花叶病症状的块茎弃去；生长季节发现病株应立即拔除销毁，清除田间杂草等野生寄主植物。防治传毒蚜虫，可以定期喷洒乐果、马拉硫磷等杀虫剂。用美人蕉布景时，不要把美人蕉和其他寄主植物混合配置，如唐菖蒲、百合等。

（三）香石竹病毒病

1.分布与危害

香石竹病毒病是世界性病害。我国上海、厦门、广州、常州、武汉、南京、北京、昆明等地均有该病发生。

香石竹病毒病是香石竹上几种病毒病的总称，主要包括香石竹叶脉斑驳病、香石竹坏死斑病、香石竹潜隐病毒病及香石竹蚀环病。引起香石竹病毒病的病毒种类很多，国外已报道的有10余种，较常见的有5～6种。我国已发现4种病毒，即香石竹叶脉斑驳病毒、香石竹潜隐病毒、香石竹坏死斑病毒及香石竹蚀环病毒。每种病毒在香石竹上引起的症状都有特异性，但自然界常出现几种病毒的复合侵染，使症状复杂化。

2.症状

病毒病的侵害使香石竹植株矮化，叶片缩小、变厚、卷曲，花瓣呈碎锦状，降低香石竹的切花产量及观赏性，造成经济损失。

3.防治措施

（1）加强检疫，控制病害的发生

对从国外引进的香石竹组培苗，要进行严格的检疫，检出的有毒苗要进行彻底销毁，或处理后再种植。

（2）建立无病毒母本园，以供采条繁殖

根据上海的经验，从健康植株上取0.2～0.7 mm的茎尖做脱毒组培的材料，组培苗成活率高，脱毒率也高。

（3）加强养护管理，控制病害的蔓延

母本种源圃与切花生产圃分开设置，保证种源圃不被再次侵染。修剪、切花等操作工具及人手必须用 3%～5%的磷酸三钠溶液、酒精或热肥皂水反复洗涤消毒，以保证香石竹切花圃大规模商品生产有较好的卫生环境。

（4）治蚜防病

用乐果等杀虫剂防治传毒昆虫。只有将防治时间选在蚜虫尚未迁飞扩散前，才能取得较好的防治效果。

（四）郁金香碎色病

1.分布与危害

郁金香碎色病是一种世界性病害，各郁金香产区都有发生。除危害郁金香外，还危害百合、水仙、风信子等花卉。上海种植的郁金香大多从荷兰进口，有些品种碎色病发病率高达 90%，有些品种达 20%。郁金香碎色病是导致郁金香种球退化的重要因素之一。

2.症状

郁金香碎色病症状主要表现在花上。花瓣颜色产生深浅不同的变化，这种变化使花瓣表现为镶色，人们称之为"碎色"。叶片也可受害，受害叶出现浅绿色或灰白色条斑，有时形成花叶；红色或紫色品种上产生碎色花，花瓣上形成大小不等的淡色斑点或条斑，能够增加观赏价值。历史上曾经误将这种得病的植株作为新的良种栽培，导致该病的广泛传播。淡色或白色花的品种的花瓣碎色症状并不明显，这是因为花瓣本身缺少花色素。根部也可受害，使鳞茎变小，花期推迟，严重影响其正常生长。危害严重时植株生长不良。郁金香碎色病的病毒危害麝香百合时花叶或无症状。

3.防治方法

注意选择和保存无病毒植株作为繁殖材料，可在防虫室或隔离温室里播种无毒种球来繁殖。采用严格的卫生措施，尽可能防止病毒的再次感染。繁殖无病毒的繁殖材料，单瓣郁金香品种往往比重瓣的抗病。挖收时，将带病的鳞茎、叶片集中焚毁，并把附近土壤打扫干净，彻底消毒。

铲除杂草，减少侵染源。消灭传病介体，如昆虫、线虫和真菌等。在管理操作过程中，注意对人手和工具的消毒，以减少汁液接触传染；注意与百合科植物隔离栽培，以免互相传染，田间种植期间，及时除去重病株和瘦弱退化株并烧毁。

蚜虫对郁金香危害甚大，为防止蚜虫飞袭并传染病害，可用防虫网隔离，或者用40%的氧化乐果乳油1 000倍液或80%的敌敌畏乳油1 500倍液喷洒，以减少蚜虫传毒机会；每半月用20%的病毒A可湿性粉剂500倍液、5%的菌毒清水剂30倍液或1.5%的植病灵水剂800倍液喷洒。

在鳞茎贮藏前，用80%的敌敌畏乳油80倍液喷洒贮藏地点和器具等，或用2.5%的溴氰菊酯乳油2 000倍液喷洒，杀死存在的蚜虫，以防传毒。

（五）菊花矮化病

1.分布与危害

菊花矮化病也称矮缩病、丛矮病，是一种世界性病害，此病分布范围很广，在国外发生很普遍，美国、加拿大、澳大利亚、欧洲都有报道。目前，我国只有个别地方发生，如上海、广州、常德、杭州等。该病是菊科植物上的一种重要病害，在美国和加拿大的一些花圃中发病率高达50%～100%。20世纪40年代中期该病在美国大流行，使许多花商破产。该病在我国有潜在的危险性。

2.症状

菊花矮化病是系统性症状。叶片和花朵变小、植株矮化，是该病的典型症状。粉色花和红色花品种色泽减退，花瓣透明，与光线不足、遮阴栽培的情况相似。病株比健株抽条早、开花早。某些品种还有腋芽增生和匍匐茎增多的现象。许多品种的叶片上出现黄斑，或叶脉上出现黄色线纹等症状。

3.防治措施

繁育无毒苗木，从健康植株上采条扦插，有病株或可疑病株不能作为繁殖材料；对外表健康、生长旺盛的植株进行二次挑选。扦插枝条用手折断，不用刀切断；有病植株在 36 ℃的热风中处理 4 周可以康复。热处理后的植株用作组织培养的材料，可以培养出脱毒苗。

菊花矮化病极易通过摘头、采花等农事操作而引起汁液传播。因此，注意田间卫生，注意操作传毒，以减轻病害发生。在菊花的整枝、摘心、剪切等日常管理中，要注意对工具、人手的消毒。

减少侵染来源，清除有病的枯落叶，及时拔除田间的病株及野生寄主，注意清除菊花栽培区四周有矮黄症状的野菊、杂草，杀灭菟丝子，特别是携带此类病毒的植物。

第二节　园林绿化植物主要虫害

一、食叶类害虫

食叶类害虫是指以咀嚼式口器咬食叶片的昆虫，多以幼虫（鳞翅目和膜翅目）或成幼（若）虫（鞘翅目和直翅目）危害健康的植株，导致植株生长衰弱。大多数害虫裸露生活，容易受环境条件的影响，天敌种类多，虫口数量波动明显；繁殖能力强，产卵量一般比较大，并能主动迁移扩散；某些虫害的发生呈现出周期性的特点。

园林植物食叶类害虫种类很多，主要分属于四个目，常见的有鳞翅目的刺蛾、袋蛾、舟蛾、毒蛾、灯蛾、天蛾、夜蛾、螟蛾、卷蛾、枯叶蛾、尺蛾、大蚕蛾、斑蛾及蝶类，鞘翅目的叶甲、金龟甲、象甲、植食性瓢虫，膜翅目的叶蜂，直翅目的蝗虫等。

（一）蝶类

代表种：菜粉蝶，又称菜青虫、菜白蝶，属粉蝶科。全国各地均有分布。主要危害十字花科植物的叶片，特别嗜好叶片较厚的甘蓝、花椰菜等。

成虫体呈灰黑色，头、胸部有白色绒毛，前后翅都为粉白色。卵呈长瓶形，表面有规则的纵横隆起线，初产时为黄绿色，后变为淡黄色。幼虫全体青绿色。蛹呈纺锤形，体背有 3 条纵脊，为青绿色和灰褐色。

其他蝶类：柑橘凤蝶、香蕉弄蝶、茶褐樟蛱蝶、曲纹紫灰蝶等。

（二）刺蛾类

代表种：黄刺蛾，又称刺毛虫，危害石榴、月季、山楂、芍药、牡丹、红叶李、紫薇、梅花、蜡梅、海仙花、桂花、大叶黄杨等观赏植物，是一种杂食性食叶害虫。初龄幼虫只食叶肉，4 龄后蚕食整叶，常将叶片吃光，严重影响植物生长和观赏效果。

其他刺蛾：褐边绿刺蛾（青刺蛾）、扁刺蛾、褐刺蛾。

（三）袋蛾类

代表种：大袋蛾，分布于我国长江以南，危害茶、樟、杨、柳、榆、桑、槐、栎、乌桕、悬铃木、枫杨、木麻黄、扁柏等植物。幼虫取食树叶、嫩枝皮。袋蛾大量发生时，几天能将全树叶片食尽，残存秃枝光干，严重影响树木生长，使枝条枯萎或整株枯死。

其他袋蛾：白囊袋蛾、茶袋蛾、桉袋蛾等。

（四）螟蛾类

代表种：黄杨绢野螟，又称黄杨野螟，分布于浙江、江苏、山东、上海、陕西、北京、广东、贵州、西藏等地，危害黄杨、雀舌黄杨、瓜子黄杨等黄杨科植物。幼虫常以丝连接周围叶片作为临时性巢穴，在其中取食，可将叶片吃光，造成整株死亡。

成虫的前胸、前翅的前缘和外缘以及后翅外缘均有黑褐色宽带，前翅前缘黑褐色宽带在中室部位具 2 个白斑，翅的其余部分均为白色，半透明，并有紫色闪光。腹部为白色。

幼虫的头部呈黑褐色，胸、腹部呈黄绿色。中、后胸背面各有 1 对黑褐色圆锥形瘤突。腹部各节背面各有 2 对黑褐色瘤突。各节体侧也各有 1 个黑褐色圆形瘤突，各瘤突上均有刚毛着生。

其他常见螟蛾：樟叶瘤丛螟、棉大卷叶螟、竹织叶野螟、双突绢须野螟。

（五）卷蛾类

代表种：茶长卷蛾，又称茶卷叶蛾、褐带长卷叶蛾，危害茶、栎、樟、柑橘、柿、梨、桃等植物。初孵幼虫缀结叶尖，潜居其中取食上表皮和叶肉，残留下表皮，致卷叶呈枯黄薄膜斑，大龄幼虫食叶呈缺刻或孔洞。

其他卷蛾：杉梢小卷蛾、苹黑痣小卷蛾等。

（六）灯蛾类

代表种：人文污灯蛾，又名红腹白灯蛾、人字纹灯蛾，分布范围北起黑龙江、内蒙古，南至台湾、海南、广东、广西、云南。寄主主要有木槿、芍药、萱草、鸢尾、菊花、月季等。幼虫食叶，吃成孔洞或缺刻。

其他灯蛾：美国白蛾、星白雪灯蛾等。

（七）夜蛾类

代表种：斜纹夜蛾，又名莲纹夜蛾，分布于全国各地，以长江、黄河流域危害最重，危害荷花、香石竹、大丽花、木槿、月季、百合、仙客来、菊花、细叶结缕草、山茶等 200 多种植物。初孵幼虫取食叶肉，2 龄后分散危害植株，4 龄后进入暴食期，将整株叶片吃光，影响观赏效果。

其他夜蛾：银纹夜蛾。

（八）舟蛾类

代表种：黄掌舟蛾，又称榆掌舟蛾，分布于我国东北地区以及河北、陕西、山东、河南、安徽、江苏、浙江、湖北、江西、四川等地。寄主有栗、栎、榆、白杨、梨、樱花、桃等植物。幼虫危害栗树叶片，把叶片食成缺刻状，严重时可将叶片吃光，残留叶柄。

其他舟蛾：杨二尾舟蛾、栎黄掌舟蛾。

（九）金龟甲类

金龟甲类属鞘翅目金龟甲科。成虫触角为鳃片状，前足胫节端部扩展，外缘有齿。幼虫称为"蛴螬"，体肥胖，呈"C"字形弯曲。成虫取食植物叶片，幼虫危害植株根部。

金龟甲类的代表种为大绿金龟，1 年发生 1 代，以幼虫在土下越冬。成虫出现盛期各地不同。成虫有趋光性和假死性，喜产卵于豆地及花生地，深度在土下 6～16.5 cm。

其他金龟甲：铜绿丽金龟、大云鳃金龟、小青花金龟、琉璃弧丽金龟、大栗鳃金龟、白星花金龟、东南大黑鳃金龟。

（十）蝗虫类

代表种：短额负蝗。在华北 1 年 1 代，江西 1 年生 2 代，以卵在沟边土中越冬。5 月下旬～6 月中旬为孵化盛期，7～8 月羽化为成虫。成虫喜栖于地被多、湿度大、双子叶植物茂密的环境，在沟渠两侧较多。

二、刺吸类害虫

刺吸类害虫是指利用刺吸式口器刺吸植物体汁液的昆虫，主要种类有同翅目的蚜虫、木虱、粉虱、叶蝉、蚧壳虫，半翅目的蝽象、网蝽，缨翅目的蓟马，蜱螨目的螨类，等等。

危害：吸取植物体汁液，掠夺其营养，对其造成生理伤害，使受害部分褪色发黄、畸形、营养不良，甚至整株枯萎死亡。有的会引起煤污病，有的会传播病毒病、类菌质体病害。

（一）蝉类

1.代表种

大青叶蝉，同翅目，叶蝉科，别名青叶跳蝉、青叶蝉、大绿浮尘子等，分布在全国各地。寄主有 160 种植物。成虫和若虫危害叶片，刺吸汁液，造成褪色、畸形、卷缩，甚至全叶枯死。此外，还可传播病毒病。

2.形态特征

成虫体长 7～10 mm，雄虫较雌虫略小，呈青绿色。头呈橙黄色，左右各具 1 个小黑斑，单眼 2 个，红色，单眼间有 2 个多角形黑斑。前翅革质，绿色微带青蓝，端部色淡，近半透明；前翅反面、后翅和腹背均为黑色，腹部两侧和腹面为橙黄色。足呈黄白至橙黄色。

3.其他蝉类

斑衣蜡蝉、黑蚱蝉。

（二）蚜虫类

1.代表种

桃蚜，又名桃赤蚜、烟蚜、菜蚜、温室蚜，分布于全国各地，主要危害桃、樱花、月季、蜀葵、香石竹、仙客来等植物。

2.形态特征

无翅孤雌成蚜体长 2.2 mm。体色呈绿、黄绿、粉红、褐色。尾片圆锥形，有曲毛 6～7 根。有翅孤雌蚜体长同无翅蚜，头、胸呈黑色，腹部呈淡绿色。卵呈椭圆形，初为绿色，后变黑色。若虫近似无翅孤雌胎生蚜，呈淡绿或淡红色，体形较小。

3.其他蚜虫

竹茎扁蚜、紫薇长斑蚜、月季长管蚜、菊小长管蚜、秋四脉棉蚜、夹竹桃蚜。

（三）蚧类

1.代表种

日本龟蜡蚧，属同翅目，蜡蚧科，别名枣龟蜡蚧、龟蜡蚧。寄主有茶、山茶、桑、枣、柿、柑橘、无花果、杧果、苹果、梨、山楂、桃、杏、李、樱桃、梅、石榴、栗等100多种植物。若虫和雌成虫刺吸枝、叶汁液，排泄蜜露常诱致煤污病发生，削弱树势，重者枝条枯死。

2.形态特征

雌成虫成长后体背有较厚的白蜡壳，呈椭圆形，长 4～5 mm，背面隆起似半球形，中央隆起较高，表面具龟甲状凹纹，边缘蜡层厚且弯卷，由 8 块组成。雄体长 1～1.4 mm，淡红至紫红色，眼呈黑色，触角丝状，翅 1 对，白色透明，具 2 条粗脉，足细小，腹末略细。卵椭圆形，长 0.2～0.3 mm，初淡橙黄，后紫红色。若虫初孵体长 0.4 mm，椭圆形，扁平，呈淡红褐色，触角和足发达，呈灰白色，腹末有 1 对长毛。固定 1 天后开始分泌蜡丝，7～10 天形成蜡壳，周边有 12～15 个蜡角。后期蜡壳加厚，雌雄形态分化，雌若虫与雌成虫相似，雄蜡壳长，椭圆形，周围有 13 个蜡角似星芒状。雄蛹呈梭形，长 1 mm，棕色，性刺呈笔尖状。

3.其他蚧类

日本松干蚧、角蜡蚧、吹绵蚧、糠片盾蚧、拟蔷薇白轮蚧、日本纽绵蚧、矢尖蚧、草履蚧、红蜡蚧、康氏粉蚧。

（四）木虱类

1.代表种

梧桐木虱是青桐树上的重要害虫。该虫的若虫和成虫多群集在青桐叶背和幼枝嫩干上吸食汁液，破坏输导组织。若虫分泌的白色絮状蜡质物，能堵塞气孔，影响光合作用和呼吸作用，致使叶面呈苍白萎缩症状；且因木虱类会同时招致霉菌寄生，使树木受害更甚；严重时树叶早落，枝梢干枯，表皮粗糙，易风折，严重影响树木的生长发育。

2.形态特征

雄雌体绿褐色。头顶褐色，两侧凹陷，橘黄色。颊锥绿色，单眼橘黄色，复眼褐色，触角褐色。侧腹面黑色，具黄斑，前胸背板两侧凹陷绿褐色，中胸前盾片绿色，前端具 2 块褐斑，盾片具 4 条褐色纵带，小盾片、后盾片绿色。足褐色，后基突黄褐色。翅透明。腹部黄褐色至绿褐色。雄体翅长 4.25 mm，雌体翅长 4.7 mm。

3.其他木虱

樟木虱。

（五）蝽类

1.代表种

杜鹃花冠网蝽，又名梨网蝽、梨花网蝽，花属半翅目、网蝽科，分布全国各地，以若虫、成虫危害杜鹃、月季、山茶、含笑、茉莉、蜡梅、紫藤等花木。成虫、若虫都群集在叶背面刺吸汁液，受害叶背面出现很多似被溅污的黑色黏稠物。这一特征易区别于其他刺吸类害虫。整个受害叶背面呈锈黄色，正面形成很多苍白斑点，受害严重时斑点成片，以至全叶失绿，远看一片苍白，提前落叶，不再形成花芽。

2.形态特征

成虫体长 3.5 mm，体形扁平，呈黑褐色。触角丝状，有 4 节。前胸背板中央纵向隆起，向后延伸成叶状突起，前胸两侧向外突出成羽片状。前翅略呈长方形。前翅、前胸两侧和背面叶状突起上均有很一致的网状纹。静止时，前翅叠起，由上向下正视整个虫体，似由多翅组成的"X"形。若虫初孵时呈乳白色，后渐变暗褐色，长约 1.9 mm。3 龄时翅芽明显，外形似成虫，在前胸、中胸和腹部 3～8 节的两侧均有明显的锥状刺突。

3.其他蝽

绿盲蝽、樟脊网蝽、亮冠网蝽。

三、钻蛀类害虫

钻蛀类害虫是指以幼虫或成虫钻蛀植物的干、枝、果实及种子等，并藏匿其中的昆虫。

常见的钻蛀类害虫有鞘翅目的天牛类、小蠹类、吉丁虫类、叩甲类、象甲类，鳞翅目的木蠹蛾类、辉蛾类、透翅蛾类、夜蛾类、螟蛾类、卷蛾类，膜翅目的茎蜂类、树蜂类，等翅目的白蚁，双翅目的瘿蚊类、花蝇类，等等。

钻蛀类害虫生活隐蔽，除在成虫期进行补充营养、觅偶、寻找繁殖场所等活动时较易被发现外，其他时期均隐蔽在植物体内部。受害植物表现出凋萎、枯黄等症状时，已接近死亡，难以恢复生机，危害性很大。虫口稳定。

（一）天牛类

1.代表种

菊小筒天牛，又称菊虎。危害菊花、金鸡菊、欧洲菊等菊科植物。成虫啃食茎尖 10 cm 左右处的表皮，出现长条形斑纹，产卵时把菊花茎鞘咬成小孔，造成茎鞘失水萎蔫或折断。幼虫钻蛀取食，造成受害枝不能开花或整株枯死。

天敌有赤腹茧蜂、姬蜂、肿腿蜂等。

2.其他天牛

星天牛、桑天牛、双条杉天牛、云斑天牛、薄翅天牛、光肩星天牛、桃红颈天牛、双斑锦天牛。

（二）小蠹类

1.代表种

松纵坑切梢小蠹，属鞘翅目、小蠹科。松纵坑切梢小蠹遍布我国南北各地区，危害马尾松、赤松、华山松、油松、樟子松、黑松等，以成虫和幼虫蛀害松树嫩梢、枝干或伐倒木。凡被害梢头，易被风吹折断。

2.其他小蠹

柏肤小蠹。

（三）吉丁虫类

1.代表种

金缘吉丁虫，属于鞘翅目、吉丁虫科，主要危害梨、苹果、沙果、桃等果树，分布于黄河故道和山西、河北、陕西、甘肃等地。

2.症状

蛀食皮层,被害组织颜色变深,被害处外观变黑。蛀食的隧道内充满褐色虫粪和木屑,破坏输导组织,造成树势衰弱,后期常呈纵裂伤痕以至树木干枯死亡。

(四) 象虫类

1.代表种

一字竹象虫,又称杭州竹象虫、竹笋象虫,分布于湖南、江苏、安徽、福建、江西、陕西等地,危害毛竹、刚竹、桂竹、淡竹、红竹等。雌成虫取食竹笋来补充营养;幼虫蛀食笋肉,使竹笋腐烂折倒,或笋成竹后节距缩短,竹材易被风折。

2.其他象虫

臭椿沟眶象。

(五) 木蠹蛾类

1.代表种

咖啡木蠹蛾,又称咖啡豹蠹蛾,危害广玉兰、山茶、杜鹃、贴梗海棠、重阳木、冬青、木槿、悬铃木、红枫等。初孵幼虫多从新梢上部芽腋蛀入,沿髓部向上蛀食成隧道,不久被害新梢枯死。幼虫钻出后重新转迁邻近新梢蛀入,经多次转蛀,当年新梢可全部枯死,影响观赏价值。

2.其他种类

芳香木蠹蛾、六星黑点蠹蛾。

四、地下害虫

地下害虫是指一生的大部分时间在土壤中生活，主要危害植物根系或地面附近根茎部的一类害虫，主要有鳞翅目的地老虎类、鞘翅目的蛴螬和金针虫类、直翅目的蟋蟀类和蝼蛄类、等翅目的白蚁类等。

（一）蛴螬

蛴螬是鞘翅目金龟甲总科幼虫的总称。金龟甲按其食性可分为植食性、粪食性、腐食性三类。植食种类以鳃金龟科和丽金龟科的一些种类为主，食性较杂，发生普遍。幼虫终生栖居土中，喜食刚刚播下的种子、根、块根、块茎以及幼苗等，造成缺苗断垄。成虫则喜食害果树、林木的叶和花器。这是一类分布广、危害重的害虫。

蛴螬身体肥大、弯曲近 C 形，体大多呈白色，有的呈黄白色。体壁较柔软，多皱。体表疏生细毛。头大而圆，多为黄褐色或红褐色，生有左右对称的刚毛，常作为分种的特征。胸足 3 对，一般后足较长。腹部 10 节，第 10 节称为臀节，其上生有刺毛，其数目和排列也是分种的重要特征。

（二）蝼蛄类

1.代表种

东方蝼蛄，直翅目，蝼蛄科，别名非洲蝼蛄、小蝼蛄、拉拉蛄、地拉蛄、土狗子、地狗子、水狗，分布在全国各地，危害多种植树的种子和幼苗。危害造成枯心苗，植株基部被咬，严重的咬断，呈撕碎的麻丝状，心叶变黄枯死，受害植株易拔起。

2.形态特征

成虫体长 30～35 mm，呈灰褐色，腹部色较浅，全身密布细毛。头呈圆锥形，触角丝状。前胸背板呈卵圆形，中间具有一明显的暗红色长心脏形凹陷斑。

前翅呈灰褐色，较短，仅达腹部中部。后翅呈扇形，较长，超过腹部末端。腹末具 1 对尾须。前足为开掘足，后足胫节背面内侧有 4 个刺，区别于华北蝼蛄。卵初产时长 2.8 mm，孵化前长 4 mm，呈椭圆形，初产呈乳白色，后变黄褐色，孵化前呈暗紫色。若虫共 8～9 龄，末龄若虫体长 25 mm，体形与成虫相近。

（三）白蚁类

1.代表种

黑翅土白蚁，属等翅目，白蚁科，危害果树、橡胶树、杉、松、桉树等。白蚁主要咬食茎内组织，形成平行多条的隧道，致叶色变黄，通风易倒折，造成全株枯死。

2.形态特征

白蚁群体中分蚁王、蚁后、工蚁和兵蚁等。兵蚁体长 6 mm，头长 2.55 mm，头部呈暗黄色，卵形，长大于宽，头最宽处常在后段，咽颈部稍曲向头的腹面，上颚镰刀形，左上颚中点的前方具有 1 齿。体、翅呈黑褐色。单眼和复眼之间的距离等于或小于单眼的长。触角有 15～17 节。前胸背板前部窄、斜翘起，后部较宽。

（四）蟋蟀类

1.代表种

大蟋蟀，分布于广东、广西、福建、江西、云南、台湾等地；杂食性，林、果及多种经济作物受其害。成虫和若虫均咬食切断寄主植物的幼茎，造成断垅缺苗。丘陵山地新栽种的柑橘、桃、李等果树幼苗，常被咬断嫩茎或顶梢，影响正常的生长发育。

2.形态特征

大蟋蟀属直翅目、蟋蟀科。成虫体长 30～40 mm，呈暗褐色或棕褐色。触角呈丝状，长于体。翅革质，棕褐色，前翅花纹复杂。后足腿节发达，呈卵圆筒形，微弯，长约 4.5 mm，浅黄色。若虫外形与成虫相似，3 龄翅芽显露。若虫共 7 龄。

（五）金针虫类

代表种：沟金针虫，又名沟叩头虫、沟叩头甲、钢丝虫，分布于辽宁、河北、内蒙古、山西、河南、山东、江苏、浙江、安徽、湖北、陕西、甘肃、青海等地，危害松柏类、青桐、悬铃木、丁香、元宝枫、海棠及草本植物。幼虫在土中取食播种下的种子、萌出的幼芽、幼苗的根部，致使植物枯萎死亡，造成缺苗断垅，甚至全田毁种。

第三节　园林绿化植物病虫害的
综合防治

一、园林绿化植物病虫害综合防治的原理

（一）指导思想

园林绿化植物病虫害防治的总指导思想是"预防为主，综合防治"。近代植物病虫害防治学提出"有害生物综合治理"的理论。该理论主张将生态学原理和经济学原则作为依据，充分发挥自然控制因素，因地制宜地采用最优的技术组配方案，将有害生物的种群数量较长期地控制在经济损失允许水平之下，以获得最佳的经济效益和社会效益。

（二）基本观点

生态观点要全面考虑生态平衡，允许有害生物的长期存在，不强调彻底消灭，要让大部分生物处于和谐共存的境界。

经济观点讲究实际收入，即将病虫害控制在经济损失允许水平之下。

协调观点讲究各种防治措施间的协调、各部门之间的协调，要采用最优化的技术组配方案。

安全观点讲究长远的生态和社会效益，要运用防治措施确保人、畜、作物和病虫天敌的安全，要符合环境保护的原则。

二、园林绿化植物病虫害综合防治技术

（一）植物检疫

植物检疫是指一个国家或地方政府颁布法令，设立专门机构，禁止或限制危险性病、虫、杂草等人为地传入、传出，或者传入后为限制其继续扩张而采取一系列措施。

1.报检

调运和邮寄种苗及其他应受检的植物产品时，应向调出地有关检疫机构报验。

2.检验

检疫机构人员要对所报验的植物及其产品进行严格的检验，到达现场后凭肉眼和放大镜对产品进行外部检查，并抽取一定数量的产品进行详细检查，必要时可进行显微镜检及诱发试验等。

3.检疫处理

检验后，如发现检疫对象，应按规定在检疫机构监督下进行处理，一般采取禁止调运、就地销毁、消毒处理、限制使用地点等方法。

4.签发证书

检验后，如未发现检疫对象，则检疫机构发给国内植物检疫证书放行；如发现检疫对象，经处理合格后，仍发证放行；无法进行消毒处理的，应停止调运。

（二）园林技术措施

通过适宜的栽培措施降低有害生物种群数量或减少其侵染可能性，培育健壮植物，增强植物抗害、耐害和自身补偿能力，避免有害生物危害。

（三）抗性育种

选育抗病品种是预防园林植物病虫害的重要措施。选育方法除常规育种外，单倍体育种、化学诱变、辐射育种以及遗传工程的研究，也为选育抗病虫害品种提供了可靠的途径。

（四）生物防治

生物防治是利用生物及其代谢产物来控制病虫害的一种防治方法。

优点：大多数天敌对人、畜、植物无毒无害；选择性强，不污染空气、土壤和水域；病虫不会产生抗性；能长期控制病虫；天敌资源丰富，材料易得，可以就地取材。

局限性：防效缓慢，在高虫口密度下使用不能起到迅速降低虫口密度的目的；技术要求高，受环境条件限制大。

生物防治包括以虫治虫、以菌治虫、以病毒治虫、以鸟治虫、以激素治虫等措施。

1.以虫治虫

以虫治虫是指以天敌昆虫防治害虫。

（1）天敌昆虫种类

捕食性天敌昆虫，如瓢虫、食蚜蝇、草蛉、胡蜂、蚂蚁、食虫虻、猎蝽、步甲、螳螂等；寄生性天敌昆虫，如寄生蜂类（姬蜂、小蜂、小茧蜂）、寄生蝇类。

（2）天敌昆虫的利用方法

①保护和利用当地自然天敌昆虫

移放天敌，保护天敌越冬，改善昆虫天敌的营养条件。

②人工大量繁殖释放天敌昆虫

成功的因素包括培养材料、繁殖速度、特性保持。

③引进天敌昆虫

需要注意原产地、控制力、生态要求等。

2.以菌治虫

以菌治虫包括以真菌治虫和以细菌治虫。

（1）以真菌治虫

真菌类群主要为接合菌亚门的虫霉属，半知菌亚门的白僵菌属、绿僵菌属及拟青霉属。应用较为广泛的为白僵菌属，可有效控制鳞翅目、同翅目、膜翅目、直翅目等目的害虫。

（2）以细菌治虫

细菌类群已发现的有 90 余种，多属芽孢杆菌科、假单孢杆菌科、肠杆菌科。目前我国应用最广泛的细菌制剂为苏云金杆菌。

3.以病毒治虫

防治应用较广的有核型多角体病毒、颗粒体病毒、质型多角体病毒。

4.以鸟治虫

我国食虫鸟类有 500 多种，目前主要采用保护和招引的办法进行利用。

5.以激素治虫

激素包括外激素和内激素两大类。

（1）外激素

外激素的种类很多，目前应用最广泛的是性外激素，其在害虫防治上有诱杀成虫、害虫预测、迷向法干扰成虫交配、绝育等作用。

（2）内激素

内激素包括脑激素、脱皮激素、保幼激素。

（五）物理防治

1.捕杀法

利用人工或各种简单的器械捕捉或直接消灭病虫害的方法称捕杀法。此方法适合于有假死性、群集性或其他目标明显易于捕捉的害虫。

2.阻隔法

涂毒环、胶环，挖障碍沟，设置障碍物，纱网隔离，土表覆盖草。

3.诱杀法

灯光诱杀、食物诱杀（毒饵、饵木、植物）、潜所诱杀、色板诱杀。

4.高温处理

对繁殖材料、土壤进行高温处理。

（六）化学防治

化学防治是指运用化学农药来防治病虫害、杂草及其他有害生物的一种方法。该法具有作用快、防效高、经济效益高、使用方法简单、不受地域和季节限制、便于大面积机械化操作等优点，为及时、有效地控制农林生物灾害发挥积极作用。其缺点是污染环境、毒性大、易杀伤天敌，经常使用会使病虫产生抗药性。

第四节　园林草坪杂草危害防治

近年来，园林植物园圃、草坪化学除草技术发展很快，它与传统的人工除草相比较，具有简单、方便、有效、迅速的特点，得到了人们的认可。然而，由于除草剂品种繁多、特点各异，再加上杂草类型复杂，生物学特性差异较大，尤其是许多杂草与被保护对象在外部形态及内部生理上非常接近，因而化学除草技术比一般的用药技术要求严格。若用药不当，往往不仅达不到除草的目的，还有可能对园林植物产生药害。

一、常见杂草种类构成

园林植物园圃、草坪内的杂草有三个类型：一年生杂草、两年生杂草和多年生杂草。

（一）不同地区杂草的主要种类不同

我国幅员辽阔，南北地区气候差别较大，杂草的主要种类不同。

北方地区杂草的主要种类：一年生早熟禾、马唐、稗草、金色狗尾草、异型莎草、藜、反枝苋、马齿苋、蒲公英、苦荬菜、车前、刺儿菜、委陵菜、堇菜、野菊花、荠菜等。

南方地区杂草的主要种类：升马唐、稗草、皱叶狗尾草、香附子、土荆芥、刺苋、马齿苋、蒲公英、苦荬菜、阔叶车前、繁缕、阔叶锦葵、苍耳、酢浆草、野牛蓬草等。

（二）不同生态小环境杂草的主要种类不同

在草坪中，新建植草坪与已成坪草坪由于生态环境、管理方式等方面的差异，杂草的主要种类也不同。例如，北方地区新建植草坪杂草的优势种群为马唐、稗草、藜、反枝苋、莎草和马齿苋等；已成坪老草坪的主要杂草种类是马唐、狗尾草、蒲公英、苦荬菜、反枝苋、车前、委陵菜及荠菜等。

地势低洼、容易积水的园圃以香附子、异型莎草、空心莲子草、野菊花等居多；地势高、干燥的园圃则以马唐、狗尾草、蒲公英、堇菜、苦荬菜、马齿苋等居多。

（三）不同季节杂草优势种群不同

由于不同的杂草生物特性不同，其种子萌发、根茎生长的最适温度不同，因而不同季节杂草的优势种群不同。一般春季杂草主要有蒲公英、野菊花、荠菜、附地菜及田旋花等；夏季杂草主要有稗草、牛筋草、马唐、莎草、藜、反枝苋、马齿苋、苦荬菜等；秋季杂草主要有马唐、狗尾草、蒲公英、堇菜、委陵菜、车前等。

二、草坪杂草的综合防除技术

草坪杂草的防除方法很多，依照作用原理可分为人工拔除、生物防除和化学防除。从理论上讲，生物防除是防除杂草的最佳方法，即对草坪进行合理的水肥管理，以促进草坪的生长，增强其与杂草竞争的能力，并通过科学的修剪，抑制杂草的生长，达到预防为主、综合治理的目的。

（一）人工拔除

人工拔除杂草目前在我国草坪建植与养护管理中仍普遍采用，它的缺点是费工、费时，还会损伤新建植的幼小的草坪植物。

合理修剪可以促进草坪植物的生长，调节草坪的绿期以及减轻病虫害的发生。同时，适当修剪还可以抑制杂草的生长。大多数植物的分蘖力很强，耐强修剪，而不少杂草，尤其是阔叶杂草则再生能力差，不耐修剪。

（二）生物防除

生物防除是新建植草坪防治杂草的一种有效途径，主要通过增加播种量，或在播种时混配先锋草种，或通过对目标草坪的强化施肥（生长促进剂）来实现。

1.增加播种量，促进草坪植物形成优势种群

在新建植草坪时增加播种量，使草坪植物形成优势种群，达到与杂草竞争光、水、气、肥的目的。通过与其他杂草防除方法，如人工拔除、化学防除相结合，使草坪迅速郁闭成坪。由于杂草种子在土壤中的分布存在一定的位差，因此这种方法可以使那些处于土壤稍深层的杂草种子因缺乏光照而不能萌发。

2.混配先锋草种，抑制杂草生长

先锋草种如多年生黑麦草及高羊茅等出苗快，一般 6～7 天就可以出苗，而且出苗后生长迅速，前期比一般杂草生长旺盛。因此，可以在建植草坪时与其他草坪品种进行混播。绝大部分杂草均为喜光植物，种子萌发需要充足的光照，而早熟禾等冷季型草坪植物均为耐阴植物，种子萌发对光的要求不严格。由于先锋草种的快速生长，照射到地表的太阳光减少，这样就抑制了杂草种子的萌发及生长。而冷季型早熟禾等草坪植物种子萌发和生长没有受到较大的影响，这样就达到了防治杂草的目的。但先锋草种的播种量最好不要超过 10%～20%，否则也会抑制其他草坪植物的生长。

3.对目标草种强化施肥，促进草坪的郁闭

目标草坪植物如早熟禾等到达分蘖期以后，先采取人工拔除、化学防除等方法除去已出土的杂草，在新的杂草未长出之前，采取叶面施肥等方法，对草

坪植物集中施肥，促进草坪地上部分的快速生长及郁闭成坪，以达到抑制杂草的目的。喷施的肥料以促进植株地上部分生长的氮肥为主，也可以适当加入植物生长调节剂、氨基酸以及微量元素。

（三）化学防除

1.除草剂的应用

化学防治禾本科草坪中的阔叶杂草，目前生产上应用的主要有麦草畏、溴苯腈和使它隆等。

由于禾本科草坪植物与单子叶杂草的形态结构和生物学特性极其相似，采用化学除草剂防治杂草有一定的困难，需要将时差、位差选择性与除草剂除草机理相结合。目前主要以芽前除草剂为主，近几年人们又陆续开发了芽后除草剂，在草坪管理的应用中取得了较好的效果。

此外，氟草胺、灭草灵、恶草灵、施田补、西玛津、大惠利、地乐胺等广谱性除草剂可以芽前防治单、双子叶杂草，但一般只能应用于生长多年的禾本科草坪，新建植的草坪上应慎重使用。

2.草坪杂草化学防除的发展趋势

在相当长的一段时间里，草坪杂草主要采取化学方法进行防除。在除草剂的使用上，有以下发展趋势：

第一，开发价格低廉的选择性除草剂。

第二，连续少量使用芽前除草剂，接着在合适时期施用芽后除草剂，如早春使用施田补，而马唐等单子叶杂草在 1～3 叶期时使用骠马。

第三，芽前及芽后对除草剂进行复配，如施田补与骠马混合，在马唐 1～3 叶期使用，既可以防治已出土的马唐，又可以抑制土壤内马唐种子的萌发。

第五节　农药的使用及药害抢救

一、农药的使用

（一）合理使用农药

在使用农药时，只有对症用药、适时用药、交叉用药、混合用药、综合用药，才能够提高药效、减少浪费、避免药害发生，达到经济、安全、有效防治的目的。

1.对症用药

每种药剂都有一定的防治范围和防治对象，在防治某种虫害或病害时，只有对症下药、适时使用，才能起到良好的防治效果。举例如下：

吡虫啉是一种高效内吸性广谱型杀虫剂，对于防治刺吸式害虫、食叶害虫非常有效，但对于防治红蜘蛛、线虫却是无效的。来福灵对于螨类害虫也无防治效果。

敌敌畏是防治蚜虫、蚧虫、钻蛀害虫、食叶害虫的有效药剂，但对于螨虫不仅无效，反而有刺激螨类增殖的作用。

瑞毒霉素对于防治腐霉菌、霜霉菌、疫霉菌引起的病害有效，而对于防治其他真菌和细菌性病害无效。

2.适时用药

用药时期是病虫害防治的关键，因为有些病虫危害后有一定的潜伏期，植物当时并不会表现出受害症状，但当植物表现出症状时再用药就没有了防治效果。因此，只有根据病虫害发生的规律，抓住预防和防治的关键时期，适时用药，才能收到良好的防治效果。举例如下：

桃树花芽露红或是露白时，正是桃蚜越冬卵孵化为若虫的时期，此时是全年预防蚜虫最有效的时期，一次用药（水量要大，淋洗式）往往可以控制全年危害。

4月中下旬是桃潜叶蛾第一代幼虫的孵化期。桃、杏落花后开始喷药，每月1次，连续3～4次，就可以杀死叶内幼虫，控制虫害。

疙瘩桃是瘿螨危害所致，等到5月上旬出现虫果后再喷药，则为时已晚。落花后是喷药预防的关键时期，7天后再喷1次就可以控制虫害。

桃、杏树疮痂病又称为黑星病，果实受病菌侵染后，60天左右才会表现出症状，但等到发现病果后再喷药，已无防治效果。故必须在5～6月该病初侵染期喷药防治。

3月上旬越冬的球坚蚧若虫开始分散活动，此时是防治球坚蚧的最佳施药时期。

5月下旬为桑盾蚧卵的孵化期，是喷药防治桑盾蚧的最佳时期。

3. 交叉用药

在防治某一种虫害或是病害时，不应长时间使用同一种药剂，以免产生抗药性。为了防止害虫和病菌产生抗药性，在防治时可以交替使用不同类型的农药。

例如，多菌灵、百菌清等杀菌剂，长期单一使用会使病菌产生抗药性，防治效果也会大大降低。但若将多菌灵和甲基托布津等杀菌剂交替使用，防治效果就比单一使用更好。

在防治草坪锈病、白粉病时，可以交替喷施粉锈宁。

4. 混合用药

将两种或两种以上药剂合理复配、混合使用，可以同时防治多种病、虫，并扩大防治对象，提高药效，减少施药次数，降低防治成本。举例如下：

多菌灵可以与杀虫剂、杀螨剂现配混合使用。

粉锈宁可以与多种杀虫剂、杀菌剂、除草剂混合使用。

仙生是用于防治白粉病、锈病、叶斑病、霜霉病等的药剂，可以与杀虫剂、杀螨剂等非碱性农药混合使用。

农抗 120 水剂可以与其他杀菌剂、杀虫剂混合使用。

5.综合用药

高效吡虫啉、猛斗（啶虫脒），对防治蚜虫特别有效，也可以兼治食心虫、蚧壳虫、卷叶蛾。以上害虫同时发生时，喷施其中一种便可。

防治桃球坚蚧所使用的药剂有乐斯本乳油等，对蚜虫、食心虫、卷叶蛾也有兼治的作用。

（二）不能混合使用的药剂

①速克灵不宜与有机磷药剂进行混用。

②石硫合剂不能与波尔多液进行混用。

③碱性药剂不能与酸性药剂进行混用。

④线虫必克不能与其他杀菌剂进行混用。

⑤多菌灵、炭疽福美、福美双、代森锰锌不能与铜制剂进行混用。

⑥菌毒清（灭菌灵、菌必清）不能与其他农药进行混用。

（三）正确的施药方法

防治在叶背潜伏、为害的害虫时，叶背应当为施药的重点部位。

对绿篱植物施药时，因枝叶十分密集，不能仅在外围一喷而过，应当将喷嘴伸入株丛内逐株喷施。

虫孔插入毒签或注入药液防治时，必须将蛀口木屑清理干净，从枝干最上部蛀孔注入，注药后用泥将蛀孔封堵，这样才能取得较好的防治效果。

用于土壤埋施的农药涕灭威、呋喃丹颗粒剂等，是比较难降解的缓释性药剂，使用时不得将其配制成药液直接灌根，必须将其埋入土壤中使用。农药必须埋施在根系吸引范围之内，施药后要及时灌水，灌水深度要至埋药部位才能起到一定的防治效果。

在树干涂药熏蒸防治害虫时，涂药后必须用薄膜将涂药部位缠严，一周后再撤掉薄膜。

（四）安全用药

为保证安全使用农药，应当注意以下几点：

1.在果树、中草药上要限制使用农药

在防治病虫害时，果树、中草药必须选用安全、低毒、无公害的农药，以保证可食性食物的食用安全性。

①在果树、中草药上不能使用和限制使用剧毒、高毒农药，如克百威、涕灭威等。

②严禁在果园里使用高毒农药如速扑杀、氰戊菊酯、三氯杀螨醇等。

2.果实收获前最晚施药时期

防治果树类病虫害，应当尽量提前在病菌初侵染期、害虫幼龄期或幼果期进行。在临近果实收获前宜停止用药，以减少残留农药。

①克螨特在可食性植物采摘前 30 天必须停止使用。

②在果实收获前一周，应当停止使用辛硫磷。

③在苹果树果实收获前 45 天应当停止使用三氯杀螨醇乳油，采摘前 30 天应当停止使用对硫磷乳油。

④在果实成熟前 15 天，不得使用代森锰锌。

3.喷施有毒农药的注意事项

喷施有毒农药时应注意以下几点：

①在喷施对眼睛有刺激作用的农药时，操作人员应佩戴眼镜，以防溅入眼内。

②在喷施药剂时，操作人员须佩戴口罩、胶皮手套，穿胶鞋。

③在喷药过程中，操作人员不得喝水、进食、喝酒等。

④在喷洒药剂时，需要注意风向，操作人员应当站在上风头。连续工作时间不得超过 6 h。

⑤在喷药后，操作人员应当立即脱去衣服、胶鞋，用肥皂将双手、面部和裸露皮肤洗净。衣服应在清水中冲洗干净，以保证操作人员的生命安全。若发生头痛、头昏、发烧、恶心、呕吐等症状，应当及时通知他人，并送医院治疗。

⑥药瓶不得随手丢弃，药液不得随处乱倒，严禁将药液倒入树穴、草坪、水溪、湖泊中。剩余农药应当交回库房，交由专人保管。使用后的空药瓶必须进行深埋处理。

⑦打药工具应当及时清洗，清洗液应当倒入污水井内。

二、产生药害的抢救措施

当农药使用不当、施药浓度过大或是使用某些苗木较为敏感的农药时，就会出现不同的药害现象。其表现分为急性药害和慢性药害两种，轻者会造成叶片枯焦、早落，重者则会导致植物死亡。

（一）药害的表现症状

①叶片边缘焦灼、卷曲，叶片出现叶斑、褪色、白化、畸形、枯萎、落叶等。
②植物会出现花叶枯焦、落花、落蕾等。
③枝干的局部萎蔫、黑皮、坏死。药害严重时，整株植物可能枯死。

（二）减轻药害的急救措施

当发现错施农药或初表现出药害症状时，应立即采取抢救措施。

1.喷水冲洗

对因喷洒内吸性农药造成药害的，应当立即喷水冲洗掉残留在受害植株叶片和枝条上的药液，以降低植物表面和内部的药剂浓度，最大限度地减少对植物的危害。

防治钻蛀性害虫时因使用浓度过高的农药而产生药害的,应当立即用清水对注药孔进行反复清洗。

2.灌水

因土壤施药而引起的药害（如呋喃丹颗粒剂、辛硫磷等药剂施用过量等）,可以及时对土壤进行大水浸灌。在大水浸灌后应及时排水,连续进行 2～3 次,可以洗去土壤中残留的农药。

3.喷洒药液

当喷洒石硫合剂产生药害时,在喷水冲洗后,叶面可以喷洒 400～500 倍米醋液。

因药害而造成叶片白化时,叶部喷洒 50%腐殖酸钠 3 000 倍液,喷药后的 3～5 天叶片能逐渐转绿。

因氧化乐果使用不当而发生药害时,应在喷水冲洗叶片后,喷洒 200 倍硼砂液 1～2 次。

叶片喷洒波尔多液产生药害时,应立即喷洒 0.5%～1%的石灰水。

4.叶面追肥

在发生药害的植物长势衰弱时,为使其尽快萌发新叶,恢复生长势,可以在叶面追施 0.2%～0.3%的磷酸二氢钾溶液,每 5～7 天喷施一次,连续喷施 2～3 次,其对降低药害造成的损失会有显著的作用。

参 考 文 献

[1] 卜复鸣，牛荡平，徐琛勇.园林植物修剪技术[M].武汉：华中科技大学出版社，2015.

[2] 蔡金术，朱江丽，许诺，等.不同土壤中东南景天生长特性研究[J].农业研究与应用，2020，33（5）：9-11.

[3] 蔡绍平.园林植物栽培与养护[M].武汉：华中科技大学出版社，2011.

[4] 陈志勇.园林植物栽培技术与养护管理措施[J].农家参谋，2021（23）：128-129.

[5] 邓志力.园林树木栽培与养护[M].银川：阳光出版社，2018.

[6] 董亚楠.园林工程从新手到高手：园林植物养护[M].北京：机械工业出版社，2021.

[7] 付梦蝶.园林垂直绿化苗木品种的选择及栽培与养护[J].现代园艺，2020（2）：47-48.

[8] 何玲.园林绿化中花卉栽培技术与养护管理措施探讨[J].农村实用技术，2021（6）：156-157.

[9] 李本鑫，张璐，王志龙.园林植物病虫害防治[M].武汉：华中科技大学出版社，2013.

[10] 李剑芳.园林植物栽培与养护技术要点分析[J].广东蚕业，2022，56（6）：23-25.

[11] 李军.园艺植物的栽培与养护技术研究进展[J].分子植物育种，2022，20（16）：5564-5568.

[12] 刘勇.绿地土壤的理化性质与改良措施[J].现代农村科技，2022（5）：53-54.

［13］刘洪景.园林绿化养护管理学［M］.武汉：华中科技大学出版社，2021.

［14］马国胜.园林植物保护技术［M］.苏州：苏州大学出版社，2015.

［15］庞锦轩.银杏的栽培与养护技术［J］.农家参谋，2022（9）：144-146.

［16］宋凯琦.混配药剂在园林绿地植保中的应用初探［J］.城乡建设，2021
（12）：55-57.

［17］索伟伟，曹楷，刘秀琴.植物生理与园林绿化技术［M］.成都：电子科技大
学出版社，2018.

［18］汪小越.城市园林花卉的养护管理要点浅析［J］.南方农业，2020，14（30）：
62-63.

［19］王建.城市园林绿化中如何加强林木病虫害防治探讨［J］.农业灾害研究，
2021，11（5）：186-187.

［20］王颜波，邓梦颖，柳俊华，等.樟树根际和内生细菌群落结构差异研究［J］.
南昌工程学院学报，2022，41（1）：78-82.

［21］谢佐桂，徐艳，谭一凡.园林绿化灌木应用技术指引［M］.广州：广东科技
出版社，2019.

［22］杨丽琼，肖雍琴.园林植物景观营造与维护［M］.成都：西南交通大学出
版社，2013.

［23］袁惠燕，王波，刘婷.园林植物栽培养护［M］.苏州：苏州大学出版社，
2019.

［24］张锦源.园林植物病虫害防治中生物技术的应用研究［J］.新农业，2020
（21）：21.

［25］张京伟，任倩倩，王新语，等.绣球设施栽培技术规程［J］.安徽农业科学，
2020，48（13）：116-117，123.

［26］张红英，靳凤玲，秦光霞.风景园林设计与绿化建设研究［M］.成都：四川
科学技术出版社，2022.

［27］张淼，刘世兰，肖庆涛.园林绿化工程与养护研究［M］.长春：吉林科学技
术出版社，2022.

[28] 张晓红.园林绿化植物种苗繁育与养护[M].北京：化学工业出版社，2015.

[29] 张玉玲，柳玉晶，张淑梅，等.新优玉簪品种的栽培与园林应用[J].现代园艺，2022，45（15）：72-73.

[30] 赵玉霞，李学明，李加强.园林绿化工程施工与养护研究[M].长春：吉林科学技术出版社，2022.

[31] 钟少伟.园林绿化植物高效栽培与应用技术[M].长沙：湖南科学技术出版社，2015.